仰望

從臺灣飛向世界，
串連文化與自然、時間
與空間的鳥之宇宙

林大利㊔著
陳湘靜 張季雅 繪

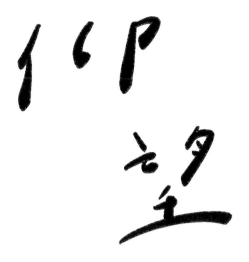

CONTENTS

東亞澳篇

全球篇

前言：鳥類觀察二十年

從高一（二〇〇一年）開始，我持續觀察小鳥二十三年了。

剛開始，只是把小鳥納入望遠鏡的視野中，正確辨識鳥種；到了大學之後，學習鳥類相關的科學理論；至今，成為以鳥類為研究對象的研究者、以賞鳥為休閒活動的自然愛好者、以鳥類為題材的寫作者、以鳥類為國家生物多樣性指標的政府幕僚。鳥類，就像是一種認識世界的媒介，可以延伸到許多不同的知識領域和世界觀，可以認識來自世界各地難以多得的好友。過著時時伴隨鳥類的人生，各種小鳥早已成為我生活的許多部分。

賞鳥是一場一輩子的狂熱活動，我的賞鳥習慣有點瘋狂，但也不算非常瘋狂。剛剛計算下來，在臺灣看過的鳥種共計四百五十三種，全世界一千零三十六種；相較之下，與搭直升機衝往人煙罕至的荒野地，只為一睹某種鳥風采（還不一定看得到）的瘋狂鳥人比起來，我還差得遠了！雖然沒有那一股衝勁，但我仍然沉溺在鳥類與大自然的愉悅之中。公園裡的黑冠麻鷺、聚集搶食的麻雀、想動歪腦筋的噪吸蜜鳥、吵死人的笑翡翠、不可一世的蒼鷹，都能令我在現場駐足許久。

這輩子第一次看見的新鳥種，賞鳥圈稱為「生涯新種」（Lifer），生涯新種的累積，是大多數賞鳥人共同追求的數字目標。從臺灣開始賞鳥，生涯新種數會快速增加，大約超過兩百種之後會逐漸趨緩，不再容易快速增加，除非稀有鳥出現的時候，都能不顧一切衝到第一現場。

我看鳥的心情一半衝刺，一半隨緣。有時候我會跟著鳥訊衝去第一現場與眾多大砲共同目擊稀有鳥種；有時候只是帶著休閒散步的心情，想著也許會與某些貴客不期而遇。無論以何種方式遇見，第一次看見生涯新種都會令我印象深刻，我的腦海中仍然能記得我第一次看見每一種鳥的時空場景。我記得紅隼是我的第九種鳥，花鳧是第五種鳥，就像是電玩遊戲，腦海中有一本巨大的蒐集圖鑑，目擊某一種小鳥，就把牠放在相應的位置上——而且，期待某一天能把這本圖鑑集滿，即使自己非常清楚這一天根本就不會到來。

追求生涯新種是一件麻煩的事情，有時候講究尋找和辨識鳥種的實力，有時候卻又非常仰賴運氣和人品。剛開始看小鳥的新人時期，莫名其妙容易看到稀有鳥種；一段時間之後胃口被養大了，卻又遍尋不著夢寐以求的目標鳥種。這樣的罩門和魔咒似乎不罕見，許多鳥友都有這樣不可理喻的經驗。

賞鳥就是如此，是讓人又愛又恨的活動。能掌握的，總有失手的例外；無法掌握的，卻又有意外的驚喜。

然而，二十年前，我大概想也想不到，鳥類也可以是認識世界的媒介，觀察鳥類，同時也是在觀察形形色色的社會、人群與文化。

大學暑假期間，我在梅峰的冠羽畫眉研究團隊打工換食宿，一邊做事一邊模仿前輩做研究，最後以冠羽畫眉的孵蛋分工為學士論文。動物行為研究非常有趣，但當時還是個熱血青年的我，同時面對國光石化和蘇花改等環境議題，於是想嘗試保育生物學相關的研究。所以，到了碩士班，我又以梅峰為舞台，探討鳥類在森林和農地交雜的破碎環境中，如何找到自己喜歡的棲地，並且第一次前往海外發表研究成果。

服役期間，我一方面想要出國留學，一方面又考慮考公職，最後透過高考二級來到特生中心（現為生物多樣性研究所）。這個決定雖然讓我的留學規劃往後延了好幾年，但也讓我見到許多自然保育第一線的現場工作與會議討論，並且與各式各樣的權益關係人互動。這些難能可貴的經驗，特別讓我體認到，自然保育工作和保育生物學教科書的內容是何等不同。

保育生物學是科學，但科學只佔了保育議題的一小部分，而且是極其微小的一部分，絕大部分是難分難解的現實議題。在昆士蘭大學讀博士班期間，我也很幸運進入了「生物多樣性保育」全球排名第一的系所，整個所內的研究幾乎都是議題導向，大家都在透過科學方法想辦法解決問題，尋求雙方都不同意、但願意各退一步的合解方針。

此時此刻，我也逐漸從左派熱血青年變成右派油條中年，不同的人生經驗，再加上保育生物學知識與保育議題經驗的揉合，看待各種環境議題的同時，也激盪出各種不同的反思。無論是國內或國際議題皆是如此。

說到這裡感覺有點玄了，其實我想說的是，這二十幾年的人生經驗，好巧不巧透過各種小鳥，接觸到自然與社會多元又複雜的一面，也因而累積了豐富的知識與經驗。一下子夜鷹太吵、一下子紅鳩偷吃農作物；一會兒外來八哥把環境弄髒、一會兒五色鳥撞上玻璃窗。議題很複雜，但我其實很享受在複雜的脈絡中，找出解決問題的方法。

為了處理議題，我也間接接觸到許多不同的知識領域，農業、食品、公共衛生、工業設計、能源科學等等，因為，世界就是如此環環相扣。一邊思考、一邊學習，漸漸成為工作的日常。

我快要滿四十歲了，人生快要過完一半。除了難能可貴的經驗，也萬分感謝一路上遇見許多難以多得的良師益友。藉由這本書，與各位讀者分享我的前半輩子，並且鼓勵各位更積極去探索陌生領域，親自體驗與經歷，才是最獨家也無可取代的資產。畢竟，探究魔法的過程，才是最有趣的。

就這樣了，祝福各位，鳥運亨通！

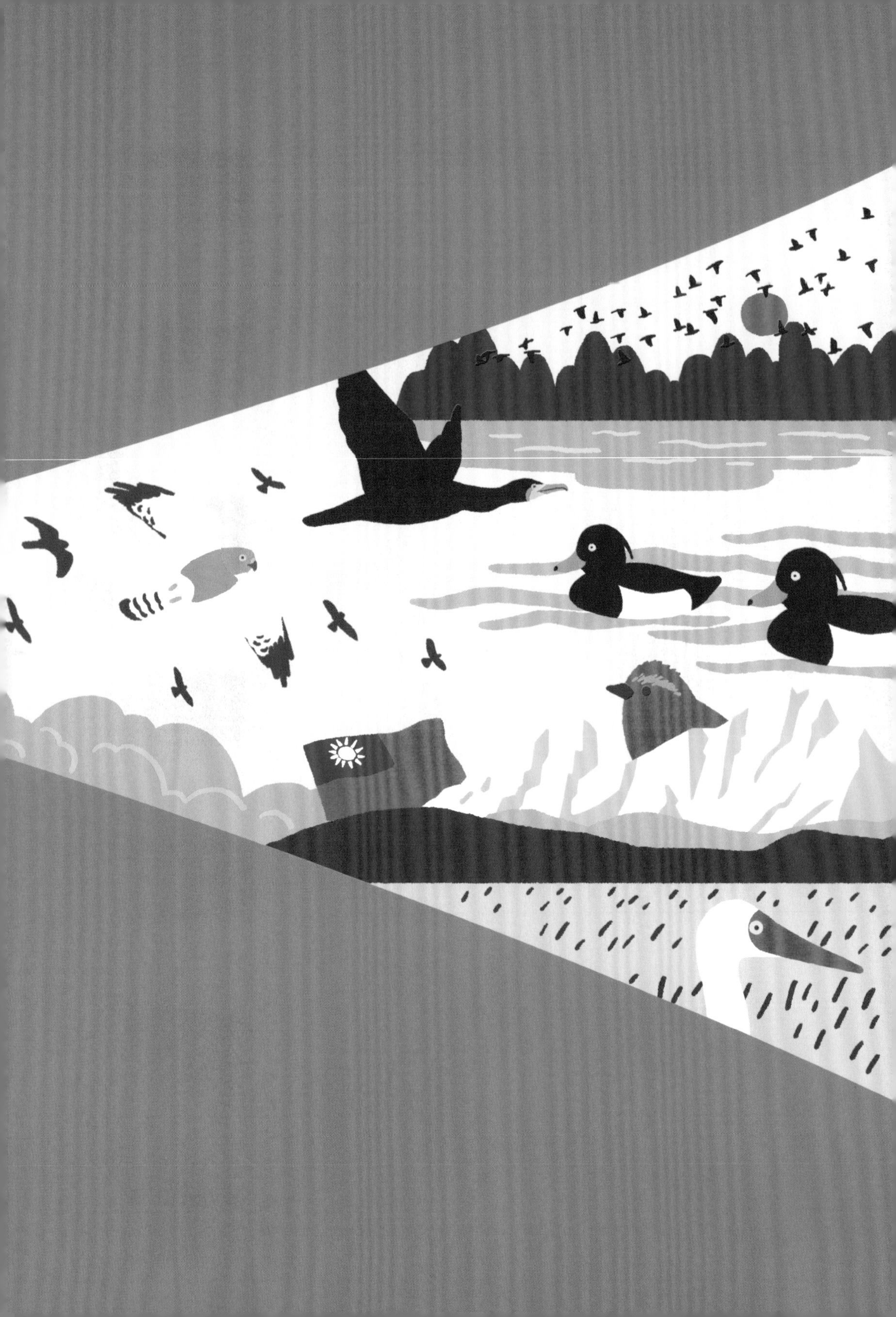

臺灣篇

1 賞鳥新手村

1.1 建中生研：玩物喪志的秘密組織

二〇〇一年九月，我不小心考上了建國中學，這一切都是一場意外。國中的時候，我不是那種成績頂尖、各種考試都維持在校排或班排前幾名的學生，大概就是處於中上的狀態。因為家裡開漫畫店的關係，那個時候的我，只熱衷於看漫畫和打電玩，雖然不至於玩物喪志而荒廢課業，但除此之外沒什麼特別的嗜好。

那個時候的我，簡直無法想像二十多年後的自己會是現在這個樣子，一下子科普書，一下子學術研究，一下子又跑到世界某個角落去追鳥。當時的我，對科普書籍興趣缺缺，更不要說寫作了，也還看不懂棒球，更不知道在遮雨棚上製造腳步聲噪音的小鳥叫做珠頸斑鳩。總之，寫完作業和讀完書的時間，就是中二動漫阿宅的自由快樂時光。

珠頸斑鳩 Spotted Dove *Streptophelia chinensis*

相當適應臺灣都市環境的野生斑鳩，非常普遍。能在陽台或鐵窗上築巢繁殖，甚至連倒置的好神拖也行，堪稱繁殖最隨便的鳥，又稱「隨便鳩」。

eBird　　鳥音

有趣的是，即便記憶已經非常淡薄，但還大致能想起當時沒有太多考慮就加入了建中的生物研究社（簡稱生研社），從此之後，我彷彿被雷打到、或像蜘蛛人被蜘蛛咬到後搖身一變，變成截然不同的另一個人。我想，可能是因為我在國小和國中時，經常看探索頻道和國家地理這一類節目，對裡面的野生動物畫面頗感興趣，也滿喜歡看科學家在節目上侃侃而談；此外，童年時常在三峽郊區和溪邊打混摸魚，也有那麼些許的影響。

「風花雪月」生研社

生研社是建中社員人數最多的社團，連續好幾年都是建中第一大社，大概維持在兩百多人。每年暑假開學前，創社的指導老師廖達珊，都會來宣示今年的目標：社員三百！不過，至少在我就讀的那三年，始終沒有達到這個數字。那時候的生研社還是年輕的社團，我是第七屆，許多學長即便畢業了，依舊時常回來說嘴他們當時的紙醉金迷和風花雪月——就像我現在寫這些文字給各位讀者一樣。

某種程度來說，建中生研社是個假研究之名、行玩樂之實的高中社團（希望在天上的廖老師不要生氣）。這麼說也還好，畢竟大多數的高中生當時無法獨立執行學術研究，都還在學習和摸索的階段，高中社團也就是維持興趣的溫馨環境，也是個逃避課業的避風港。

社團內分為動物組、植物組、分子生物組和醫學組，每個組的運作方式和文化不盡相同。動物組和植物組會到郊區觀察野生動植物，翻閱各式各樣的圖鑑；而分子生物組和醫學組則會參觀大專院校和研究機關的試驗研究，每天模仿大學生抱著厚重的普通生物學教科書在校園裡晃來晃去。整個社團的共同活動，包括校慶社團展覽，以及寒暑假與北一女合辦的短期營隊，其實都是假借社團活動之名與女高中生打交道。還有，每天中午或翹課時，總會在社辦裡吃便當和講一狗票的垃圾話，或是半夜在社辦前的廣場吃著火鍋、唱著歌。

動物組之下，又依照各生物類群分成不同的組別，例如鳥組、兩爬組、昆蟲組等等。雖然社團有兩百多人，但其實常在社辦的社員並不多，除了社團幹部，就是幾個常來的學弟，大概也不過十幾、二十人。但誰在乎呢？只要社費有入帳就好。因此，組織這麼不扁平化、積極參與人數又少的狀況下，沒人接手而「倒組」的狀況並不罕見，也成為幹部之間彼此嘲笑、相互較勁的實績。

社辦內的大桌子，擺放著一本建中的剪貼簿，封面會寫上大大的「社誌」兩個字，但裡面仍舊記載著各式各樣文字化和圖像化的嘴砲，事過境遷二十年，也成為登載歷屆社員與幹部黑歷史的潘朵拉盒子。許多社員現在已有一番成就，在該領域內也是小有名氣、甚至德高望重，這些黑歷史如果不慎公諸於世，或許還真會血流成河，而且流到滿地都是、海平面上升。

拿起望遠鏡，賞鳥二十年

老頤是當時高二的學長，鳥組的組頭，也是第一個教我觀察鳥類的人，雖然他現在沒有這麼熱衷於看小鳥。當時我對動物並沒有太大的偏好，昆蟲、兩棲類和爬行類我也算是有興趣，不過，在學長的積極拉攏並慷慨借我望遠鏡之下，我就順勢開始賞鳥了。

一拿起望遠鏡，至今就是二十年。不僅使我高中前兩年的課業成績一落千丈，成為每學期至少被當掉英文和數學兩科的「英數小子」，年級排名也落到八百名甚至一千名之外，奪下「八百壯士」和「被千人斬」的稱號，也大幅改變了我到目前為止的生涯。但我也想告訴各位，短期的成功和失敗都難以撼動你的人生，你看我現在這個樣子就知道，以前是那副德性，現在反而是這副德性。

1.2 賞鳥新手村的必備道具

優秀的賞鳥人和專業的鳥類調查員，所需要的技巧包括：發現小鳥、辨識鳥種、區別鳥音、瞭解各種器材的操作、熟悉許多鳥種的習性與環境，這裡幾乎沒有一項可以只用教的就能速成。這些技能，都需要長期累積大量的野外觀察經驗，以及對鳥種和環境的「感覺」，才能夠練得爐火純青；就像訓練一名棒球外野手一樣，臂力、速度、判斷這些沒有一項可以教你，都只能靠自己磨練、磨練、再磨練。如果有高手能引領入門，那當然會更有效率一些，不過，師父領進門，修行靠個人，最珍貴的知識與經驗，還是要靠自己累積。

新手道具第一課：雙筒望遠鏡

對新手來說，賞鳥必備的工具有兩個：雙筒望遠鏡和野鳥圖鑑。

新手拿起雙筒望遠鏡看到的，是另外一個世界。常常不知道自己的目光跑到哪裡去了，更不要說去看樹頂上跳來跳去的綠繡眼，或是天空中快速穿梭的家燕，那簡直是一大考驗。

雙筒望遠鏡新手的第一課，是讓肉眼所見的目標，透過望遠鏡也能看到同樣的物體，這會需要一段時間的練習。先試著找一個固定不動的目標物（例如旗桿或電線桿），練習讓自己的身體、頭部、雙眼保持不動，只用雙手將望遠鏡放上雙眼、對焦，看到相同的目標物；隨著練習，拿起望遠鏡的速度要不斷加快，因為有些小鳥只給你五秒鐘，甚至一秒鐘。請記得，避免在容易引起誤會的地方拿著望遠鏡東張西望，例如在市區對著別人家窗戶看，以免惹來不必要的麻煩。

校園和公園中的麻雀、珠頸斑鳩和綠繡眼，都是適合練習的對象。一開始，如果能找到鳥類聚集的地方，例如在某個樹叢裡或地面上活動的麻雀群，可以先用望遠鏡看著鳥群固定不動，讓這些小鳥自然跳入或跳離你的望遠鏡視野；習慣望遠鏡的視野之後，便可以試著稍微上下左右移動看看，或是跟著視野中的小鳥移動；難度再調高一點，不妨試試樹梢上穿梭來去的嬌小綠繡眼，或是快速飛行的家燕。

如果一拿起望遠鏡就能夠快速對焦，看清楚飛行中的家燕，那我覺得就練習得差不多了，大部分的小鳥都難不倒你。我自己是沒有刻意練習，而是頻繁在校園、臺北植物園、臺大農場等不難到達的市區環境看小鳥，一段時日後，使用望遠鏡就能得心應手。

綠繡眼 Swinhoe's White-eye *Zosterops simplex*

臺灣都市郊區常見的鳥類之一，整體綠色，體型嬌小，喜以花蜜為食，有些人喜歡稱牠們為「斯氏繡眼」。

eBird

鳥音

家燕 Barn Swallow *Hirundo rustica*

大家俗稱的「燕子」通常是指這種鳥。在都市和郊區都很常見，也常在騎樓屋簷下築巢。大部分的家燕是夏候鳥，冬天會遷徙到東南亞度冬。

eBird　　鳥音

麻雀 Eurasian Tree Sparrow *Passer montanus*

可能是臺灣人最耳熟能詳的鳥類，但通常又對牠們一知半解。能適應都市綠地和農業環境，但近年有數量減少的趨勢。

eBird　　鳥音

新手道具第二課：野鳥圖鑑

鳥類圖鑑是另一項新手必備的工具，通常可以分為照片式圖鑑和手繪式圖鑑，兩種各有優缺點。照片式圖鑑比較能呈現鳥類真實的樣貌，但是不一定能呈現重要的關鍵辨識特徵（也就是用來判定鳥種的關鍵依據）；手繪式圖鑑則相反，繪圖雖然或多或少和鳥類真實外觀有落差，但是各項細節都能清楚呈現。

一個國家或地區的野鳥圖鑑，目前還是以手繪式圖鑑為主流，照片式圖鑑為輔，主要在於手繪式圖鑑能自由且確實展示鳥類形態特徵、立姿與飛行姿勢，更重要的是，顯示關鍵辨識特徵，是照片難以取代的特質。

我的第一本野鳥圖鑑是一九九一年由吳森雄老師、劉小如老師、蕭慶亮老師等人所著，日本鳥類畫家谷口高司先生繪圖的《台灣野鳥圖鑑》（亞舍圖書出版，位於左圖下排中），書中共收錄六十六科四百五十八種鳥類。在當時賞鳥資源有限的狀況下，可說是人手一本的鳥類觀察聖經。就一個高中生的財力、時間與行動能力而言，賞鳥的地點不外乎關渡、社子和華江橋等溼地，或是新店及烏來等低海拔山區，《台灣野鳥圖鑑》的內容已經相當充足。

各種類型的野鳥圖鑑。

隨著賞鳥風氣的盛行和鳥類攝影的普及，越來越多人加入賞鳥的行列，不僅留下大量的鳥類觀察與影像紀錄，也讓許多鳥類知識的討論更加熱烈。這二十年來，臺灣許多新紀錄鳥類，都是由業餘的鳥類愛好者所發現，除此之外，以分子生物技術鑑定物種的快速發展，大幅增加鳥類分類變遷的速度。二〇二三年，社團法人中華民國野鳥學會發布《臺灣鳥類名錄》，嚴格審查臺灣的鳥類出現紀錄和遷留狀況，共登錄六百八十六種鳥類。從一九九一年的四百五十八種到二〇二三年的六百八十六種，臺灣的鳥類在三十二年內增加了兩百二十八種；對大自然更深入的瞭解與發現是可喜可賀的事，但也不免逐漸凸顯既有圖鑑的不足之處。

以一九九一年出版的《台灣野鳥圖鑑》而言，我個人大約使用至二〇〇七年。十多年期間，除了新發現的「新紀錄種」（首次於臺灣發現的鳥種），該野鳥圖鑑並未收納金門及馬祖的鳥類，也無法即時隨著鳥類分類變遷而更新，隨著時間過去，這本古色古香的《台灣野鳥圖鑑》就不再適用。雖然這本圖鑑難以再版而絕版，但仍舊是一個劃時代的經典，也是許多賞鳥人的共同記憶，當時幾乎沒有其他水準相應的圖鑑可與之一較高下，這些都是《台灣野鳥圖鑑》無可取代的地位與價值。

目前市面上的鳥類圖鑑很多，由蕭木吉先生撰寫、李政霖先生繪圖的《臺灣野鳥手繪圖鑑》，可說是現代手繪圖鑑的代表；而廖本興先生撰寫和攝影的《臺灣野鳥圖鑑：陸鳥篇》和《臺灣野鳥圖鑑：水鳥篇》都是傑作之選，而且新增了許多近年發現的新紀錄種和更新分類變動。這些圖鑑都適合新手在野外快速查閱、在家中細細研讀；要說缺點的話，大概就是重量了，請自己多多鍛鍊身體。

如何挑選和使用雙筒望遠鏡

雙筒望遠鏡是賞鳥的基本配備，如何挑選一支望遠鏡，取決於口袋的深度，價格從數千元到數萬元都有，這會大幅影響望遠鏡的品質。

請不要氣餒，簡易入門款的望遠鏡也不會太差。基本上，會建議新手使用放大倍率八倍至十倍的望遠鏡，物鏡口徑四十公釐以上，以及視野範圍較大的，這樣比較容易順利透過望遠鏡找到小鳥，也跟得上牠們的一舉一動。同時，物鏡口徑較大也能使視野內的光線較亮，這樣才能看清楚小鳥的外觀和特徵。不過，通常光圈越大的望遠鏡也比較重，這個請自己練身體克服。等到自己比較有經驗了，再來考慮使用十二倍的望遠鏡。

先請記得，絕對不能用望遠鏡看太陽！這會對眼睛造成嚴重傷害。

拿到望遠鏡的第一件事，要幫自己量身調整，因為每個人視力狀況不同。

目鏡上有眼罩（或稱眼杯），如果習慣以裸視使用望遠鏡，請使用眼罩；如果習慣戴眼鏡使用望遠鏡，可以把眼罩往外翻摺或收起來，直接將目鏡靠在眼鏡上使用。下一個調整步驟，也都需要戴著眼鏡進行。

望遠鏡除了中間的「中心對焦輪」，其中一邊的目鏡也會有個調節輪，稱為「屈光度調節環」（有些望遠鏡會設計在中央軸心上）。如果你的雙眼度數差異大，會需要先做以下的調整，而屈光度調節環通常在右邊，我們就以右邊說明。

①選一個目標物，閉上右眼，單獨用左眼透過左鏡筒看目標物，調整中心對焦輪，使目標物的畫面清晰。

②接著，請閉上左眼，單獨用右眼透過右鏡筒看到相同的目標物，調整屈光度調節環，使目標物的畫面清晰，對焦清楚。

③最後，睜開雙眼，摺動望遠鏡的兩個鏡筒，使兩個目鏡的距離和你的雙眼瞳孔之間的距離（又稱眼幅）吻合。

調整好之後，往後只要使用中心對焦輪就好。如果屈光度調節環上有刻度，也可以記住刻度的位置，日後要調整比較簡單，尤其是使用公用的望遠鏡，或是常常借來借去的望遠鏡。

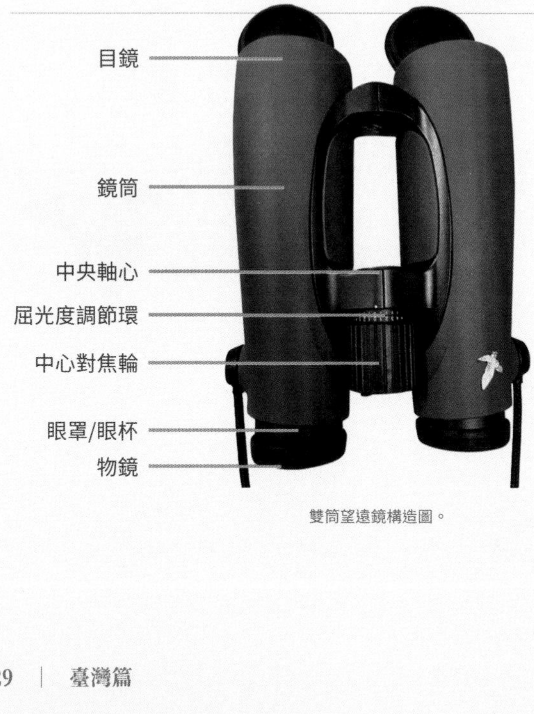

雙筒望遠鏡構造圖。

1.3 菜鳥年度的新手運：花鳧

我也忘了是哪一天，只記得是開學後不久，我才剛開始抱著圖鑑和望遠鏡一邊東張西望、一邊反覆翻閱手上的圖鑑。那時，應該只確切記錄了麻雀、白頭翁、綠繡眼和野鴿這四種出現在建中校園的小鳥。

野鴿 Rock Pigeon *Columba livia*

一般所說的「鴿子」，廣泛分布於世界各地的外來種，也有相當多樣的馴化外觀。原生地在印度半島、中亞及歐洲地中海沿岸，在臺灣也相當普遍。是賞鳥時最容易被忽略或刻意忽略的小鳥。

eBird

鳥音

某天放學，學長們很興奮的跟我說：「華江橋有花鳧！快！我們走！」

那時的我，根本不知道「花鳧」（音同福）是什麼樣的鳥，只知道跟著去就對了。而且，對高中生來說，要快也快不到哪裡去，除了公車、捷運、腳踏車（那時候沒有 Ubike），我們最擅長的就是走路了。高中那幾年，我們時常從烏來走到福山村（十八公里）、沿著北橫從巴陵走到明池（十九公里）、或是從關渡宮沿著貴子坑大排走到北投捷運站（六公里），沒錢也沒車的我們，最可靠的就是我們的雙腳。幸好華江雁鴨自然公園離建中不遠，我回板橋也順路。

對賞鳥前的我來說，華江雁鴨自然公園和一般的河濱公園沒有太大的差別，我住的地方離這裡也有好一段路，仔細想一想，那時應該是第一次踏進堤防水門內。九月的五點多，天色已經偏暗了，天氣已經轉涼，風勢也不小。現場有幾位陌生的賞鳥人，也有許多我沒看過的鳥類，不過牠們似乎都不被這些鳥人放在眼裡，好像不存在一樣。

透過學長的單筒望遠鏡（學長人真好），看見了淡水河岸一端，有隻黑白相間的大鳥，頭是深色的，身上似乎還有深色的帶狀花紋，嘴喙和雙腳約略看得出淡紅色——這是臺灣的稀有冬候鳥，花鳧，我的第五種生涯新鳥種——如果沒有人跟我說這是野生候鳥，我大概會以為花鳧是從籠子裡溜出來、有人飼養的漂亮雁鴨。

版權來源 DickDaniels, CC BY-SA 3.0, via Wikimedia Commons

花鳧

Common Shelduck *Tadorna tadorna*

花鳧（鳧音同福），又稱翘鼻麻鴨，是大型雁鴨科鳥類。繁殖地從東歐往東延伸到中亞、哈薩克、蒙古至中國東北，冰島也有繁殖。東亞這邊的族群冬季時會遷徙到朝鮮半島、日本和中國沿海地區過冬。

eBird　鳥音

人人都有菜鳥新手運

這是我第一次目擊稀有鳥種，但是坦白說，我當時還沒有感到特別興奮（學長對不起），感受大概是——原來花鳧本人長這個樣子啊！這就是討人厭的菜鳥新手運，人人都會有的菜鳥福利，剛開始看鳥的那一年或前幾個月，總是會看到幾次難得一見的稀有鳥種，但運氣不會維持太久。

現在想起來真是身在鳧中不知鳧，二十年來至今，我只在臺灣看過四次花鳧，一次是二〇一一年在關渡，接著是二〇二一年寫下這段文字後的隔天在金門慈湖。現在，無論是看到花鳧本尊，或是看到圖鑑裡的圖片和照片，都會想起當年剛開始入門賞鳥的日子。花鳧彷彿成為了我的賞鳥時光機，偶而可以讓回憶乘著花鳧回去，看看那些年學習追鳥的年輕時光。

雖然菜鳥不知惜福，不過，我倒是有試著體會一下現場賞鳥人們彷彿中大獎的興奮感，一同翻開圖鑑，在花鳧文字旁打了個勾，並且在圖片旁邊寫上了「2001.9. 華江橋」——這麼一寫，開啟了我在書上打勾勾、不斷提升「生涯鳥種數」的賞鳥生涯。

「生涯鳥種數」（lifer）的定義是，這輩子在世界各地看過幾種小鳥，這是全球許多賞鳥人共同追求的數字目標。以 eBird 資料庫來說，目前全世界有一萬零六百二十三種小鳥，而生涯鳥種數的世界第一，是美國人彼得（Peter Kaestner），他的個人生涯鳥種數在二〇二四年二月突破一萬種。賞鳥二十多年來，我個人目前只累積了一千零三十五種，全臺灣則是四百五十三種（第五種就能看到花鳧，還真是可喜可賀）。

那麼，追求生涯新種的技巧是什麼呢？很簡單，環遊世界。請不要馬上想把這本書丟掉！確實，只要你有充裕的金錢和時間，追求世界各地的小鳥並不困難，當然世界上絕大多數的鳥人都無法達到這種境界，但他們還是能樂此不疲的賞鳥，為什麼？因為，如果你無法四處旅行，另一種方法，就是等全世界百億隻四處旅行的候鳥主動登門拜訪。

這些每年南來北往遷徙的候鳥，是鳥類的一大特色，就像這隻花鳧一樣，一登陸就成為眾多賞鳥人的日光焦點。

1.4 認識野鳥的第一件事：會不會遷徙

鳥類最大的特色是「會飛」，面對各種環境變化和掠食者的襲擊，鳥有翅膀，可以一走了之。久而久之，有些小鳥一飛就是數千公里，並且隨著季節交替往返；有些小鳥則可以終年在同一個區域內生存和繁殖，不需要做遷徙這種麻煩事。

全世界約一萬種小鳥當中，大約有四千多種會這樣長距離遷徙。從臺灣所在的北半球來看，九月至十月的南遷稱為「秋過境」，四月至五月的北返則稱為「春過境」。鳥類為何遷徙？這個我們將在後面娓娓道來，這裡先來聊聊基礎的概念。

由於小鳥一飛就是數百或數千公里，而且這麼做的小鳥為數眾多，這個現象讓我們在討論一個地區的鳥類組成（例如臺灣有哪些小鳥）、認識鳥類的生態習性與分布，甚至擬定保育策略時，都需要先釐清這些小鳥「會不會遷徙」。

一種小鳥會不會遷徙，術語稱之為「遷留狀態」。評斷遷留狀態，簡單來說要回答兩個問題：「牠在哪裡繁殖」以及「牠在哪裡度冬」。遷留狀態是鳥類相當重要的屬性，在哪裡繁殖以及在哪裡度冬這個屬性會大幅影響我們賞鳥活動的規劃和鳥類保育策略。

依據鳥類的遷留狀態，大致上可以分為留鳥、夏候鳥、冬候鳥、過境鳥及迷鳥等幾個類別。

留鳥

終年都在臺灣過日子，包括繁殖和度冬，沒有明顯長距離遷徙的小鳥稱為「留鳥」，整年留在當地的小鳥。以臺灣來說，大家耳熟能詳的麻雀、白頭翁、綠繡眼，或是不時在公園看到的大笨鳥黑冠麻鷺，都屬於留鳥。臺灣目前有一百五十三種留鳥，大約占臺灣鳥種數的四分之一，包括三十二種特有種和五十二種特有亞種。這群小鳥裡面，有些不需要遷徙，因為臺灣一年四季都很適合牠的生存，例如五色鳥；有些則是因為翅膀圓圓短短的，無法飛過大海，就乖乖待在島上，例如臺灣竹雞。

黑冠麻鷺

Malayan Night-Heron *Gorsachius melanolophus*

分布於中南半島、菲律賓群島及臺灣。不知道為什麼，只有臺灣的黑冠麻鷺特別不怕人，大搖大擺在校園或公園亂晃。其他地區的黑冠麻鷺都生性隱密，躲在森林深處。臺灣是全世界最容易看到野生黑冠麻鷺的地方。

eBird　　鳥音

五色鳥 Taiwan Barbet *Psilopogon nuchalis*

臺灣特有種，又名臺灣擬啄木，是啄木鳥的近親。春夏在校園和公園就能見到，冬天會到山區活動。會挖樹洞築巢繁殖，特別喜歡吃野生果實。

eBird

鳥音

臺灣竹雞 Taiwan Bamboo-Partridge *Bambusicola sonorivox*

臺灣特有種，分布於低海拔至中海拔森林。最令人耳熟能詳的是如同「雞狗乖」的鳴唱聲。近年數量有明顯減少的趨勢。

eBird　　鳥音

候鳥

除了留鳥，其他小鳥大部分是大家熟悉的「候鳥」。我說大部分，是因為有幾種是飄忽不定、我們還不太認識的「海鳥」。這些候鳥，又可以再細分為「夏候鳥」、「冬候鳥」、「過境鳥」和「迷鳥」，共有四百多種，佔了臺灣鳥種數將近四分之三。從這裡就可以看出來，臺灣是個小島，長久居住在這裡的小鳥並不算多，但是，每年卻有數十萬計的旅客以臺灣作為旅行的休息站，或是度過冬天的另一個故鄉。

夏候鳥

臺灣是個亞熱帶島嶼，雖然春夏秋冬交替時會變熱也會變冷，但是和位於溫帶與寒帶冰天雪地的北國比起來，算是環境相當穩定的地方。因此，在臺灣繁殖的小鳥，大多不需要再遷徙到熱帶過冬。不過，還是有少數的小鳥有這樣的需求，例如在雲林湖本村繁殖的八色鳥，以及在澎湖許多離島繁殖的燕鷗，會再繼續往南方遷徙。不過，這樣的鳥種並不多，大約只有十四種。這些夏天在臺灣繁殖、冬天在熱帶過冬的鳥種，稱為「夏候鳥」。

冬候鳥

同樣的，臺灣一年四季溫暖（至少不會下雪），對那些來自北方的候鳥來說，是個適合過冬的好地方。因此，來臺灣過冬的小鳥有一百六十二種之多，包括知名的黑面琵鷺，以及大量的雁鴨和鷸鴴。這些小鳥稱為「冬候鳥」，種類數是夏候鳥的十倍以上。

黑面琵鷺 Black-faced Spoonbill *Platalea minor*

東亞特有種，主要在北韓西部海岸繁殖，在九州、臺灣、香港、越南北部等地度冬，每年約有60%的個體在臺南七股度冬。1990年代數量曾經非常少，又面臨七股工業區開發，最後保住七股溼地，黑面琵鷺的數量也逐年成長，是臺灣經典的保育成功案例。

eBird　　鳥音

過境鳥

此外，有一群小鳥也和冬候鳥一樣，只是牠們並不在臺灣過冬，而是會飛向更遠的熱帶國家，甚至到南半球的澳洲和紐西蘭。臺灣對牠們來說，不是旅程的終點，而是旅途中的補給中繼站。牠們會在臺灣停留一至兩個星期，有些甚至只停留幾天，除了稍作休息，也會在臺灣覓食，補充能量和脂肪；臺灣就像是高速公路的休息站，上個廁所、吃點東西、休息一下再上路。鳥人們稱這些小鳥為「過境鳥」，目前約九十一種。每年九月和十月，數以萬計的赤腹鷹和灰面鵟鷹通過恆春半島，吸引大批民眾觀賞壯觀的落鷹和起鷹，可說是兩種最有名的過境鳥。

迷鳥

不是所有的小鳥都是天生的旅行好手，每年不小心迷路的也大有鳥在。牠們可能是因為在飛行過程中遇到颱風、寒流或強烈風雨；或是第一次遷徙、經驗不足的菜鳥，不小心就偏離航道，無法抵達原本目的地過冬，最後來到陌生的國度。因為以上狀況出現在臺灣的小鳥，我們稱之為「迷鳥」，迷路的候鳥。舉例來說，當年聲名大噪的白鶴「金山小白鶴」，就是典型的迷鳥。目前臺灣有一百七十一種迷鳥，這些迷鳥可不得了，因為牠們的迷途是偶發事件，不是年年都有，所以是許多賞鳥人共同追求的目標。如果你曾在臺灣任何地方看到，眾多穿著迷彩衣的人帶著百餘隻大砲照相機圍著什麼猛拍，那十之八九是在拍迷鳥。

上圖為幼鳥。

白鶴 Siberian Crane *Leucogeranus leucogeranus*

全球嚴重瀕臨滅絕（Critically Endangered, CR）的鶴類，繁殖地在西伯利亞東北部局限地區，冬季時遷徙到鄱陽湖度冬。臺灣第一筆紀錄為2014年的金山小白鶴，第二筆則是2021年在宜蘭。

eBird　　鳥音

這些不同遷留狀態的小鳥，林林總總加起來，形成了臺灣形形色色的鳥群。

不過，事情沒有這麼簡單！有些小鳥有雙重身分，即便是同一種鳥，有些個體遷徙而有些不遷徙，有些個體在臺灣過冬而有些則短暫過境；有些鳥種則會因為性別或年齡，而有不同的遷留狀態。這個我們隨著後面的章節再來慢慢聊，先知道小鳥有這些不同的身分就好。

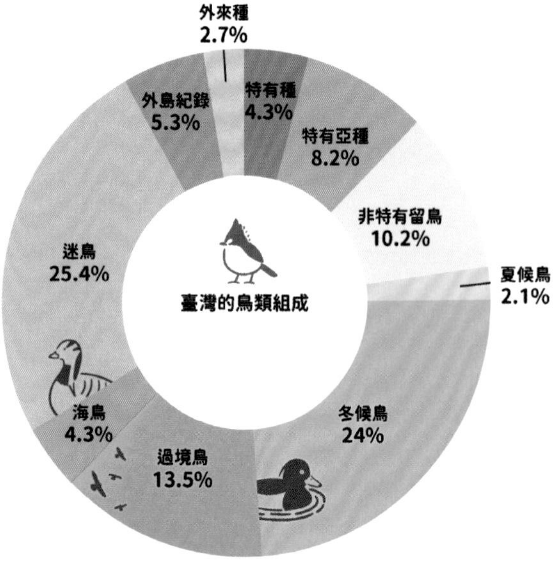

2 北臺灣：臺灣迎接候鳥的大門

2.1 候鳥的迎賓大門

雖然臺灣各地都會有候鳥出現，但整體來說，北臺灣是許多候鳥抵達臺灣後首次的落腳地。對於從小在北部生活的我來說，實在是非常棒的地利之便。

在地球上，許多候鳥經常遷徙的熱門路線，鳥類學家稱為遷徙線（flyway），全世界大致可分為八條，而臺灣屬於「東亞—澳大拉西亞遷徙線」（East Asian - Australasian Flyway），中文簡稱「東亞澳遷徙線」，英文簡稱 EAAF。要提醒大家，這個詞有兩個地方很常寫錯：第一，兩個詞都是形容詞，請不要漏了 n。第二，「澳」是指澳大拉西亞（Australasia），不是澳洲（Australia）。澳大拉西亞的範圍包括澳洲、紐西蘭及周邊大洋洲島嶼。

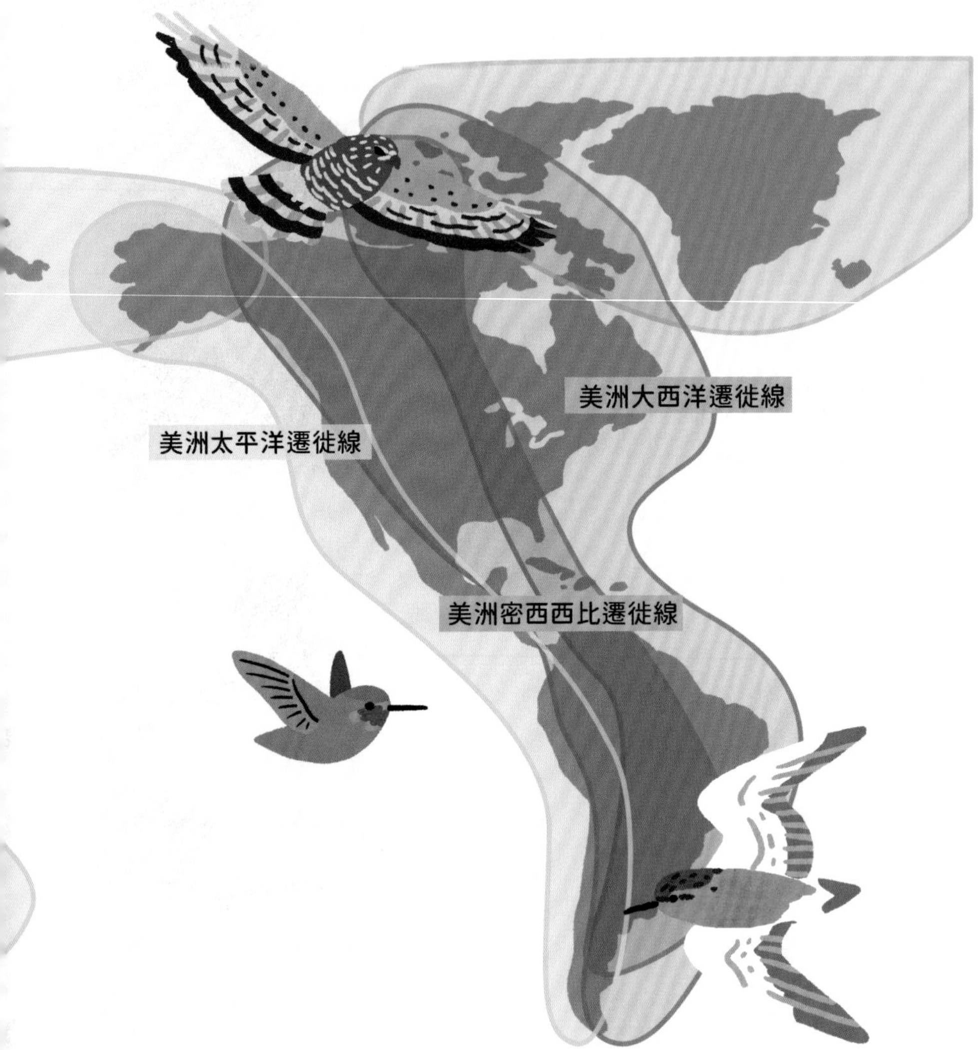
美洲大西洋遷徙線
美洲太平洋遷徙線
美洲密西西比遷徙線

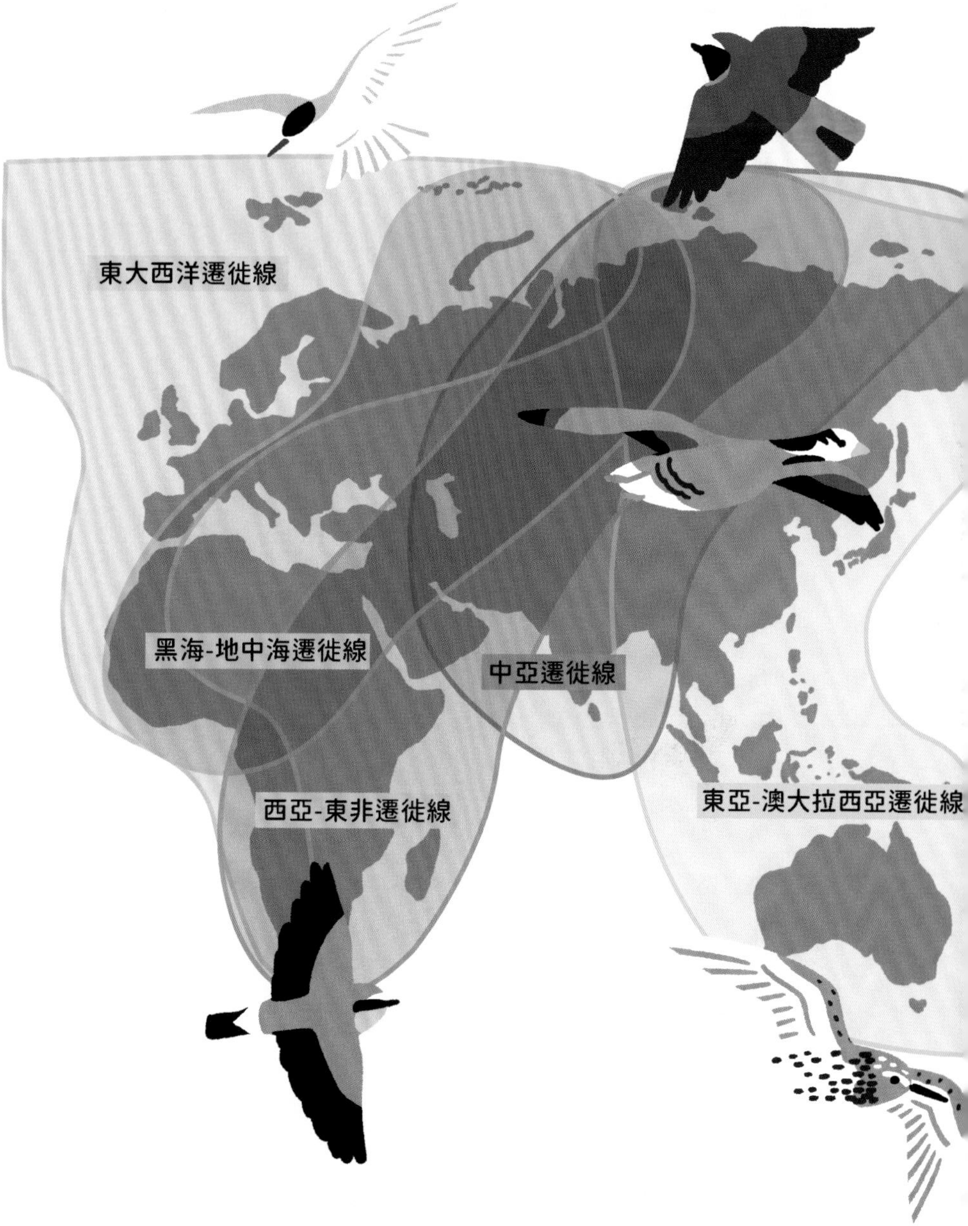
東大西洋遷徙線
黑海-地中海遷徙線
中亞遷徙線
西亞-東非遷徙線
東亞-澳大拉西亞遷徙線

EAAF地圖

東亞澳遷徙線的範圍，由最北邊的俄羅斯遠東地區，一路往南延伸到中國沿岸、庫頁島、朝鮮半島、日本列島，接著到臺灣；再繼續往南，包括中南半島、馬來半島、菲律賓群島、蘇門答臘、婆羅洲、新幾內亞，最後抵達澳洲和紐西蘭。

這條東亞澳遷徙線，每年有千百萬計的候鳥南來北往，同時，也是所有世界級的遷徙線當中，候鳥受威脅程度最嚴重的遷徙線。

臺灣位於東亞澳遷徙線的中段地帶，自然會有眾多候鳥選擇在臺灣休息或過冬，每當九月季風轉向的季節到來，許多候鳥就會紛紛啟程南下。雖然候鳥飛行能力好，但遷徙路線還是會盡量不要離陸地太遠，畢竟落海就是死路一條。

候鳥的旅途充電站

一般來說，東亞澳遷徙線可以分為兩條主要支線：東亞沿岸支線和花采列嶼支線。「東亞沿岸支線」上的候鳥，基本上沿著亞洲大陸沿海遷徙，一路順著中南半島南下到印尼；「花采列嶼支線」則是沿著日本列島南下，經過臺灣和菲律賓抵達印尼。如果在這兩條支線要找個跨海距離最短的交流道來換路線，那麼，這個交流道通常是臺灣海峽。

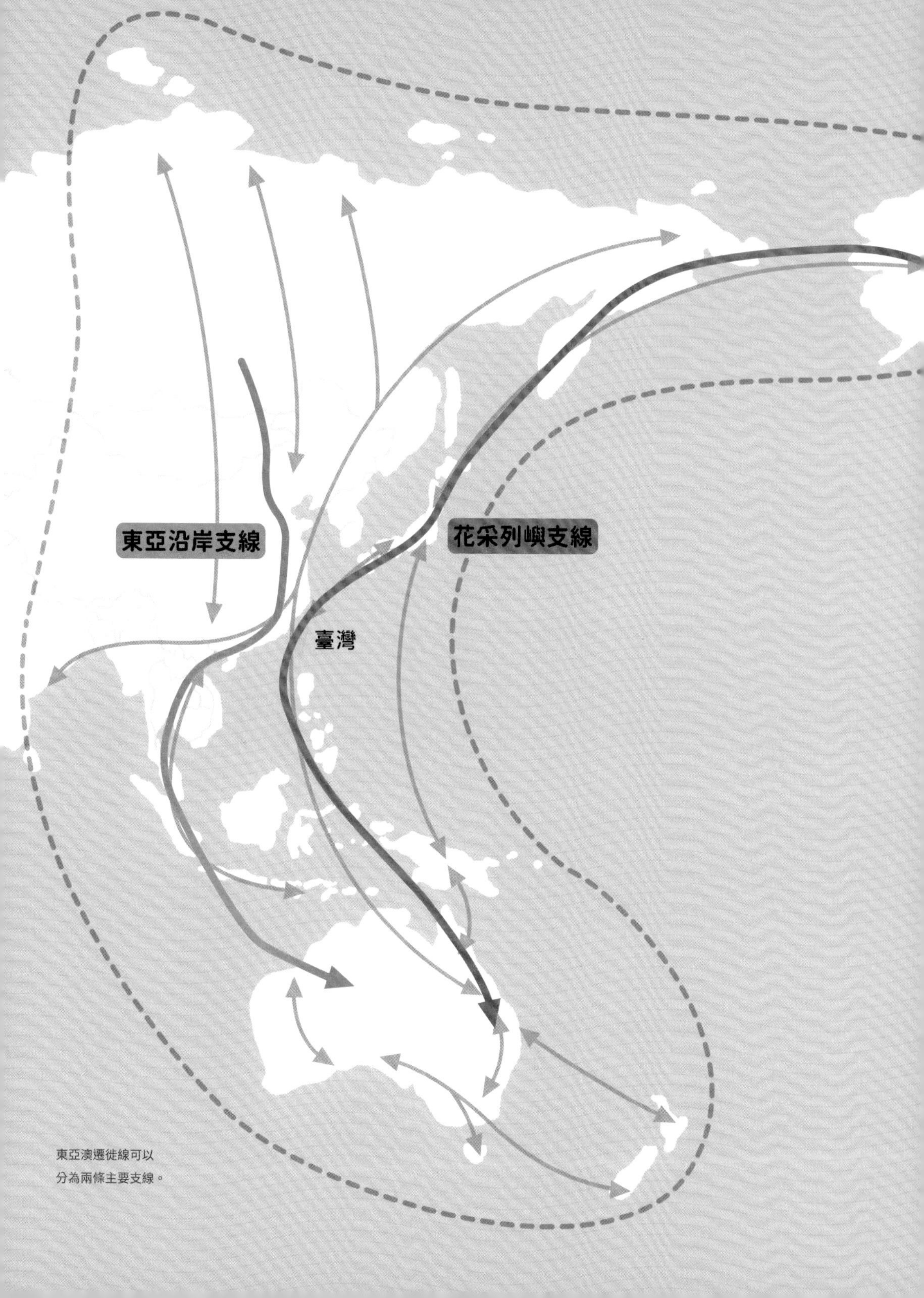

東亞澳遷徙線可以
分為兩條主要支線。

當花采列嶼的候鳥要進入臺灣，北臺灣沿海各式各樣的棲地環境，就成為各種候鳥需要的休息棲地，包括農地、溼地、河川、水池和森林，對這些小鳥都很重要。舉例來說，金山的清水溼地、金山青年活動中心、萬里的野柳岬、貢寮的田寮洋溼地以及蘭陽平原，每年遷徙季節都有許多候鳥在這些地方落腳。這些地方讓偏好不同棲地的候鳥可以休息和覓食，好好充電——這也是為什麼，北海岸和東北角時常出現特殊候鳥和迷鳥的主要原因。

對於和我一樣居住在北部的賞鳥人來說，地利之便自然是我們追鳥的一大優勢。無論何時有任何特別的候鳥抵達北臺灣，我們很容易能在短時間內抵達現場，大幅降低目標鳥種離開現場、一去不回頭的風險……畢竟，有些候鳥只在臺灣停留幾星期，甚至數天或數小時。我在讀大學的時候，就憑一台機車，跑遍這些地方，這些熱門鳥點，也裝載許多我遇到目標生涯新種以及與鳥人們互動的有趣經驗。

2.2 熱情的賞鳥旅伴

應該是讀大二（二〇〇六年）的五月那個過境期，如往年一樣，我到金山和野柳尋找各種候鳥。那時的鳥功還很弱，行動能力也有限，裝備也不足，買不起單筒望遠鏡。我在野柳遇到台北市野鳥學會的兩位會員，他們知道我獨自從臺北騎機車來北海岸找鳥，便邀請我一同搭他們的車在北海岸找鳥比較輕鬆，對於當時能力有限的我來說，自然是一大福音。

我們隨後在金山清水溼地找到許多過境的鷸鴴（印象最深刻的是黑尾鷸），透過他們慷慨借我使用的單筒望遠鏡，視野中眾多的水鳥群，至今還深深留在我的腦海中。而且，他們還招待我一頓午餐。其中一位大叔跟我說：「你別介意，我們有能力就帶著你跑，你盡量吃。記得，等你有能力之後，也要這樣子提攜後進唷！」

寫到上面這段的那天，已經是十五年後，我和一群鳥友在金門數鳥數了一整天，晚上一起共進羊肉爐，聊著各式各樣的賞鳥經驗。我想，我應該算有好好實踐當年大叔們對我的交代。

像這樣子一同乘車、一同找小鳥、一起享用美食的夥伴，賞鳥圈稱為「賞鳥旅伴」（birding pal），這個名詞暗示彼此不收費，大家就是出來交朋友的。這樣的賞鳥旅伴在外地賞鳥特別重要，不僅能節省聘請賞鳥導遊（a.k.a. 出租鳥友）的高額費用（一天至少一百五十美金），還能結交難能可貴的志同道合朋友。

黑尾鷸 Black-tailed Godwit *Limosa limosa*

嘴喙細長的中型水鳥。在東亞，於俄羅斯遠東地區繁殖，冬天遷徙至東南亞、澳洲及紐西蘭度冬，臺灣是短期停留休息的遷徙中繼站。

eBird　　鳥音

遇見外國賞鳥旅伴

另外一次印象深刻的經驗，是在二〇一三年四月，我在野柳和許多鳥友一起觀賞黃眉黃鶲，這是我當天的生涯新種。這時候，有一位高大的外國人，用粗壯雙手拿著巨大的相機和鏡頭走了過來，不需要腳架的他，實在引人側目。

他探頭探腦的張望，似乎沒找到鳥在哪裡。我順口跟他說：「Just over there!」他看到目標後，快速拿起相機拍下不少照片，也向我致謝。致意後，我繼續往野柳岬外海的方向走去，看看還有沒有其他的候鳥。此時，這位外國人跑來跟我搭話，問我今天能不能當他的賞鳥旅伴？他沒有車，是從臺北市搭計程車來野柳的（有錢真好），在現場他只確定我會講英文。

「Why not? Let's go!」

我們一起把野柳岬的候鳥翻遍了之後，便繼續到其他地方找鳥，他說他特別想看小杓鷸和白腰草鷸。嘿，我正好知道貢寮的田寮洋這時候能找到牠們，便一起驅車前往。

黃眉黃鶲 Narcissus Flycatcher *Ficedula narcissina*

雄鳥全身黑黃相間，翅膀上有白斑的小型鳥類，母鳥則為全身淡褐色。主要在日本全國各地繁殖，冬天主要在菲律賓群島及海南島度冬。臺灣為遷徙中繼站，但不容易在臺灣見到。

eBird　　鳥音

田寮洋是鄰近東北角的一片小農地，四周環繞著由天然闊葉林覆蓋的低海拔丘陵。田寮洋中間有鐵路通過，我時常在群山環繞的翠綠水稻田間，一邊找鳥，一邊看著各種車型的火車來來往往。通勤電車像是愜意的旅客，悠悠路過細雨綿綿的水稻田；太魯閣號和普悠瑪號，則是來匆匆去匆匆的通勤族，只施捨幾秒鐘給這片眾多候鳥駐足的美景。

環境看似簡單，但是森林圍繞、緊鄰海邊的小農地，裡頭還有一個小水池，卻記錄了三百四十九種鳥類，可以說是東北角賞鳥的超級熱點！為什麼會這樣呢？首先，田寮洋地區提供了森林、農地、水池、溪流等多樣的環境，讓各種不同的小鳥，都能在這裡各自找到牠們需要的生存資源；除此之外，鄰近東北角海域也很重要，剛完成一段遷徙旅程的小鳥已精疲力盡，需要就近找到食物和棲息地，而田寮洋就是這樣的地方。

小杓鷸 Little Curlew *Numenius minutus*

杓鷸屬鳥類中體型最小的種類，也不像其他杓鷸偏好在沿海環境覓食，返程偏好內陸淡水溼地，當年在臺灣各地水田和河濱有多筆紀錄。於遠東地區繁殖，澳洲北部度冬。

eBird　　鳥音

白腰草鷸 Green Sandpiper *Tringa ochropus*

主要分布於歐亞非大陸（或稱舊世界），於溫帶地區繁殖，熱帶地區或非洲亞熱帶度冬。在臺灣不算罕見，偏好在淡水溼地或溪流活動。

eBird　　鳥音

「找到了！有三隻！」我們順利在田裡找到三隻小杓鷸。

不知道為什麼，那一年過境的小杓鷸特別多，北部許多公園和農地都有人發現牠們的身影。我當時直覺田寮洋應該也有機會，就算沒有，也會有其他精采可期的候鳥——想看到白腰草鷸一點也不難，在西北邊的水梯田裡，我很清楚那裡總會有幾隻在田邊角落覓食，而這一次我帶著外國訪客來，牠們也都乖巧聽話的在老地方等著。

幫自己找到目標鳥種自然開心，幫鳥友找到目標鳥種更是另一種喜悅。賞鳥旅伴的有趣之處，除了追求自我目標，還能幫助其他鳥友，並且結識許多志同道合的江湖好漢，分享各自的觀察經驗和獨家賞鳥情報。這位外國人是高鐵公司的顧問，後來我們還有幾次在鳥點不期而遇，例如二〇一六年在臺中市北屯區的屯區藝文中心，當時那裡出現了一隻臘嘴雀。

田寮洋環境照片。
版權來源 陳文振, CC BY-SA 3.0, via Wikimedia Commons

版權來源 Mikils, CC BY-SA 4.0, via Wikimedia Commons

臘嘴雀

Hawfinch *Coccothraustes coccothraustes*

廣泛分布於歐亞大陸溫帶地區。東亞地區的族群，在中國東北繁殖，冬天遷徙至日本、朝鮮半島及華南地區度冬。在臺灣屬於迷鳥。

eBird

鳥音

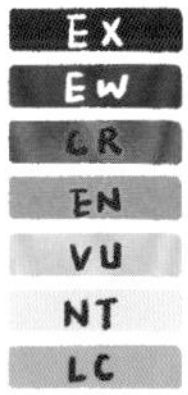

2.3 保育優先次序和國家保育責任

我在這一章提到的小鳥，有許多都不是常見的鳥類，畢竟本章舞台是在北臺灣，是我們鳥人追求稀有鳥種的地方。不過，當我們在談一種小鳥「稀有」或「普遍」的時候，要先思考兩個問題：這種小鳥是「數量真的很少」還是「本來就很少在臺灣出現」。

舉例來說，前面提到的金山小白鶴，是全球嚴重瀕臨滅絕的小鳥，每一隻都很重要，都攸關白鶴族群的存亡，這種小鳥對保育的需求就會相當高；而黃眉黃鶲在日本不算罕見，只是平常不太經過臺灣，一旦出現，也會引起鳥人爭相目睹，這一類的小鳥，對保育的需求就比較低。

為什麼要有這樣的區別呢？近幾十年來，環境和生物多樣性保育議題層出不窮，但是，保育工作所需要的資源卻是有限的，包括時間、金錢、人力，這都是執行保育行動時必須面對的現實與抉擇。

換句話說，當我們把某些事情做好時，就有另一些事情做得不夠好。因此，在分配這些資源時，必須先設定解決各項議題的順序，稱為「保育優先次序」（conservation-prioritization scheme）[1,2]，例如保育地點的選擇、保育對象（物種）的挑選、決定採取的策略與行動，以及經費分配等。目前「決策科學」（decision science）中的決策程序，已經廣泛應用於保育優先次序的規劃，幫助決策者在面對極度複雜的保育議題時，能夠做出效益最佳的決定。

評估保育優先次序時，其中一個重要依據是這種小鳥的「受脅程度」（threatened level）或稱「滅絕的風險」（extinction risk）。科學家會依據每一種小鳥的數量、分布範圍、數量變化狀況、面臨的生存威脅等資訊，綜合起來評估滅絕風險，最後賦予一個等級。

這些等級共可以分為七類，滅絕風險由高到低依序為：絕滅（EX, Extinct）、野外絕滅（EW, Extinct in the Wild）、嚴重瀕危（CR, Critically Endangered）、瀕危（EN, Endangered）、易危（VU, Vulnerable）、近危（NT, Near Threatened）和暫無威脅（LC, Least Concern）。

---

1 Brooks, T. M., R. A. Mittermeier, G. A. B. Da Fonseca, J. Gerlach, M. Hoffman, J. F. Lamoreux, C. G. Mittermeier, J. D. Pilgrim, and A. S. L. Rodrigues. 2006. Global biodiversity conservation priorities. Science 313:58–61.

2 Wilson, K. A., M. F. McBride, M. Bode, and H. P. Possingham. 2006. Prioritizing global conservation efforts. Nature 440:337–340.

其中，列為嚴重瀕危、瀕危和易危這三個等級的物種，又稱為「受脅物種」（threatened species）。另外，還包含兩種特殊狀況：資料不足（DD, Data Deficient）和未評估（NE, Not Evaluated）。有了這樣的分級，就可以來規劃哪些鳥種迫切需要保育，而哪些小鳥還不急。完成分級之後，就會整理起來出版為「紅皮書」（The Red List），臺灣鳥類的完整資訊可以參考「2016 臺灣鳥類紅皮書名錄」[3]。

另一個重要的概念，是「國家保育責任」（national conservation responsibility），指一個國家對於境內生物所需承擔的保育責任。一般來說，國家保育責任最高的是特有種和特有亞種的生物，例如臺灣特有種鳥類臺灣山鷓鴣和環頸雉；接著，是終年於該地生存且繁殖的留鳥，例如不遷徙的麻雀和珠頸斑鳩。相對的，遷徙性生物的國家保育責任較低，例如會遷徙的斑蝶和鳥類，在遷徙路線上的國家皆須分擔國家保育責任[4]。

---

3 林瑞興等。2016。2016 臺灣鳥類紅皮書名錄。行政院農業委員會特有生物研究保育中心、行政院農業委員會林務局。南投。

4 Schmeller, D. S., Gruber, B., Budrys, E., Framsted, E., Lengyel, S., & Henle, K. (2008). National responsibilities in European species conservation: a methodological review. *Conservation Biology*, 22(3), 593-601.

將「國家保育責任」和「紅皮書」的資訊整合起來，就可以大致完成臺灣鳥類的保育優先次序。例如屬於特有亞種又是嚴重瀕危的環頸雉，保育優先性就比較高；而黃眉黃鶲在日本的數量多，又很少經過臺灣，臺灣需要為牠付出的保育責任就比較低。

臺灣山鷓鴣

Taiwan Partridge *Arborophila crudigularis*

臺灣特有種鳥類，又稱為「深山竹雞」，和大家比較熟悉的竹雞屬於不同物種。生性非常隱密，但是很常發出鳴唱聲，常常聞其聲而不見其形。數量不算少，只是羞於見人。

eBird　　鳥音

版權來源 https://www.flickr.com/photos/francesco_veronesi/, CC BY-SA 2.0, via Wikimedia Commons

環頸雉 Ring-necked Pheasant *Phasianus colchicus*

臺灣特有亞種，主要分布於花東地區、嘉南平原，臺中大肚山也有族群。近幾十年來，因為與外來種雜交而有基因汙染的問題，在臺灣屬於嚴重瀕臨滅絕。偏好在農業環境活動，又會取食農作物，常常與農民起衝突，是個保育上相當棘手的鳥種。

eBird　　鳥音

金山小白鶴事件

不過，北臺灣倒是很容易遇到特殊的例子，例如白鶴。二〇二一年十一月十五日，宜蘭的農民發現一隻西伯利亞白鶴成鳥在延平里一帶農田中活動，這是臺灣第二筆西伯利亞白鶴的紀錄。而第一筆紀錄，便是二〇一四年十二月抵達臺灣外島彭佳嶼，三天後抵達新北市金山區的「金山小白鶴」。

白鶴的族群主要分為東部和西部兩個區域：東部族群分布於俄羅斯東部的雅庫特（Yakutia），位於亞納河（Yana River）與阿拉澤亞河（Alazeya River）之間，冬季時遷徙到鄱陽湖度冬；西部族群則分布於俄羅斯西部靠近烏拉山的庫諾瓦特河（Kunovat River），冬季時遷徙到裏海南部及印度的珀勒德布爾（Bharatpur）度冬。

白鶴的遷徙距離長達五千公里，是所有鶴科鳥類中遷徙距離最遠的。由於鄱陽湖是白鶴的主要度冬地，因此，有些說法認為，唐代詩人崔顥所寫的〈黃鶴樓〉一詩中所指的「黃鶴」，很有可能就是白鶴的幼鳥。

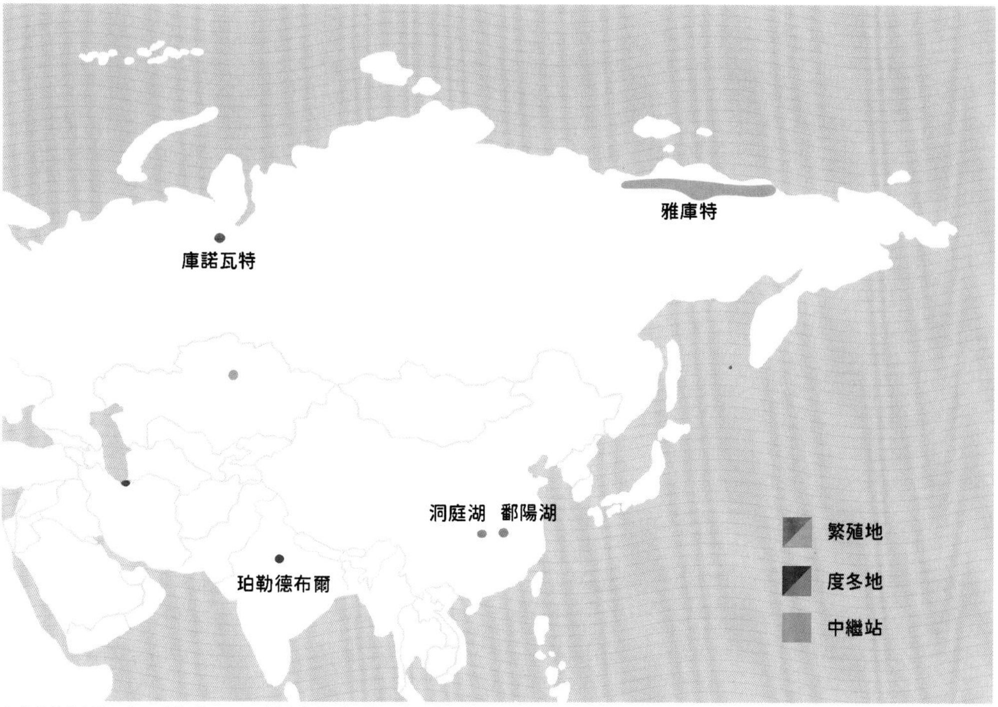

白鶴分為東部和西部兩大族群，99%屬於東部族群。為繁殖地，表示遷徙中繼站，則為度冬地。

白鶴幼鳥。

以白鶴來說，臺灣並未在牠的主要遷徙路線上，目前出現的兩筆紀錄都屬於迷鳥，因此臺灣對白鶴的保育責任並不高；然而，白鶴屬於嚴重瀕臨滅絕的物種，也就是「每一隻都很重要」，少了任何一隻，對白鶴的族群續存都會是非常劇烈的負面衝擊。因此，有嚴重瀕危的生物出現在臺灣時，我們並不能因為保育責任低而坐視不管。

幸好，近年保育意識抬頭且保護動物的概念普及，第二隻白鶴造訪蘭陽平原時，在地居民和地方主管機關都做了非常好的處理，這也是基於金山小白鶴的經驗，讓許多臺灣人對白鶴並不完全陌生。

這一次，除了立刻通報之外，延平里里長林水蓮先生還與宜蘭市政府合作，在鳥類觀賞方面，規劃廟宇前廣場供慕名而來的眾多鳥友停車，並在周邊農地宣導賞鳥守則，避免與當地農民發生衝突；在友善農業方面，立即協調當地農民停止使用農藥及除草劑等化學藥物，以免造成白鶴誤食和其他傷害。此外，在廟宇前廣場的公佈欄，也有每天的白鶴觀察日記，對於保育推廣和行為觀察，都是很好的紀錄。

在臺灣記錄到如此珍貴的鳥類固然值得高興，也彰顯水稻田在保育上的重要功能。這是臺灣的鳥類觀察者第二次與白鶴在臺灣接觸，我們都已有過與白鶴相處的經驗；第二隻訪臺的白鶴透過當地民眾與地方政府的合作，以及眾多鳥友的配合，平安的在臺灣度過冬天，直到二〇二二年三月八日北返離開臺灣。

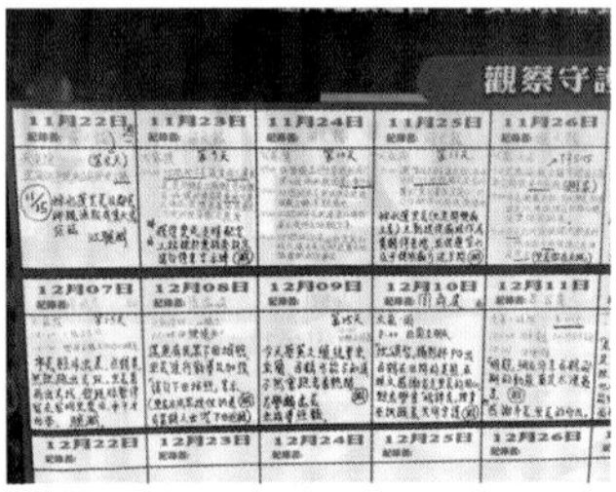

第二隻白鶴現身臺灣時，宜蘭地區因應的保育行動。

2.4 從獵槍到望遠鏡

有趣的是，這些北海岸的賞鳥熱點，都是無心插柳而形成的候鳥棲地。金山清水溼地和田寮洋是農地，而野柳岬的天然森林則是因為不適合開發而意外形成候鳥避風覓食的休息站。好巧不巧，這些鳥點又剛好離人口密度高的首都臺北不遠，因而能有許多鳥人頻繁拜訪這些鳥類熱點。

在各種因緣際會之下，北臺灣許多鳥點不僅成為候鳥會合的集合處，也是鳥友們以鳥會友、相遇結識，擁有許多共同回憶的場域。即便過了許多年，我相信還是有不少鳥友能想起曾經出現在北海岸的白鶴和丹頂鶴，以及許多難得一見的特殊鳥種。

時常有人問我們，為什麼能夠樂此不疲的不斷賞鳥？小鳥本身漂亮美麗，是存在感十足的角落生物，即便你沒興趣，目光也會被牠們拉走，哪怕牠是胖胖的球雀或呆滯的公園大笨鳥。

賞鳥是個健康的戶外活動，也是零歲到一百歲都適合從事的休閒活動，多出門走走也不是壞事——最大的動力是為了追求生涯新鳥種，進而產生難以止息的蒐集癖。這就像蒐集任何東西一樣，有了一種就想要第二種，有了兩種就想要更多，有了更多就想要全部。沒有蒐集全套就是不完整、不完美，就是人生有了缺陷！

寫這一章的時候，我正在金門調查鳥類，同行夥伴發現了一種迷鳥「白腹隼鵰」——消息一出，隔天馬上就有幾位鳥友從臺灣飛到金門，好像去金門只是到自家廚房一樣，說飛就飛，只為一睹風采，可惜最後敗興而「龜」（摃龜的龜）……

如果你不能體會我們這些鳥人的瘋狂，或許可以透過 Pokémon Go 這款遊戲來體驗看看，有普遍種、稀有種、特有種，追寶就和追鳥一樣。二〇一七年，Pokémon Go 發行後不久，英國牛津大學動物學系（Department of Zoology, University of Oxford）團隊在保育生物學會的期刊 *Conservation Letters* 發表了一篇論文[5]，認為 Pokémon Go 是能讓一般人體驗自然觀察和追尋野生動物的好遊戲。透過這款遊戲，也許能讓人理解我們這群鳥人到底在瘋些什麼——除了從虛擬寶可夢變成真實世界活生生的野生鳥類，其他在本質上並沒有太大的差異。

5 Dorward, L. J., Mittermeier, J. C., Sandbrook, C., & Spooner, F. (2017). Pokémon Go: Benefits, costs, and lessons for the conservation movement. Conservation Letters, 10(1), 160-165.

版權來源 Alastair Rae from London, United Kingdom, CC BY-SA 2.0, via Wikimedia Commons

丹頂鶴 Red-crowned Crane *Grus japonensis*

也許是臺灣人最熟悉的鶴，在北海道及中國東北繁殖，於華中地區度冬，在臺灣屬於迷鳥。繁殖地和度冬地都有棲地劣化的狀況，近年數量持續減少。2007 年於金山及 2015 年於三芝各有紀錄。

eBird　　鳥音

某種程度來說，賞鳥其實也是狩獵，只是獵槍已經典雅轉化為望遠鏡。無論如何，追尋那些尚未見過的小鳥，成為許多鳥人的生涯目標，而這些南來北往的候鳥，正是全世界賞鳥人鎖定的對象。

以為能掌握的，總是會有失手的狀況；沒有預期的，總是會有意外的驚喜。我也就跟著這些候鳥，踏上了追尋生涯新種的賞鳥不歸路，也大幅轉變了我的人生。

白腹隼鵰 Bonelli's Eagle *Aquila fasciata*

中國華南地區的留鳥，中型猛禽，臺灣本島無紀錄，目前三筆紀錄皆位於金門，分別記錄於 2014 年、2015 年及 2021 年。

eBird　　鳥音

3 蘭陽平原：遠望龜將軍的噶瑪蘭公主

很久很久以前，臺灣島的東北海域是東海龍王的管區，在四大海龍王裡面，祂是脾氣最壞的一個。當祂生氣的時候，就會召喚強烈的九級東北季風，或是喚起強達十一級的颱風；這位愛生氣的東海龍王，時常把臺灣島上的小孩嚇得在半夜哇哇大哭。

不過，就算東海龍王的脾氣再差，見到女兒也會變得溫柔慈祥。東海龍王的女兒名為「噶瑪蘭」，龍宮裡上上下下都尊稱她為「噶瑪蘭公主」。噶瑪蘭公主的母親，在她很小的時候就過世了，獨留下噶瑪蘭公主，是東海龍王唯一的家人，也難怪海龍王對她疼愛有加。

東海龍王期許公主和龍族的子嗣成婚（好老套的劇本），但公主卻愛上了龍王身邊的龜將軍。兩人逃離龍宮私奔，在臺灣島和臺灣人一起生活，學習人類務農的生活方式，並生下一個孩子。

東海龍王勃然大怒，帶著大批的蝦兵蟹將，把龜將軍和那孩子一起推向外海，石化為現在的龜山島與和平島。傷心欲絕的噶瑪蘭公主，便將自己化為蘭陽平原，每天與龜山島遙遙相望——每當龜山島上出現雲朵，就表示公主又織好一頂草笠給龜將軍，也表示蘭陽平原即將下起悲傷的綿綿細雨。

南國的風
lâm-kok ê hong
吹了阮的心情
tshue liáu gún ê sim-tsîng
每日思念的龜山島
muí-jit su-liām ê Ku-suann-tó
噶瑪蘭公主
Kat-má-lán kong-tsú
編好伊的草笠仔

pian hó i ê tsháu-leh-á
送予遙遠的有情郎
sàng hōo iâu-uán ê ū-tsîng-lông
你若有情來看阮
lí nā ū-tsîng lâi khuànn gún
請你編著上媠的草笠仔
tshiánn lí pian tioh siōng suí ê tsháu-leh-á
來送阮
lâi sàng gún

臺灣歌手陳明章將這段故事寫成歌曲〈噶瑪蘭公主〉，讓這一段傳說故事轉換為不同形式流傳下來。

水稻是蘭陽平原生產的主要農作物，以前還能從北宜公路九彎十八拐的路上，望向不同季節風貌的蘭陽平原——夏季的噶瑪蘭公主是翠綠的水稻草原，而冬季時水稻休耕放水，使公主成為倒映遼闊天空和龜山島的一面明鏡。遺憾的是，現今的噶瑪蘭公主已經不復當年，現在的蘭陽平原早已千瘡百孔、面目全非。或許地方建設、農業發展和自然環境，總是複雜難解的糾結，但每年在蘭陽平原度冬的候鳥，也隱約傳達某些訊息。

3.1 鳥力破百之旅

對高中生來說，想獨自四處旅行賞鳥，說困難是還行，說容易倒是不容易。那時我在臺北盆地搭著捷運和公車，在新店、烏來、關渡等地方四處晃蕩，大概也只看過幾十種小鳥，離一百種還有一段差距。對全世界的鳥人來說都是如此，一個地方待久了，小鳥看得差不多了，生涯鳥種數就很難再快速往上提升。

幸好，建中生研社有個例行活動，是每年十二月會和中山女中（這不是重點……才怪）的生物研究社共同舉辦「宜蘭賞鳥」的一日活動，重點是臺北盆地不容易看到的大量度冬水鳥，例如「鷸鴴」。當時由台北市野鳥學會的蕭木吉老師和李平篤老師，以及幾位鳥功高強的生研社畢業學長，帶著我們三十幾位高中生，浩浩蕩蕩的前往蘭陽平原賞鳥。這個活動，我們通常稱為「鳥力破百之旅」，經過這趟賞鳥活動之後，新手的生涯鳥種數通常可以突破一百種。

釣鰲池的鴨子們

那個時候是二〇〇一年冬天，雪山隧道還沒通車，車子如當時的習慣一樣，自新店緩緩駛進北宜公路，再沿著九彎十八拐下山，降落在蘭陽平原。當時的路線和現在沒有太大的差別，我們先在頭城與礁溪交界一帶的下埔、竹安賞鳥，其中一個例行路線是「釣鰲池」。釣鰲池是一條大約兩公里的小路，可以讓兩台小客車勉強會車，小路兩側都是深水魚塭，路邊沒有護欄，如果邊開車邊看鳥，一不小心就會連人帶車掉進魚塭裡。

釣鰲池的深水漁塭，吸引許多「潛鴨」來度冬，數量最多的是鳳頭潛鴨，那一次運氣好，碰巧有一隻斑背潛鴨，二〇一九年十二月還出現了一隻環頸潛鴨。這些潛鴨顧名思義是「會潛水的鴨子」，這一類野鴨會潛入水中覓食，有些種類潛水可深達數十公尺，因此，牠們偏好在水深夠深的水域覓食，以免潛入水中時不小心撞到頭。另一類數量也不少的水鳥是小鸊鷉（音同屁題），牠們也能潛入水中覓食十餘秒，下潛後，常常在魚塭的另一頭浮現出來。

還有一群數量不少的各種「浮水鴨」，牠們不會潛入水中，僅在水面附近覓食，臺灣常見的浮水鴨包括小水鴨、尖尾鴨、琵嘴鴨和花嘴鴨等等，而這些雁鴨，都是飛來臺灣度冬的冬候鳥。當年釣鰲池的環境很好，魚塭上有各式各樣的雁鴨，水淺的地方有各種常見的鷺鷥，草叢間有許多鷦鶯、文鳥、粉紅鸚嘴和黑臉鵐，魚塭的水面上則有棕沙燕穿梭飛舞。

釣鰲池全景圖。

版權來源 Andreas Trepte, CC BY-SA 2.5, via Wikimedia Commons

鳳頭潛鴨 Tufted Duck *Aythya fuligula*

臺灣普遍的冬候鳥，廣泛分布於溫帶地區，冬天在臺灣許多魚塭、水塘、湖泊等，都很容易見到牠的身影。時常和其他種類的度冬雁鴨混群在一起，形成龐大的鴨群。

eBird　　鳥音

版權來源 No machine-readable author provided. Mdf assumed (based on copyright claims)., CC BY-SA 3.0, via Wikimedia Commons

環頸潛鴨 Ring-necked Duck *Aythya collaris*

屬於潛水鴨類的雁鴨科鳥類，外觀與鳳頭潛鴨相似，但體型較小。主要分布於北美洲，於加拿大繁殖，美國度冬。2019 年於宜蘭釣鱉池有一筆紀錄。

eBird　　鳥音

小水鴨 Common Teal *Anas crecca*

屬於浮水鴨類的雁鴨科鳥類，是臺灣冬天常見的雁鴨。臺北華江橋曾有數萬隻的紀錄，但現今數量已不如以往，近五年全國數量約為 6,000 至 7,000 隻。

eBird

鳥音

尖尾鴨雄鳥（左）及雌鳥（右）。

尖尾鴨 Northern Pintail *Anas acuta*

屬於浮水鴨類的雁鴨，臺灣冬天常見。雄鳥尾羽特別細長上翹，因此被稱為尖尾鴨。廣泛分布於北半球溫帶，冬天遷徙至亞熱帶度冬。近五年全國數量約為 5,000 隻。

eBird　　鳥音

琵嘴鴨雄鳥（上）及雌鳥（下）。

琵嘴鴨

Northern Shoveler *Spatula clypeata*

屬於浮水鴨類的雁鴨，臺灣冬天常見。嘴喙成湯匙狀，因此稱為琵嘴鴨。廣泛分布於北半球溫帶，冬天遷徙至熱帶及亞熱帶度冬。近五年全國數量約 12,000 隻，且數量有增加的趨勢。

eBird　　鳥音

花嘴鴨 Eastern Spot-billed Duck *Anas zonorhyncha*

屬於浮水鴨類的雁鴨，臺灣冬天常見，也有許多個體屬於留鳥，在臺灣繁殖。近五年全國數量約 4,000 隻。

eBird　　鳥音

版權來源 Alnus, CC BY-SA 3.0, via Wikimedia Commons

粉紅鸚嘴 Vinous-throated Parrotbill *Sinosuthora webbiana*

分布於華北至華南、朝鮮半島及臺灣，棲息於低海拔草生地環境，常成群活動。時常在制高處且鳥嘴一開一合，但是聽不到聲音，可能部分聲音頻率超過人耳範圍。近年數量有減少的趨勢。

eBird　鳥音

版權來源 Photo by Laitche, CC BY-SA 4.0, via Wikimedia Commons

灰頭黑臉鵐 Black-faced Bunting *Emberiza spodocephala*

臺灣最容易見到的鵐科鳥類，分布範圍從蒙古至華南及臺灣。過往稱為「黑臉鵐」的鳥類，於 2022 年拆分為黑頭黑臉鵐及日本黑臉鵐（Mask Bunting *Emberiza personata*），後者僅分布於北海道及日本列島。

eBird　鳥音

塭底遇見難忘場景

釣鰲池的下一站，我們前往東南方的塭底。這裡從日治時期就使用「塭底」這個名稱，即便現在行政區域屬於礁溪鄉時潮村，Google地圖上還是可以在時潮村南部找到塭底這個地名。賞鳥人大多還習慣使用塭底稱這一帶，在eBird Taiwan上的熱點也以塭底稱之。臺灣的鳥友對塭底一帶的農地並不陌生，甚至對許多鳥友來說，塭底是充滿難忘回憶的地方。因為，不時有稀少罕見的候鳥，落腳在這塊東北角的休耕水稻田——最近的一次，也可能是最盛況空前的一次，是二〇二一年初出現在塭底的八隻斑頭雁。

版權來源 Imran Shah from Islamabad, Pakistan, CC BY-SA 2.0, via Wikimedia Commons

棕沙燕

Grey-throated Martin *Riparia chinensis*

於臺灣繁殖的小鳥燕科鳥類，偏好於溼地環境的土坡挖洞築巢，會和許多同伴一起在同個坡面挖許多巢洞，稱為「集體營巢地」（colony）。

eBird　鳥音

斑頭雁 Bar-headed Goose *Anser indicus*

於青藏高原繁殖，冬天遷徙至印度阿薩姆度冬，遷徙過程必須飛過喜馬拉雅山山脈，是已知飛行高度最高的鳥類。2021 年 1 月於蘭陽平原出現，是臺灣的第一筆紀錄。

eBird　　鳥音

我當時還是鳥類觀察初學者，一點也不熟悉這些灰撲撲的鷸鴴類水鳥，要辨識這些小鳥，對我來說是一大挑戰。我只能跟著老師和前輩，在他們找到小鳥、用單筒望遠鏡鎖定目標，告訴我們那是什麼鳥之後，再睜大眼睛以管窺鳥，細細端詳這些水鳥的長相。那時令我印象深刻的，都是蘭陽平原田間相當普遍的水鳥：田鷸和鷹斑鷸——因為我每次問「那是什麼？」不外乎就會得到這兩個答案。

田鷸 Common Snipe *Gallinago gallinago*

偏好於水稻田棲息的度冬水鳥，在冬天的蘭陽平原不難見到，但近年的數量大幅減少，是唯一一種在臺灣各地都顯著減少的度冬水鳥。

eBird　鳥音

鷹斑鷸 Wood Sandpiper *Tringa glareola*

偏好於水稻田棲息的度冬水鳥，在冬天的蘭陽平原非常容易見到，但近年在全臺灣的總數量有顯著減少趨勢。

eBird　　鳥音

那天的許多細節我已經忘得差不多了，而且，在網路不普及和智慧型手機尚未問世的年代，蘭陽平原的每個角落幾乎都長得一模一樣：水田、建築、魚塭。我只知道，自己獨自跑來這裡的話肯定會迷路，頂多知道中央山脈在哪一邊，龜山島在哪一邊，藉此判斷東西南北在哪裡。不過，令我至今印象深刻的是滿天飛舞的太平洋金斑鴴。

太平洋金斑鴴 Pacific Golden Plover *Pluvialis fulva*

廣泛分布於太平洋兩岸，是臺灣最容易見到的金斑鴴。近年在蘭陽平原及彰化沿海的數量有減少的趨勢，但是在嘉南平原反而增加。近五年的數量從 7,000、5,000 至 3,000 不等，變動幅度相當大。

eBird

鳥音

版權來源 Bering Land Bridge National Preserve, CC BY 2.0, via Wikimedia Commons

我根本搞不清楚身在蘭陽平原的何處，只記得我們一群人駐足在田間，抬頭看數百隻太平洋金斑鴴在灰濛濛的天空中不停飛舞繞行。蕭木吉老師說：「你們要多把握機會，好好睜大眼睛看清楚，這樣的景象，回臺北可就看不到了。」即便天色昏暗，帶著刺骨的東北季風和綿綿細雨，依然可以從金斑鴴舞動的翅膀和羽毛之間，看到金色與白色交替閃爍的光影。

那句話和當時水鳥群飛的景象，我到現在都還記得很清楚。可惜的是，即便在我二十年賞鳥生涯中，不知道拜訪蘭陽平原多少次了，這樣的景象，別說臺北看不到，在宜蘭也早就已經看不到了。

3.2 無心插柳的農地變溼地

蘭陽平原是水稻的重要生產區，然而，因為東北部的冬天實在太容易下雨，導致宜蘭的水稻只能栽種春天至夏天的第一期。一般來說，臺灣的水稻可收穫兩期，分別為上半年的第一期和下半年的第二期，而蘭陽平原下半年大量且頻繁的雨水，讓宜蘭的水稻田只能選擇蓄水休耕，或是轉種其他農作物。不僅如此，早年時常氾濫、農民口中稱為「濁水溪」的蘭陽溪，對於農業栽培也是一大衝擊和挑戰。

好巧不巧，蘭陽平原位在迎接東北季風的第一排，同時也是迎接候鳥的第一排，休耕的水稻田和遷徙中的水鳥就因緣際會湊在了一起。水稻田休耕時，淺淺的蓄水和底下柔軟的泥土，滋養了許多水生節肢動物和水生植物，是遷徙候鳥補充體力的食物來源；同時，為了讓水稻充分照射到陽光，水稻田周邊通常不會有太多其他的植物，而這些遷徙的鷸鴴及雁鴨等水鳥，同樣也喜歡視野遼闊的泥灘地，才能隨時注意到猛禽等天敵和其他同伴的動向。

水稻栽培與休耕的環境，意外形成遷徙水鳥喜歡的「人工溼地」。整個蘭陽平原的休耕水稻田，加上魚塭錯落、蘭陽溪口大面積的泥灘地，就像是一大片溼地樂土，對跨海遷徙、快要精疲力盡的水鳥來說，如同黑暗中的燈塔、沙漠中的甘泉、高速公路上的洗手間或是無聊課程的下課鐘聲，令人精神為之一振，成為脫離苦海的極樂天堂——這也是為什麼蘭陽平原得以成為臺灣度冬水鳥熱點。

蘭陽平原的種種巧合，正是近年農地轉型為「生物多樣性友善農業」（biodiversity-friendly agriculture）的典型案例。為了生產人類所需的糧食和生活日用品，許多的原野地轉變為農業用地，又稱為「人類生產地景」（human working lands），威脅全球生物多樣性——但其實，農業用地同時也可以是保育生命世界的重要元素。

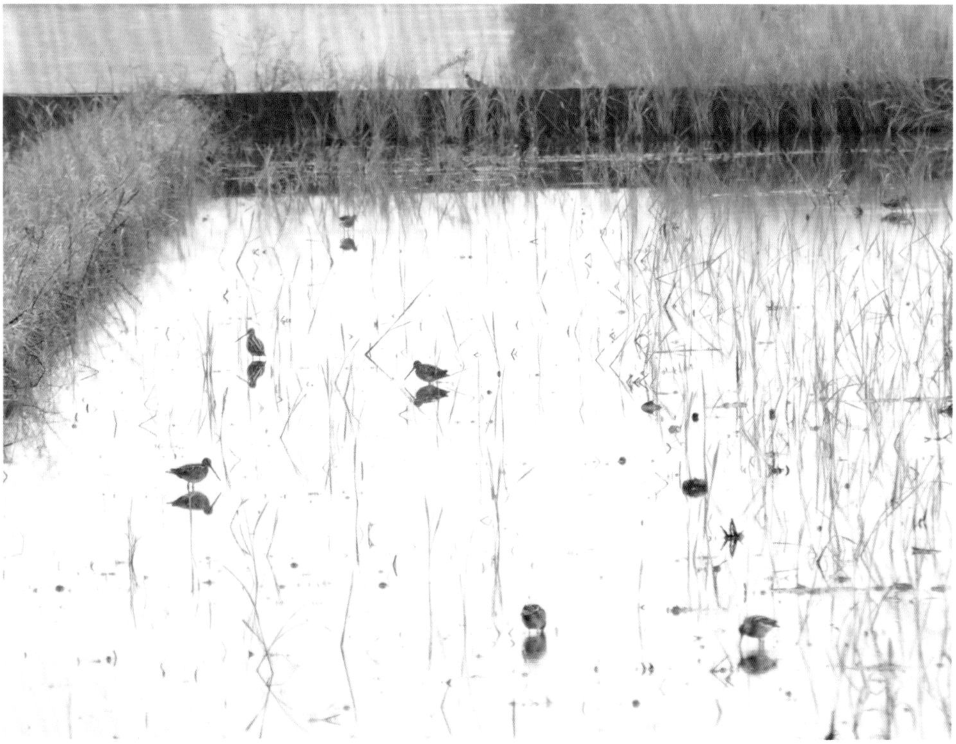

宜蘭休耕水稻田內的田鷸。

全球人口爆炸成長的人類世，不僅如馬爾薩斯所預期的糧食供給量的成長遠不及人口數，亦加劇了農業用地的快速擴張，科學家估算，在二〇五〇年，將會有十億公頃的土地轉變為農業用地。因此，在聯合國永續發展目標（Sustainable Development Goals, SDGs）中，糧食議題和生物多樣性保育都列為重大目標（目標2、14、15）。在無法降低糧食需求的狀況下，以維繫農作物生產為前提，兼顧農業環境的生物多樣性的保育價值，已經成為全球農業經營的重要課題。

雖然有些物種能在農田裡活得很好，但已有許多研究指出，適應農業環境中的野生生物明顯減少。一九八〇年至二〇一一年間，歐洲農業環境中的鳥類族群逐年下降；北美洲方面，七十七種棲息於農業環境的鳥類中，有五十七種鳥類的族群於一九六六年至二〇一三年間顯著減少；一九七〇年至一九九〇年間，英國有二十八種農地鳥類的分布範圍縮減，有十八種農地鳥類的數量顯著下降。除了鳥類之外，農業環境中的哺乳動物、節肢動物、被子植物和土壤中的微生物，也有相似的數量下降趨勢。

土地農業化之後，即便是棲息於農業環境中的生物，也正在面臨威脅。主要的原因是現行集約農業和慣行農業所採用的農法，往往大面積栽植單一作物，大規模施用殺蟲劑、殺草劑及化學肥料，導致農業環境品質劣化，再加上全球氣候變遷對農業的衝擊、自然資源有限等議題，皆成為現代農業轉型所面臨的考驗與挑戰。

各國農業主管機關意識到，傳統農業和現行技術已經難以面對變化莫測的未來，開始思考各種可能的因應策略，例如有機農法和保育性農業（conservation agriculture）等，對自然環境友善的方案（agri-environment schemes）應運而生。

在歐洲與北美洲採用有機農法的環境中，發現其內部的生物多樣性比採用慣行農法的農地來得高，包括鳥類、節肢動物和草本植物，都有增加的趨勢。採用零耕耘農法（zero tillage system）的農地中，大幅降低播種及耕耘強度，以減低務農過程中對土壤生物的衝擊，其土壤中的生物量顯著高於採用慣行農法的農地。

找出共生平衡點

雖然農法轉型可見其成效，但不同的農法仍有各自的優點與限制，再加上全球各地的農作環境截然不同，以及氣候、作物種類、各國的農業及經濟政策等因素，難有放諸四海皆準的方案。二〇〇三年的一份學術報告指出[6]，為有效減緩農業環境對生物多樣性的衝擊，必須尋求較能普遍應用於各種農業環境的解決方針。

6 Benten T. et al. (2003). Farmland biodiversity: is habitat heterogeneity the key? Trends in Ecology and Evolution, 18(2), 182-188.

農業地景常常由多樣性地景元素組成，包括農地、樹林、草生地、水池、附近的森林、河溪與聚落等，而且農業地景多由人為規劃所形成，因此重新調整地景元素配置的彈性遠比山地或河口溼地來得高，適合作為地景配置的研究場域。

從蘭陽平原的賞鳥經驗和各國的案例，都可以注意到農業是兼具多元價值的載體，無論在糧食生產、生物多樣性保育、休憩娛樂及傳承傳統知識與文化，都具有無可取代的地位。農業環境不僅是糧食生產的源頭，同時也是許多野生動植物的重要棲地，形成人與自然共生的農業生態系，產生農業生態系獨特的生態系服務。隨著全球環境變遷，農業的各種價值也必須隨著時勢需求而調適，形塑不同時代的「新農業典範」。

人類正同時面臨糧食短缺及生物多樣性流失的雙重衝擊，新時代的農業典範，要能同時減緩這兩項巨大衝擊，在維繫生產的同時，提升農業的生態系服務及生物多樣性保育價值。

3.3 種稻米還是種房子

不需要我特別說，相信和我年紀差不多、或是比我年長的臺灣人，都能明顯感受到蘭陽平原十幾年來的巨變。這些大幅的改變，包括雪山隧道啟用、國道五號通車、農地可自由買賣、臺北的房價大幅上漲，甚至是近年高鐵延伸到宜蘭的議題，都隱約成為蘭陽平原地景地貌大幅改變的重要因素。

除此之外，務農不穩定的收入和農業家庭世代之間接續務農的意願等等，也常成為背後潛移默化的影響。講白了，如果務農必須辛苦一輩子，還不一定能換得穩定收入，那為何不直接出租甚至是出售農地呢？這樣一夕之間翻身的想法，其實是合情合理的存在，雖然我未曾有務農經驗，也不是出身務農家庭，但如果設身處地思考，我大概也會這麼做，求得一個穩定的生活與生計。

於是，宜蘭許多農地轉變為建築用地，農地中陸續長出豪華的別墅、透天厝和民宿。起初，大多在農業永續、國土計畫的議題中發酵，直到我注意到釣鱉池入口處時常有一群棕沙燕的魚塭，變成了高級豪宅，同時也帶走過往的記憶，才

	臺灣本島		嘉南平原		蘭陽平原		彰化沿海	
琵嘴鴨	0.58	▲	1.03	▲	-54.00	●		
赤頸鴨	210.00	▲	3.13	▲	-64.00	●		
花嘴鴨	0.11	●			-15.00	●		
尖尾鴨	0.40	●	0.68	●	212.00	●		
小水鴨	0.24	●	-0.37	●	-62.00	▼	-0.72	●
鳳頭潛鴨	0.26	●	2.59	▲	-98.00	▼		
白冠雞	161.00	▲	17.94	▲	-23.00	●		
高蹺鴴	0.30	●	-0.20	●	68.00	●	-0.54	●
反嘴鴴	2.66	▲	2.82	▲			44.66	●
灰斑鴴	0.65	●	-0.26	●	-53.00	●	0.95	●
太平洋金斑鴴	-0.10	●	2.58	▲	-47.00	●	-0.47	●
蒙古鴴	0.11	●	8.13	▲				
鐵嘴鴴	1.60	●					1.58	●
東方環頸鴴	0.40	●	1.94	▲	-71.00	▼	0.01	●
小環頸鴴	-0.38	●	-0.10	●	-49.00	▼	4.32	▲
大杓鷸	-0.38	●	0.89	●				
翻石鷸	-0.36	●					-0.23	●
長趾濱鷸	-0.61	●	-0.63	●	-34.00	●		
紅胸濱鷸	1.45	●	2.31	●	-93.00	▼		
三趾濱鷸	-0.47	●					-0.86	▼
黑腹濱鷸	-0.09	●	1.44	▲	-71.00	▼	-0.50	●
田鷸	-0.62	▼	-0.99	▼	-70.00	▼	-0.98	▼
磯鷸	-0.16	●	-0.25	●	-55.00	▼	-0.72	▼
青足鷸	-0.24	●	0.31	●	-72.00	▼	2.51	●
小青足鷸	0.25	●	2.04	●	-45.00	●	-0.37	●
鷹斑鷸	-0.38	▼	-0.75	●	-34.00	●	-0.98	▼
赤足鷸	-0.10	●	-0.05	●				
黑嘴鷗	130.00	●						
紅嘴鷗	55.00	●	1.30	▲	-100.00	●		
裏海燕鷗	1.77	▲	1.64	▲				
黑腹燕鷗	3.23	●	3.47	●				

Regions

▲ 顯著增加 ▼ 顯著減少 ● 無顯著變化

臺灣本島、蘭陽平原、彰化沿海和嘉南平原的度冬水鳥，於 2014 年至 2021 年間的數量變化。

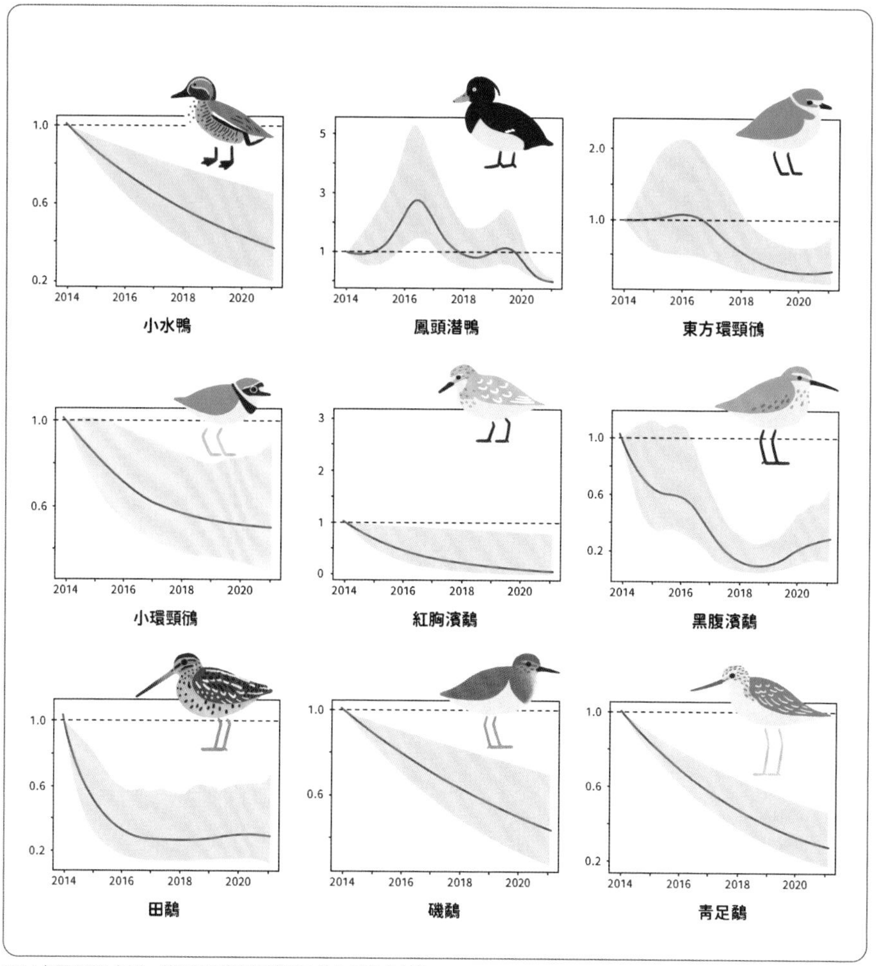

2014 年至 2021 年間，蘭陽平原數量顯著減少的 9 種度冬水鳥。

感受到遺憾。我不忍苛責農民，他們沒有義務為了我喜歡的小鳥而過著辛苦的日子，只是，這個議題與衝突，是個不容易處理的糾結。

對這個現象有許多無奈與束手無策，我並沒有放太多心思，直到二〇二〇年，我在分析公民科學「臺灣新年數鳥嘉年華」（Taiwan New Year Bird Count）度冬鳥類的歷年數量變化時，才更加注意到事態嚴重。

我們將臺灣的度冬水鳥區域，分為臺灣本島、蘭陽平原、彰化沿海和嘉南平原四區，分別分析各區度冬水鳥自二〇一四年起的數量變化趨勢。這一算下去，發現各地水鳥變化狀況並不一致，即便是同一種鳥，有些在彰化增加、有些在宜蘭減少，這表示臺灣各地的環境狀況有不同變化，不只是整個遷徙線候鳥狀況的改變。不幸的是，整體狀況以蘭陽平原最為嚴重，共有九種水鳥顯著減少。到了二〇二一年，我們將新的資料納入分析，狀況卻是日漸嚴重，一點轉圜的跡象也沒有（請參考96頁到97頁的圖表）。

這樣的分析，只能知道水鳥的數量是否有明顯的增加或減少，但無法知道數量變化的原因。不過，我們也同時注意到，蘭陽平原在二〇一四年至二〇二一年，在我們的鳥類調查範圍內，水稻面積減少了四百七十七公頃，而建築物則增加了一千一百一十七公頃。這對於蘭陽平原兩萬多公頃的農耕地而言，是不是個巨大的數字？以及是否與水鳥的數量變化有所關聯？我們還不得而知，只確定鳥類的生存正處於每況愈下的劣勢。

3.4 臺灣度冬水鳥面臨雙重威脅

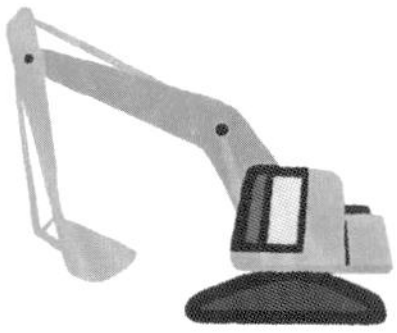

坦白說，蘭陽平原的度冬水鳥大幅減少，八九不離十和近年宜蘭農地種房子的議題脫不了關係，但是，我還沒有科學證據可以說明這件事，只能壓在心裡。二〇一九年，我啟程到澳洲昆士蘭大學（University of Queensland）生物科學系（School of Biological Sciences）攻讀博士學位，以「臺灣鳥類的族群變化趨勢和指標」作為我的博士論文主題——而度冬水鳥這一塊，是我的博士論文第四章的內容。

藉由這個機會，除了延續先前的族群趨勢更新之外，我再進一步蒐集相關資料，試圖找出蘭陽平原水鳥銳減的原因。幸運的，我們透過過往的研究成果與文獻，以及在東亞澳遷徙線上的夥伴，整理了這些度冬水鳥對水稻田依賴的程度。

分析結果顯示，在蘭陽平原，越是依賴水稻田的度冬水鳥，數量減少的程度就越高，不僅如此，越是依賴中國黃海泥灘地的水鳥，數量也下降得越厲害——也就是說，除了點名農地種房子就是蘭陽平原水鳥減少的元兇之外，中國黃海的泥灘地流失也是。換句話說，蘭陽平原的度冬水鳥，正面臨泥灘地流失和水稻田消失的雙重衝擊，態勢如此惡劣，能活下去就已經是奇蹟了。

經歷了一番寫作、投稿和審查，度冬水鳥的研究成果，於二〇二三年二月刊登於國際學術期刊 *Global Ecology and Conservation*[7]，這份研究獲得國際學術界的認可，同時也能讓我很有信心的彰顯蘭陽平原水鳥遇到的生存威脅，並且規劃保育行動。

這份研究暗示，水稻田的功能不僅只是提供我們大量的米飯，也為這些長途跋涉的水鳥提供相當棒的棲息環境，這就是水稻田所帶來的「生態系功能」（ecosystem function）。同時，這個案例也提醒大家，臺灣各處溼地、農地、森林、魚塭所面臨的光電板設置，也可能會帶來同樣的災難。請謹記蘭陽平原的教訓，審慎評估光電板設置地點。

7 Lin, D. L., Tsai, C. Y., Pursner, S., Chao, J., Lyu, A., Amano, T., ... & Fuller, R. A. (2023). Remote and local threats are associated with population change in Taiwanese migratory waterbirds. Global Ecology and Conservation, 42, e02402.

近年來，狀況也不完全如此悲觀，許多生物多樣性友善農業的推展和保育觀念的展現，都像是維繫宜蘭自然環境、農業經營和鳥類保育的光點。林哲安於宜蘭新南的田董米，以友善環境的原則栽培水稻，並且讓休耕水稻田成為度冬水鳥的棲地，而田埂上的野薑花與芒草叢，也成為許多鳥類的庇護所。「農田裡的科學家」團隊，由陳毅翰和林芳儀兩位生物學家夫妻，一邊種田一邊執行科學研究，以環境友善的原則，解決福壽螺和鳥害等務農中遇到的難題。

雖然難以預料蘭陽平原的土地和水鳥會怎麼變化，但我想，還是有機會可以找回那些聚集繁殖的棕沙燕，以及鋪天蓋地的太平洋金班鴴。

4 中央山脈：山鳥下山來點名

4.1 森林系與保育社

剛上大學的高中生，實際上只不過是放完暑假的高三生，當時的我考上了臺大森林系，但坦白說我對森林系一點也不瞭解。我曾經嘗試推甄臺大昆蟲系，可惜沒有錄取，指考成績出來，我在第一志願填了生科系，接著就填了森林系，其他的系所就沒有太多興趣了。

森林系晚一點再談，先來聊聊我當時是怎麼接觸到臺灣的中高海拔山區。沒錯，又是學生社團，這次的社團叫做「自然保育社」，同樣的，你依然可以說這是「假保育之名行玩樂之實」的社團——我們賞鳥，但不是賞鳥社；我們觀星，但不是天文社；我們登山，但不是登山社；我們環島，但不是單車社；我們討論社會與環境議題，但不是大陸社……

基本上，喜歡戶外活動的任何人，都可以在自然保育社找到有趣的地方，認識來自不同系所、各式各樣的同好。但是非常抱歉，保育社的事情我必須就此打住，保育社可以說的故事太多了，但還是要回到主題，不然會很容易歪樓講到許多人的感情史和黑歷史去了……大家現在在各領域也是有頭有臉的人物，這樣大喇喇寫在書裡面，這本書會賣太好，還是不要亂來。

我的登山知識和經驗是在保育社學的，雖然不敢說專業，也不至於完全陌生。當時，我的第一座百岳是北大武山，那個時候什麼都不懂、什麼也不會，登山知識趨近於零，除了貼身衣物之外，其他所有的裝備都是跟學長借的（學長人真好）。但是，這樣的登山經驗，讓我有機會可以去接近合歡山以外、海拔三千公尺以上的高山，也可以去接近那些只棲息在臺灣高山的鳥類。

雖然現在接近臺灣的高山一點都不難，開車就可以到中橫的武嶺，許多百岳也不難攻頂，石門山、合歡東峰、雪山東峰都可以輕鬆散步旅行，不過，在十九世紀的時候，臺灣的高山可是不宜接近的未竟之地，不僅駐臺外交官只能在港口附近活動，即便是當時的漢人和清朝官員，也不敢貿然進入山區。當時的博物學家斯文豪（Robert Swinhoe）雖然記錄了兩百多種

郇和（Robert Swinhoe），又音譯斯文豪或史溫侯。

鳥類，但也只能在平地和低海拔山區活動，等待獵人從高山帶鳥類下來販售。在古費羅（Walter Goodfellow）於二十世紀初期探索臺灣的高山之前，臺灣高山鳥類一直都是謎樣的未知生物。

輕鬆逸樂的百岳經驗

大學一年級的時候，我只爬了兩座百岳，分別是北大武山和雪山東峰。北大武山的印象已經相當模糊，而且不太記得當時看到哪些鳥類。可能是因為第一次登百岳，把大部分心力專注在登山各種注意事項的細節和登山技巧上，例如腳步和地圖判讀，以及各式各樣的登山安全知識。我只記得一路跟著很厲害的學長和學姐，順利走到檜谷山莊，隔天再輕裝經過太武祠，登上北大武山的山頂。印象最深刻的不是鳥類，反倒是攻頂沿路所見到各種姿態的鐵杉，以及前方一直走走停停拍照，導致我呼吸節奏大亂的大學同學。

「登雪山東峰？有沒有搞錯啊？」有在爬山的人大概都會覺得不可思議，只爬到雪山東峰是什麼玩法？那條路線一路上走到雪山主峰一點都不是問題，相當輕鬆才對。我們確實是有遇到一些特殊狀況，但是以保育社的風格來說，只走兩公里到七卡山莊睡個覺，隔天再下山回家，這種輕鬆逸樂的玩法一點也不奇怪。

二ＯＯ五年三月大雪隔日，雪山東峰望向雪山主峰。

不巧也很巧的是，我去爬雪山的那一天，正是二〇〇五年三月初，臺灣忽然下起一場大雪，讓雪線低到只有海拔八百公尺，相信很多人還有印象，那個時候連陽明山都下雪。前一天晚上六點，我們才從臺大出發，一路開到宜蘭再轉中橫宜蘭支線，車窗外是一片漆黑，只記得當時還下著雨（說不定是雪），只是我們什麼也不知道。

因為覺得天氣變冷又下雨，我們決定在南山村的加油站搭帳篷過夜再說，沒想到，一覺醒來，外面變成一片雪白的世界。大家又驚又喜，畢竟這種景象在臺灣並不容易見到，我們也不擔心有沒有辦法走到雪山主峰，反正走到哪裡就玩到哪裡，這就是保育社——生於安樂、始於安樂，一切開心就好。

幸好，由於我們是規劃在冬末春初爬雪山，還是有帶一些雪地裝備，例如冰爪和冰斧，因此這場雪對行程並沒有太多影響，穿著冰爪踩破地上結的冰，實在是非常療癒。雖然一路玩雪玩得很愉快，不過我們也只能走到三六九山莊，因為黑森林的積雪高度已經到了大腿，我們不再繼續前進，決定留在三六九山莊吃掉食物、耍廢玩雪。至於小鳥，我只記得那一次有好好看清楚金翼白眉，以及在哭坡頂上遇到的岩鷚。

金翼白眉 White-whiskered Laughingthrush *Trochalopteron morrisonianum*

臺灣特有種，又稱臺灣噪眉，屬於高海拔山區相當常見的鳥類，有習慣人類餵食而逐漸不怕人的現象。近年數量有顯著減少的趨勢，是重要警訊。

eBird　　鳥音

岩鷚 Alpine Accentor *Prunella collaris*

廣泛分布於歐亞大陸溫帶，臺灣的族群為特有亞種，屬於高山鳥類，約海拔 2800 公尺以上才有機會看到。數量可能有減少的趨勢。

eBird　　鳥音

4.2 鳥類的海拔遷徙

前面提到的遷徙，大多是在討論「緯度遷徙」（latitudinal migration），例如從溫帶遷徙到熱帶。不過，只要生物規律且定期的在不同的地點之間移動，都可稱為廣義的遷徙，因此，除了南極，在世界各地的山區，另一個有趣的現象是「海拔遷徙」（altitudinal migration）：棲息在山區的生物會隨著季節變化，遷徙到不同海拔的山區活動。不只是鳥類，包括哺乳類和昆蟲，都有觀察到海拔遷徙的現象，畢竟山區的環境變化大，能自行移動的動物大可一走了之。

在山區棲息的生物，到了冬天的時候，會遷徙到低海拔山區或平地活動、覓食，這樣的現象，稱為「降遷」（downhill migration）、「繁殖後降遷」（post-breeding downhill migration）或「冬季降遷」（downhill migration in winter）。不過，有一些生物卻反其道而行，牠們反而會在冬天離開平地，到山區活動，這樣的現象，稱為「反降遷」（uphill migration, or post-breeding uphill migration）。

本質上來看，緯度遷徙和海拔遷徙之間並沒有太大的差異，都是生物為了因應環境變化而產生的規律性移動；不過，相較之下，海拔遷徙的路程比緯度遷徙短上許多，一路上遇到各種意外（例如惡劣天候或墜海）的風險也低上許多。如此一來，海拔遷徙對許多小鳥來說都不難做到，不容易受到本身外型或生理上的限制。

全世界大約有一千種小鳥有海拔遷徙的行為，大約占所有鳥種的百分之十[8]，在某些山區，可高達一半以上的鳥種會在不同海拔段之間遷徙[9]。然而，動輒數千公里的緯度遷徙可就不一樣了，翅膀太短的、不耐溫差的、不耐飢餓的，可能都無法度過每年都要來兩場緯度遷徙的日子。

為什麼小鳥會需要海拔遷徙？科學家的想法其實和你的差不多，不外乎是氣候、食物資源、天敵或競爭者的存在。簡單來說，就是日子變得比較不好過了，那就換個地方吧！不過，這些科學家的推論，也就是「假說」（hypothesis），大致有以下幾個。

8 BarçanteL. et al. (2017). Altitudinal migration by birds: a review of the literature and a comprehensive list of species. – J. Field Ornithol.88: 321–335.

9 BoyleW. A.(2017). Altitudinal bird migration in North America. – Auk 134: 443–465.

海拔遷徙的各種假說

首先，是「氣候限制假說」（climate contrained hypothesis），也就是認為山區氣候的季節變化太大，待不下去啦！氣候限制假說認為，有海拔遷徙現象的，應該是不耐低氣溫、能忍受的氣溫範圍有限的小鳥。

另一個常見的假說，是「食物可及性假說」（food availability hypothesis），認為環境隨著季節變化，比較不容易找到食物（例如植物較少開花結果），或是有些昆蟲正以幼蟲或卵的形式躲在土壤或樹洞裡，要等到春天才會出來等等，雖然還可以忍受寒冷的天氣，但實在無法忍受飢腸轆轆的肚子！所以，食物可及性假說認為，以植物果實和花蜜這種低蛋白、低熱量為主食的鳥種，或是只吃幾種食物的挑嘴鳥種，以及代謝快、常常需要補充熱量、體型較小的鳥類，便需要靠海拔遷徙來解決吃飯的問題。畢竟，很少有外送員願意送餐到高山上，要不然就是外送費高得嚇人（誤）。

其他還有各種假說，例如「鳥巢捕食假說」（nest predation hypothesis）認為低海拔的掠食者比較多，鳥巢較顯眼的鳥類會比較偏好往高海拔移動。但我自己是覺得這個假說未免也太多腦補和滑坡，在低海拔築巢很囂張的也是大有鳥在，例如大卷尾和黑枕藍鶲。

此外，也有說法認為，冬季時緯度遷徙的冬候鳥大多會進入低海拔和平地地區，導致這裡的資源競爭程度增加，有些小鳥便往山去避避風頭。

這個老議題雖然有很多的假說和論述，但是要好好蒐集資料來研究並不容易，以至於我們目前對鳥類海拔遷徙的瞭解仍相當有限。

大卷尾 Black Drongo *Dicrurus macrocercus*

臺灣平地和低海拔丘陵中，農地或溼地等開闊環境常見的繁殖鳥，是領域性強、個性兇猛的肉食性鳥類。會直接在電線上築巢，沒在怕的。

eBird　鳥音

黑枕藍鶲 Black-naped Monarch *Hypothymis azurea*

臺灣平地和低海拔丘陵中，森林等鬱閉環境常見的繁殖鳥。偏好在露空的樹枝分叉處築巢。

eBird

鳥音

4.3 第一次當外國人的賞鳥旅伴

登山的經驗沒有讓我好好觀察臺灣高山鳥類（同時要專注的技能太多了），讀大二的時候，卻有個因緣讓我好好拜訪了臺灣的中高海拔山區。當時，我一直很嚮往跟著研究生到野外參加田野調查工作，不過，大家對我這個莫名其妙的小學弟還很陌生，也不太敢帶我到森林裡工作，畢竟野外也有一定程度的危險，所以常婉拒我的詢問。碰巧，系上老師要在南投清境的梅峰農場展開新的研究計畫，需要到現場勘查，做些除草和整理調查路線的工作，大二男生最適合做勞動和苦力了，我當然像是中大獎般二話不說參加了。同時，有一位熱衷賞鳥的外國人弗格斯（Fergus，我已經忘記他的全名了）來到臺灣，想到合歡山看鷦鶲，因此和我們同行。

弗格斯是一位賞鳥功力非常高超的人，他的筆記本充滿各式各樣的鳥圖、箭頭和文字，還有琳琅滿目的鳥類素描手稿，彷彿筆記本就倒映著他每一場鳥類觀察的瞬間與光景，隨著振筆疾書而記錄下來。

我們在南下的路上順道去新竹香山的金城湖溼地看看小鳥，當時正值五月，是鳥類春過境的時節，我第一次看到寬嘴鷸。有趣的是，弗格斯的目光並未聚焦在這些過境鳥身上，而在水面上為數眾多的小水鴨。對於普遍的小鳥，我們往往是快速掃過，確認沒有稀有鳥混在裡面，就轉往其他地方搜索。

「快來看！」弗格斯大喊：「有一隻小水鴨在跳求偶舞！」

版權來源 Joefrei, CC BY-SA 3.0, via Wikimedia Commons

鷦鷯 Eurasian Wren *Troglodytes troglodytes*

廣泛分布於歐亞大陸溫帶地區的小型鳥類，臺灣的鷦鷯是特有亞種（*Troglodytes troglodytes taivanus*），分布緯度最南，但也僅分布於高山上。由於在臺灣的分布非常局限，可能非常容易受氣候暖化衝擊，但目前族群趨勢沒有顯著的變化。

eBird　　鳥音

版權來源 Sreedev Puthur, CC BY-SA 4.0, via Wikimedia Commons

寬嘴鷸 Broad-billed Sandpiper *Calidris falcinellus*

分布於歐亞大陸的水鳥，在歐洲及亞洲北部繁殖，至熱帶沿海度冬。較寬的嘴喙需要一些觀察經驗才能體會，但頭頂上褐白相間的條紋相當特別，鳥友戲稱西瓜頭。

eBird　　鳥音

我們往他望遠鏡的方向看過去，果然在百餘隻小水鴨當中，有一隻公鳥正在使勁扭動身體、拍擊翅膀，全身的羽衣已經換成豔麗的繁殖羽衣。在普遍的鳥種身上依舊能觀察到有趣的行為，讓人對這位外國人的觀察能力敬佩不已。

離開金城湖，我們繼續南下，經草屯交流道轉往省道台十四線。當時還沒有通往埔里的國道六號，一路開到梅峰和合歡山可說是路途遙遠。抵達埔里時已經入夜，用完晚餐上山的路上一片漆黑，除了經過燈火通明的清境農場和民宿區，無法看到太多的景緻。

雲霧中的驚喜初見

隔天一早，是第一次在中海拔認真賞鳥的早晨，海拔約兩千一百公尺，天氣好的中海拔山區清晨總是會起大霧，雲霧裊繞的森林，讓山林增添一份神秘感。由於水氣會在這個海拔段集中，因此這一帶的森林又稱為「雲霧林帶」。

雲霧林帶的重要特色，是能攔截大量的水氣，說得更準確一點，攔截的是稱為「水平降水」的霧水。雲霧林帶的樹木身上非常熱鬧，除了樹木本身，上頭還有許多附生植物，例如山蘇花和鳥巢蕨，樹幹和樹枝上也常常有苔蘚和蕨類。在雲霧林帶，一年的起霧時間超過兩千小時，平均每天約四小時，而冬季平均約每天十二小時。雲霧林帶所攔截的霧水，可達降雨量的三分之一，對森林來說可是重要的水資源！

有趣的是，這個海拔段也是臺灣繁殖鳥種數最多的海拔段。一般來說，到了越冷的地方，生物的種類會越來越少，無論是從熱帶到溫帶，再到寒帶；或是從平地到山區，再到高山，世界各地大致都是這樣的趨勢。然而，臺灣山區的鳥類物種數竟然不是平地或低海拔地區最高，而是以中海拔山區的鳥類種類最多，到了高海拔山區再逐漸減少[10]。

這是個很特別的狀況。也許是因為中海拔山區雲霧林帶的植物種類與結構相當複雜，讓許多鳥類得以在這裡棲息；又或者是平地和低海拔環境太容易受到人類活動的干擾，例如農地開墾和都市擴張，導致這裡的鳥類種類較少。

這一趟裡許多普遍的鳥種都是我第一次見到，例如斑紋鷦鶯、黃腹琉璃和白環鸚嘴鵯。高中時期在烏來山區，由於海拔高度不夠（約一千公尺），雖然有機會見到降遷下來的黃腹琉璃，但是並不容易。

10 Lee, P.-F., T.-S. Ding*, F.-S. Hsu, and S. Geng. (2004). Bird species richness in Taiwan: distribution on gradients of elevation, primary productivity, and urbanization. Journal of Biogeography 31(2): 307-314.

斑紋鷦鶯 Striped Prinia *Prinia striata*

eBird

鳥音

分布於中國和臺灣的常見草生地鳥類，指名亞種 *Prinia striata striata* 也是分布於臺灣的特有亞種。通常在中南部山區較容易見到，但是北海岸邊的草生地也有紀錄。

版權來源 Alnus, CC BY-SA 3.0, via Wikimedia Commons

臺灣黃腹琉璃

eBird　鳥音

Taiwan Vivid Niltava *Niltava vivida*

臺灣特有種，過去認為是中國黃腹琉璃 (Chinese Vivid Niltava, *Niltava oatesi*) 的特有亞種，在 2023 年與中國的族群分手。常見於臺灣中海拔山區的森林邊緣，外觀優美也不難觀察，許多人被電到以後就開始賞鳥了。

梅峰農場往上約一公里處，是出名的賞鳥聖地「瑞岩溪野生動物重要棲息環境」，因為沿路有許多清境農場接山泉水的水管，所以又稱為「水管路」，沿路屬於「瑞岩溪野生動物重要棲息環境」的範圍內，是法定的保護區。這裡有幾種目標鳥種，一種是藍腹鷴，一種是白喉笑鶇，都是臺灣特有的鳥類。

白環鸚嘴鵯 Collared Finchbill *Spizixos semitorques*

分布於華中、華南及臺灣的常見鵯科鳥類，臺灣的族群為特有亞種 *Spizixos semitorques cinereicapillus*。臺灣的族群在中南部的中低海拔山區較容易見到，北部相對較少，近年的族群有減少的趨勢。

eBird　　鳥音

藍腹鷴 Swinhoe’s Pheasant *Lophura swinhoii*

臺灣特有種，曾經因為英國博物學家斯文豪命名而聲名大噪，至今也是吸引許多外國人奇萊賞鳥的重要目標鳥種。分布於臺灣中低海拔山區，雖然生性隱密，但族群暫無威脅，數量沒有明顯的變化。

eBird　　鳥音

白喉笑鶇 Rufous-crowned Laughingthrush *Pterorhinus ruficeps*

臺灣特有種，又名臺灣白喉噪眉，分布於中海拔山區品質良好的天然林。不容易找到，但只要一出現，通常就是一大群幾十隻鳥一起活動。我曾在南投瑞岩溪、高雄藤枝及翡翠水庫目擊。

eBird　　鳥音

走進水管路，要一步一步、小心翼翼的緩慢往前走。因為下一個轉彎，可能就會有一隻藍腹鷴在步道上漫步，如果速度太快或是腳步聲太大，藍腹鷴就會快速消失在雲霧森林裡。而白喉笑鶇彷彿是傳說中的神鳥，許多資深鳥友賞鳥超過十餘年，依舊無緣一見牠們的身影；也有鳥友在水管路搭帳篷夜宿幾天，只為一睹白喉笑鶇的身影，可惜最後仍舊一無所獲。

「來了！上面！」

我們的運氣很好，走了一段路就遇到一群白喉笑鶇。紅褐色的背部、灰白的腹部、聒噪的鳴叫聲、十幾二十隻的陣仗，這是白喉笑鶇登場的基本場面。我有點不敢置信，這麼稀有的小鳥，就這樣被我遇上了嗎？說也奇怪，幾年以後，我在生物多樣性研究所位於高雄藤枝的中海拔試驗站見到一群；再過幾年，又在翡翠水庫山區目睹一群白喉笑鶇。牠們本來就不算稀少？又或是我的運氣真的特別好？我也不得而知。

夕陽西下時分，碰巧又在一棵枯立木頂端見到一隻白頭鶇雄鳥，那耀眼潔白的白頭實在令人印象深刻，為中海拔賞鳥日畫下完美句點。梅峰農場和瑞岩溪成為我充滿賞鳥回憶的地方，也是我的學士論文和碩士論文的研究舞台，可惜我的學士論文的主題是合作生殖（cooperative breeding）〈冠羽畫眉的孵蛋行為分工〉，而碩士論文則是”Avian Community Composition and Habitat Preferences in Fragmented Landscape”〈破碎地景中的鳥類群地與棲地偏好〉，這兩個主題和鳥類遷徙的關係並不大，我們有機會再聊吧！

冠羽畫眉 Taiwan Yuhina *Yuhina brunneiceps*

臺灣特有種鳥類，具有特別的「合作生殖」行為，會有兩對以上的親鳥一起合作，完成築巢、孵蛋、育雛的工作，但過程中又會有幼鳥彼此競爭、親鳥互相偷情產子、驗DNA發現父不詳的幼鳥等等錯綜複雜的關係。完整研究歷程可參閱中研院沈聖峰博士的研究。

eBird　　鳥音

版權來源 Alnus, CC BY-SA 3.0, via Wikimedia Commons

白頭鶇

eBird　鳥音

Taiwan Thrush *Turdus niveiceps*

臺灣特有種，早期屬於「島鶇」（Island Thrush）的一個亞種。島鶇是一群僅分布於東南亞島嶼上的鳥類，亞種多達 50 多種，親緣關係複雜、外觀多變，臺灣的族群終於跟牠們分手。不過，白頭鶇的紀錄目前並不多，對牠們的分布、食性、繁殖等資訊瞭解有限，還需要大家多多觀察。

4.4 臺灣鳥類的海拔遷徙

海拔遷徙的現象，在世界各地的高山都相當明顯，包括你能想到的喜馬拉雅山或是南美洲的安第斯山脈，都能觀察到這樣的現象。不過，每一種鳥類適應的海拔區段都不一樣，有些鳥類可以適應很熱和很冷的地方，因此牠們適應的海拔區段較廣，例如山紅頭，我從生物多樣性研究所所在的集集鎮到海拔兩千三百多公尺的塔塔加地區，都能聽見山紅頭的鳴唱聲。然而，有些鳥類只能適應特殊的環境，因而牠們適應的海拔區段就較為狹窄，例如僅分布於高海拔山區的岩鷚和鷦鷯，或是僅棲息於低海拔的紅冠水雞。

版權來源 Dibyendu Ash, CC BY-SA 3.0, via Wikimedia Commons

eBird　鳥音

山紅頭

Rufous-capped Babbler *Cyanoderma ruficeps*

分布於中國、中南半島和臺灣，*Cyanoderma ruficeps praecognitum* 為臺灣特有亞種。在臺灣是非常普遍的鳥類，海拔分布很廣，從平地到高海拔山區都能發現牠們的身影。鳴唱聲特別而且容易辨識，是學習鳥音的入門鳥種。近年來，在高海拔山區數量有增加的趨勢。

紅冠水雞 Eurasian Moorhen *Gallinula chloropus*

廣泛分布於歐亞非三洲，在臺灣也是非常普遍的鳥類。淡水水域環境都有機會見到，包括水稻田、水池、河川、埤塘等等，甚至連工業區的排水溝都能見到。因此，若想拿紅冠水雞當作友善農產品的品牌形象，請務必審慎評估。

eBird　　鳥音

以臺灣這座高山島來說，海拔跨幅將近四千公尺，海拔遷徙的現象並不罕見，多數的賞鳥人都知道這個現象。例如平時在中海拔山區活動的白耳畫眉，冬天時便會遷徙到低海拔環境，位在集集鎮、屬於低海拔環境的生物多樣性研究所園區內，便有機會在冬天發現白耳畫眉。臺灣也有反降遷行為的鳥類，以前我會覺得，到了冬天便不容易在平地看到五色鳥和紅嘴黑鵯，要到烏來這樣的山區才比較普遍，不過，有篇研究結果出爐，和我的觀察截然不同。

二〇二〇年，中央研究院生物多樣性研究中心端木茂甯博士的研究團隊，運用 eBird Taiwan 資料庫中，由眾多臺灣鳥友所分享的賞鳥紀錄，探討臺灣一百零四種繁殖鳥類的海拔遷徙現象，並且進一步深究驅使牠們隨著季節在海拔段之間移動的可能原因[11]。研究結果刊登於學術期刊 *Ecography*，全文免費開放讀者閱讀，想進一步瞭解可以直接研讀。

過往要研究許多種鳥類的海拔遷徙並不容易，因為需要非常大量的資料，在繁殖季和非繁殖季要有資料，在各個海拔段也都要有資料，而過去的人力和經費有限，實在很難完成這樣大規模的鳥類調查工作。因此，過往的鳥類海拔遷徙研

11 Tsai P-Y et al. (2020). New insights into the patterns and drivers of avian altitudinal migration from a growing crowdsourcing data source. Ecography 44: 75-86.

白耳畫眉

White-eared Sibia *Heterophasia auricularis*

臺灣特有種，中海拔山區森林裡到處都是，無論天然林、人工林、次生林、破碎的森林都有機會見到白耳畫眉。如果去溪頭或清境農場沒有看到白耳畫眉，請你不要回家。鳴唱聲特別且容易辨識，是賞鳥的入門物種。

eBird　鳥音

紅嘴黑鵯

Black Bulbul *Hypsipetes leucocephalus*

分布範圍從喜馬拉雅山區往西一路延伸至四川盆地、華南華中與中南半島至臺灣。在臺灣，*Hypsipetes leucocephalus nigerrimus* 為特有亞種，數量相當多，到了冬天有往山區活動的現象。

eBird　鳥音

究，大多仰賴鳥類繫放、無線電發報器來探討單一鳥種的海拔遷徙現象，或是透過穩定同位素來間接知道鳥類個體的季節性移動狀況。雖然有進展，但研究限制也相當多。

研究結果發現，臺灣至少有六十種鳥有明顯的海拔遷徙行為，其中四十二種是冬季降遷到海拔低的區域，例如火冠戴菊鳥和臺灣朱雀；而有十四種則是反降遷，往海拔更高的地方移動，例如大彎嘴畫眉和小卷尾。在這篇研究當中，氣溫和食性是影響鳥類是否在冬季降遷的主要因素，較不能忍受低溫的鳥類，到了冬季，往低海拔降遷的幅度越明顯。

版權來源 andrew eagle, Public domain, via Wikimedia Commons

火冠戴菊鳥 Flamecrest *Regulus goodfellowi*

臺灣特有種，分布於臺灣高海拔山區，體型嬌小，時常在鐵杉和雲杉的枝條上活動覓食。頭頂上鮮豔的橘黃色羽冠可自由控制開合，是相當特別的特徵。戴菊科鳥類在全世界僅有 6 種，臺灣便獨佔 1 種。

eBird　　鳥音

臺灣朱雀 Taiwan Rosefinch *Carpodacus formosanus*

臺灣特有種，分布於臺灣高海拔草生地、玉山箭竹草原和森林邊緣。雌雄二型（sexual dimorphism），公母鳥外觀差異很大。公鳥外觀為鮮艷的酒紅色，母鳥外觀為褐色，但外觀褐色的野鳥可能是年幼的公鳥，要特別留意。近年的數量有顯著減少趨勢，是重要的警訊。

eBird

鳥音

版權來源 Ben Keen, CC0, via Wikimedia Commons

大彎嘴畫眉 Black-necklaced Scimitar-Babbler *Erythrogenys erythrocnemis*

臺灣特有種，分布於中低海拔森林，數量多但隱蔽不容易見到，時常聞其聲而不見其形。

eBird 鳥音

小卷尾 Bronzed Drongo *Dicrurus aeneus*

分布於印度、中南半島、蘇門答臘、婆羅洲和臺灣，臺灣的族群 *Dicrurus aeneus braunianus* 為特有亞種。小卷尾在臺灣相當普遍，分布於中低海拔的森林裡，會模仿其他鳥類的鳴唱聲，也喜歡和灰喉山椒鳥群一起活動。

eBird 鳥音

然而，在反降遷方面，還找不出任何可能影響反降遷的主要因素。有趣的是，以往在觀察上較為明顯有反降遷現象的紅嘴黑鵯和五色鳥，在研究中的結果則分別是「無顯著海拔遷徙行為」和「顯著冬季降遷」。

這一篇研究，是少數透過公民科學的大量資料，來探討一個區域內大多數繁殖鳥種的海拔遷徙行為，這一點別於以往透過繫放或穩定同位素來探討單一鳥種的海拔遷徙行為。當然，這也是基於千百位公民科學家在臺灣累積了大量的觀察紀錄，才能讓科學家用新的素材探討這個老問題。

讀到這裡，我相信讀者們也能感受到，人類對於鳥類海拔遷徙所知甚少，隨著世界各地的公民科學資料越累積越多，可以預期全球各處的鳥類海拔遷徙行為很快就會有新研究出爐，讓鳥類遷徙的研究、甚至整個鳥類學，往前進展好一大步。

5 恆春半島：候鳥在臺灣的最後一個休息站

5.1 鳥人的無聊夏天

你知道嗎？某種程度來說，鳥友最討厭夏天了！夏天簡直是熱得要命又無聊透頂！怎麼會這麼說呢？鳥友不都是能出門看鳥就很開心嗎？是這樣沒錯，但是啊，到了盛夏時節的六月、七月和八月，候鳥都差不多走光光了，早已回到西伯利亞的繁殖地養育小寶寶。

在這個時候，臺灣只有繁殖鳥可以看。承認吧！再怎麼可愛、漂亮、美麗的小鳥，看久了就是會膩，再也找不回初次邂逅的驚喜，鳥人自然會覺得夏天了無生趣。於是，有些鳥友另外找樂子，在夏天改觀賞蜻蜓、蝴蝶和蛇類，好維持自

然觀察的熱忱。反正，只要忍耐到約莫八月下旬，季風悄悄轉向，秋季的遷徙季就準備要開始了。

遷徙，是許多野生動物的年度重大盛事，同時也是許多自然觀察愛好者一年一度的嘉年華會。世界上有許多響應動物遷徙的生態旅遊活動，例如在非洲東部由數千萬隻牛羚帶領眾多斑馬等植食性動物的大遷徙，每年吸引非常多人專程觀賞，遷徙季節一到，甚至會導致飛機一票難求，創造了鉅額的商機和產值。

最有名的遷徙性昆蟲「帝王斑蝶」（*Danaus plexippus*），每年秋天由北美洲遷徙至墨西哥度冬，隔年春天再由墨西哥北返回北美洲。牠們的遷徙距離約四千公里，也是美洲觀賞遷徙蝴蝶的一大盛事，可惜近年的數量明顯減少。臺灣也有引人注目的遷徙蝴蝶「紫斑蝶」（包含四種紫斑蝶），每年吸引許多遊客慕名至高雄茂林觀賞。

然而，在臺灣觀賞候鳥的最大活動，就是每年九月過境臺灣的赤腹鷹，以及每年十月上旬在恆春半島觀賞過境鳥灰面鵟鷹，牠們會在恆春半島休息，接著繼續出海前往菲律賓。提到這些短時間數以萬計通過臺灣的遷徙猛禽，相信不少人都有親臨現場觀察的經驗，就算對小鳥沒興趣，也一定知道臺灣有這樣的賞鳥活動。

版權來源 National Institute of Ecology, KOGL Type 1, via Wikimedia Commons

赤腹鷹 Chinese Sparrowhawk *Accipiter soloensis*

臺灣重要的過境候鳥。於東北和朝鮮半島繁殖，於馬來群島度冬。遷徙時會經過臺灣，每年九月會有大量赤腹鷹經過恆春半島上空。

eBird　鳥音

灰面鵟鷹 Grey-faced Buzzard *Butastur indicus*

臺灣重要的過境候鳥。於中國東北、朝鮮半島和日本繁殖，於中南半島、馬來群島和菲律賓群島度冬，遷徙時會經過臺灣，每年十月會有大量灰面鵟鷹經過恆春半島上空，是觀賞遷徙猛禽的重頭戲。

eBird　鳥音

版權來源 M.Nishimura, CC BY-SA 3.0, via Wikimedia Commons

不過，這些是臺灣知名的嘉年華會，只講大家都知道的事情，那這本書就沒有什麼意思了！但是一大群賞鳥人和一大群小鳥聚在一個小小的恆春半島，本來就不是什麼正常的事情，人多的地方，嗯哼，有可疑的氣味唷……

5.2 滿地都是遷徙猛禽

候鳥的遷徙過程非常耗費體力，而小鳥又是代謝效率非常高、相當耗能的生物，因此，絕大部分的候鳥，都需要在遷徙的旅途中找到地方休息、尋找食物和補充體力。前面提過，大多數候鳥遷徙時，不外乎是沿著列島遷徙，或是沿著大陸的海岸遷徙；在東亞澳遷徙線，主要就是亞洲大陸東岸，以及花采烈嶼這兩條主要路線。牠們盡量不讓自己離陸地太遠，否則一旦落入海中，基本上就是死路一條。

灰面鵟鷹也不例外。牠們在俄羅斯、朝鮮半島和日本列島等地方繁殖，經過沖繩列島、臺灣島和菲律賓群島之後，再繼續南下前往馬來西亞和印尼群島度冬。可以看出來，灰面鵟鷹是走花采列嶼這條路線，而臺灣島對灰面鵟鷹來說，是非常重要的遷徙休息站，就像各位在高速公路上長途旅行一樣，肚子餓的時候、想睡覺的時候，尤其是內急的時候，高速公路上的休息站就像是沙漠中的綠洲甘泉！

二〇一五年三月，我前往日本鹿兒島大學參加日本一年一度的「日本生態學大會」學術研討會。會議結束後，我選了兩天從鹿兒島搭船前往奄美大島（沖繩本島東北邊的一座大島），目標是島上各種特有種鳥類，包括奄美橿鳥、奄美山鷸和奄美虎鶇等，還有許多特有亞種鳥類。當時我正在探索於臺灣繁殖的「小虎鶇」（虎斑地鶇在臺灣繁殖的族群），這個傳說中的神獸大物「奄美虎鶇」更是此行的首要目標。

奄美橿鳥 Lidth's Jay *Garrulus lidthi*

奄美大島特有種，外型非常特別的橿鳥，由深藍色和紅褐色塊組成。在奄美大島的金作原森林相當普遍，只要有上島，要看到這種鳥不會是難事，但因分布局限，目前受脅程度為「易危級」（VU）。

eBird　　鳥音

版權來源 Wich' yanan (Jay) Limparungpatthanakij, CC BY 4.0, via Wikimedia Commons

奄美山鷸 Amami Woodcock *Scolopax mira*

琉球群島特有種，分布於奄美大島、加計呂麻島、德之島和沖繩本島。喜歡在夜間活動且體型龐大，但即便如此也不容易目擊，需要有車輛協助大範圍搜索。

eBird　鳥音

版權來源 Brian Daniels, CC BY 4.0, via Wikimedia Commons

奄美虎鶇 Amami Thrush *Zoothera major*

奄美大島特有種，過去認為是白氏地鶇和虎斑地鶇的亞種之一，近年才認定為特有種。分布於奄美大島的天然林，體型龐大，遠大於臺灣常見的白氏地鶇。奄美島上每年都會執行奄美虎鶇大普查。

eBird　鳥音

晚上七點，我從鹿兒島港搭乘大型郵輪前往奄美大島，航程是十一小時，大約清晨五點抵達奄美大島的名瀨港。郵輪非常龐大，除了遊客之外，還有許多車輛和貨櫃依序上船，從日本本島送到沖繩諸島的物資，主要是以這條航線運送。但就算船體很大，在海上航行依舊搖晃，每張桌椅都有用鐵鍊固定，勉強還可以靠自己的平衡感吃飯，配著船上四處都有擺放的奄美大島相關書報。在搖搖晃晃的大船上，能做的事情也不多，我早早就抱著行李睡在最便宜的臥舖床位。

我沒有租車也沒有聘雇鳥導，打算就這樣靠兩隻腳在明瀨港附近的森林閒晃。天還沒亮，我便沿著山路走，四處都是優雅角鴞此起彼落的聲音，不時還有角鴞從眼前或上空飛過。這一小段黎明前的漆黑，可能是我找到夜行性的奄美山鷸的少數機會，可惜最後一無所獲。幸好，天亮之後便是賞鳥最精華的時間，也順利將奄美樫鳥收進生涯鳥種名錄中。

三月正值春天候鳥北返的遷徙季節，擁有豐富自然資源的奄美大島也是許多候鳥重要的休息站（保育面積還算大，森林覆蓋程度高達百分之九十）。在這一段清晨下山的賞鳥散步途中，有幸遇見了許多過境鳥，其中包含我自己的生涯新種黃喉鵐。有趣的是，這段路上數量最多的竟然是灰面鵟鷹，這裡一隻、那裡又一隻、公園溜滑梯旁的樹上也一隻，整個樹叢裡都是灰面鵟鷹！就像連續假期的高速公路休息站，總是人滿為患、停車位一位難求。

回到市區，我一邊思考該如何前往「金作原原生林」，一邊在街上閒晃。金作原原生林是奄美大島上保存相當完整的天然森林，不僅是自然生態的寶庫，也是最容易目擊奄美虎鶇的地點。不過，金作原距離名瀨市有二十公里遠，沿路又都是山路，沒車的我根本不可能走到，今晚八點還要搭船回鹿兒島……我閒晃著，碰巧看到一間店面的海報是金作原原生林半日遊的行程，退後幾步看看招牌，原來這是一間旅行社。我鼓起勇氣進門，用蹩腳的日文報名這個行程，費用是三千多日圓。

「オオトラツグミをみたいです（我想看奄美虎鶇）！」我清楚表達了需求，他們微笑說明這是導覽行程，為了顧及其他客人的權益，不會特地幫我找小鳥，但可以盡量幫我留意。他們也很訝異會有臺灣人特地來看這種小鳥。

從旅行社出發後，他們還需要到各個旅館接已經報名行程的客人。整團大約有十人，每個人上車後都對我這個外國人非常好奇。雖然我大概只聽得懂一半的日文，導遊還是體貼的不斷問我聽不聽得懂？要用更簡單的方式再說一次嗎？

版權來源 陳達智, CC BY 4.0, via Wikimedia Commons

優雅角鴞 Ryukyu Scops Owl *Otus elegans*

分布於琉球群島、蘭嶼及巴士海峽上的巴布煙群島，蘭嶼上的族群通常稱為蘭嶼角鴞，屬於特有亞種 *Otus elegans botelensis*。數量繁多，整個島上入夜後都能聽到其鳴唱聲，但從全球尺度來看，分布非常局限。

eBird　　鳥音

版權來源 Tokumi Ohsaka, Public domain, via Wikimedia Commons

黃喉鵐 Yellow-throated Bunting *Emberiza elegans*

於中國中部、東北及朝鮮半島繁殖，冬天於日本本州、四國、九州、琉球群島及華南度冬。臺灣並不在其穩定的度冬地，但偶而會有迷鳥個體出現。羽衣黑白黃相間，再加上羽冠，是很特別的鵐科鳥類。

eBird　　鳥音

奄美大島的金作原原生林。

金作原原生林真的很美，就和廣告上面的照片一樣。不過，有趣的是，這裡幾乎沒有灰面鵟鷹，剛剛在郊山滿地都是灰面鵟鷹，這裡卻一隻也沒有。導遊介紹了高大的樹蕨、久仰大名的紅腹蠑螈，以及四處皆可見、我已感到厭倦的奄美橿鳥。回程路上，我看見一隻竹雞般的大鳥站在山坡上……

「オオトラツグミ（奄美虎鶇）！」所有的日本人都湧上來看，畢竟這是奄美大島的特有種，在日本主要能看到的是白氏地鶇，如果是第一次造訪奄美大島，那就是第一次見到奄美虎鶇。最訝異的是，奄美虎鶇真是有夠大！因為牠和臺灣常見的白氏虎鶇非常相似，來這裡之前，我因為害怕辨識錯誤而做了不少功課（例如尾羽末端可能有些細微的差異），沒想到奄美虎鶇的體型天差地遠，是如雞一般的虎鶇，根本沒有辨識錯誤的困擾。不過，在金作原原生林找一隻灰面鵟鷹，竟比找虎鶇還難。

行程結束後回到名瀨市已經接近中午，我隨意在便利商店買了個便當，坐在公園裡吃，活像個沒地方上班的失業青年（那時我還沒滿三十歲）。下午我繼續在步行可及的山路上閒晃，幸運遇到一群琉球山椒鳥，還有滿山遍野的灰面鵟鷹。

從市區往返名瀨春日町，不知不覺也走了七、八公里，回到市區已經飢腸轆轆。就算是離島的市中心，晚上也沒有什麼餐廳，只有零星的分量少又昂貴的居酒屋。這間「大猩猩咖哩」（ゴーゴーカレー奄美大島スタジアム）猶如茫茫大海上的明燈，讓我不會餓死在奄美大島上，老闆知道我是臺灣人還跑來坐在我對面聊天，一點也不介意我蹩腳的日文。可惜，寫這本書時我查了一下，這間店已經歇業，實在令人感傷。

補足能量後，距離返回鹿兒島的郵輪啟航還有兩小時，我把握最後機會回到山路上，嘗試找找只有夜晚才容易見到的奄美山鷸。可惜，最後還是一無所獲，成為奄美大島之行的唯一遺憾。幸好這樣的快閃行程，除了奄美山鷸，我順利蒐集完奄美大島上其他所有的特有種和特有亞種鳥類。奄美山鷸這個美中不足，就留給下一次吧！

救我一命的大猩猩咖哩。

紅腹蠑螈 Japanese Fire-bellied Newt *Cynops pyrrhogaster*

日本特有種，分布於本州、四國、九州及其周邊島嶼。體長約 10 至 15 公分，背部黑色，腹部有鮮豔的紅色。棲息在乾淨的淡水水域，包括水稻田、池塘、溪流河川等。蠑螈可用來製作藥材，古日本認為烤焦的蠑螈有春藥的效果。

版權來源 Wuchthans, Public domain, via Wikimedia Commons

白氏地鶇 White's Thrush *Zoothera aurea*

過去臺灣慣稱的「虎鶇」，目前已分為白氏地鶇和虎斑地鶇。臺灣常見的冬候鳥大多是白氏地鶇，於日本繁殖；而在臺灣繁殖且不遷徙的「小虎鶇」，則是虎斑地鶇。

eBird　　鳥音

版權來源 Hisagi, CC BY-SA 4.0, via Wikimedia Commons

琉球山椒鳥 Ryukyu Minivet *Pericrocotus tegimae*

日本特有種，分布於九州、四國及琉球群島。雖然是當地留鳥，且不會遷徙，但是偶而會有個體出現在臺灣，可能是琉球山椒鳥會在島嶼間移動，不小心就出現在臺灣。

eBird　　鳥音

5.3 滿天都是遷徙猛禽

我賞鳥的態度有時候積極、有時候又有點隨興，雖然早已忘了確切的時間，但是在賞鳥好幾年之後，才第一次到恆春半島躬逢其盛。因為，無論是高中、大學或研究所時期，十月上旬總是會逼近段考和期中考，實在難以放下一切，南下到墾丁追猛禽。

高三那年秋天，有位資深的鳥友特地打電話來約我一起去墾丁，可惜實在騰不出時間。過沒幾天，新聞報導那個週末記錄到今年最多灰面鵟鷹過境——足足一天一萬八千三百五十五隻！那時候對這個數字沒有太多概念，只知道很多、多到破紀錄！而我卻跟這麼多隻灰面鵟鷹擦肩而過。久而久之，我相信這只是我個人的懶惰，而不是數以萬計的猛禽缺乏吸引力。

記得我們說過，東亞澳遷徙線當中，有一條是沿著日本、琉球群島而經過臺灣，接著再南下前往菲律賓和馬來群島，有好一大群灰面鵟鷹就是走這條路線。其實，要觀賞灰面鵟鷹過境，不一定非得到恆春半島或彰化八卦山這些熱門賞鷹景點，每到春天和秋天的灰面鵟鷹過境期，只要不時抬頭仔細看看天空，就有機會看到千百隻猛禽大軍通過你的頭頂上空。

不過，也許你會很想問：為什麼在臺灣生活這麼久都沒有注意到？我想，那是因為灰面鵟鷹都飛得太高了吧！即便是透過望遠鏡觀察，這些路過的灰面鵟鷹也常常是非常渺小的黑點——小到會讓你懷疑自己是不是得了飛蚊症，或是望遠鏡的鏡片入塵了、太久沒有好好清理，更不用說直接用肉眼觀察，沒有賞鳥經驗的人錯過牠們是很正常的事情。當然，有些時候剛好遇到牠們的飛行高度比較低，或是在某個有上升氣流的地方重新爬升盤旋，就能清楚看到壯觀的遷徙場面。

迎接灰面鵟鷹過境

灰面鵟鷹從日本啟程出發之後，便一路沿著沖繩群島南下，陸續抵達臺灣。每年到這個時候，位在遷徙路線上的各路鳥友互相通報就非常重要。例如，牠們在飛抵臺灣之前，會在日本琉球群島的屋久島集結休息，隔天再起鷹出海前往臺灣。因此，我在每年秋天的過境期，會特別關注屋久島野鳥學會的臉書社團「屋久島野鳥の会」，每當有日本人發文說灰面鵟鷹集結或出海，大概就能知道這一批灰面鵟鷹將在兩、三天之後抵達臺灣。

不僅如此，在臺灣島內，臺灣鳥人之間也會互相通報。例如，我們位在南投縣集集鎮的生物多樣性研究所，便位在重要的遷徙路線上，集集鎮緊鄰濁水溪，北面是九份二山山脈的南端集集大山，南方則隔著濁水溪與溪頭鳳凰山系遙遙相望，這些山脈與水系的交會處，常常是候鳥判斷遷徙路線的重要地景地貌。因此，每年都有很高的機會看到灰面鵟鷹在集集鎮上空集結。

灰面鵟鷹大軍在集集上空順著上升氣流往上爬升之後，我們便會趕緊通報位在雲林和嘉義的夥伴，稍晚灰面鵟鷹就會通過他們上空。就這樣，一路把消息傳下去，直到灰面鵟鷹的隊伍抵達恆春半島，找一塊茂密的森林降落，準備過夜休息。除了鳥友之間的通報之外，臉書社團「嘯鷹報報」也有許多鳥友分享過境猛禽的即時資訊。

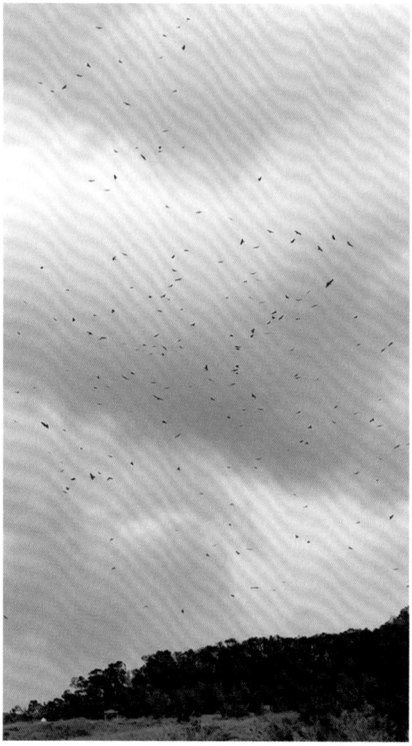

灰面鵟鷹鷹柱。

數以萬計的灰面鵟鷹通過臺灣上空，本來就是規模龐大的自然現象，人類的儀器自然也很容易偵測到灰面鵟鷹遷徙。氣象雷達是用來觀測天空中各種物體的分布和移動模式（例如雨水、雪和冰雹等），並且針對其分布和強度，綜合地區內的天氣狀況，來預測未來幾天天氣變化的設備；也可以用來觀察颱風和積雨雲的形成過程，判斷未來是否可能出現惡劣天氣，以做好預防準備。

有趣的是，氣象雷達也會發現灰面鵟鷹的存在，為數眾多的時候，這些遷徙猛禽能在雷達上呈現長達數十公里的隊伍，鳥人稱之為「鷹河」，可以說是完全透過上帝視角來觀察遷徙猛禽的旅程。起初，氣象局認為這會是影響預測天氣的雜訊，打算將遷徙猛禽的訊號移除，幸好這些資訊保留下來，無心插柳成為研究遷徙猛禽的重要素材。

氣象雷達所偵測到的過境猛禽，遠遠高於人類從地面觀察，掃視範圍可達四百公里之遠，幫助我們掌握了不少難以觀察的隊伍，例如在山區活動以及走海路遷徙的猛禽。目前的遷徙猛禽資料，主要來自於七股氣象雷達和墾丁氣象雷達，尤其是墾丁的氣象雷達，就正好位於猛禽降落和起飛的重要休息站，最適合用來觀察猛禽的一舉一動。舉例來說，過往都認為這些遷徙猛禽主要以恆春半島為中繼補給站，但透過氣象雷達發現，有些赤腹鷹群並沒有在恆春半島登陸，而是經過外海，直直往澎湖群島飛去。這些陸上觀測的漏網之魚，還是逃不過氣象雷達的法眼。

此外，透過氣象雷達還觀察到一個有趣的現象，那就是遷徙猛禽出海後也是會折返回到恆春半島，甚至有出海二十公里後折返的紀錄。畢竟，一旦出海了，在抵達下一站之前都沒有地方可以落腳，若遇到危險，只能落入茫茫大海。看來，這些長途跋涉的猛禽也懂得評估情勢、及時折返，再多留一天也不遲。

5.4 恆春半島放秋假

二〇〇四年開始，每年九月及十月，社團法人台灣猛禽研究會持續在墾丁國家公園的凌霄亭駐點，從九月一日開始至十月三十一日，每天數著通過恆春半島上空的猛禽，九月的主角是赤腹鷹，而十月的主角是灰面鵟鷹。隨著日復一日、年復一年這樣長期駐點，調查員挺著脖子，一隻一隻細數著數百公尺高空中通過的渺小猛禽身影，如此點點滴滴留下來的觀察紀錄，成為長期監測遷徙猛禽的重要獨家資料。

整體來說，在二〇〇四年到二〇二一年之間，赤腹鷹和灰面鵟鷹的數量都有大幅度變化。二〇〇四年至二〇一五年間，赤腹鷹的數量從大約二十二萬隻逐年減少至五萬九千多隻，不過，從二〇一六年開始，卻又逐年增加，在二〇二一年增加到二十五萬一千隻的水準，僅次於二〇二〇年的二十七萬多隻；灰面鵟鷹方面，則是從二〇〇四年的三萬四千多隻，小幅度在四萬隻左右增減擺盪，直到二〇一六年，灰面鵟鷹的數量也開始大幅增加，至二〇二一年達到歷史紀錄的最大量，將近十一萬八千隻！

透過這些數量變化趨勢的分析，我們可以知道遷徙猛禽的數量究竟是變多還是變少，但是，這樣的資料還不足以探討牠們是為什麼而增加、為什麼而減少，還需要很多繁殖地、中繼站、度冬地的環境狀況和生存條件狀況等等，才能稍微多認識一點大自然的複雜運作。但至少，作為環境中的高階消費者，猛禽數量能大幅增加都是正面的好消息。幾十年前，恆春半島還相當盛行獵捕遷徙猛禽，現在早已沒有這樣的威脅，阻止臺灣的狩獵風氣，想必也對遷徙猛禽的生存有了正向的貢獻。

吸引眾多賞鳥人前往恆春半島的，不僅僅是赤腹鷹和灰面鵟鷹兩位主角，還包括許多種類的猛禽和其他候鳥（例如魚鷹、遊隼、東方蜂鷹和東方澤鵟），畢竟這裡是個熱門的休息站。其中，魚鷹和遊隼的數量都有逐年成長的趨勢，近年大概在四十隻至五十隻左右，雖然牠們的數量不多，但對於某些稀有種來說，僅僅出現一隻，就能讓許多鳥人歡喜一整年——即便你在凌霄亭蹲了整整兩個月，也有可能一隻都見不到，所以就算僅出現幾分鐘，也能讓所有幸運在現場見面的鳥人們欣喜若狂。

灰面鵟鷹門牌。

滿州國小校門的灰面鵟鷹。

魚鷹 Osprey *Pandion haliaetus*

廣泛分布於全世界的全球種，在臺灣是冬候鳥，通常在大面積的水域附近活動。以魚類為主食，擅長抓魚，但如果力氣比不過魚，也是會被魚拖進水中淹死。近年魚鷹有可能會分裂為四個不同的物種，屆時就不會是全球種了。

eBird　鳥音

遊隼 Peregrine Falcon *Falco peregrinus*

也是廣泛分布於全球的全球種，在臺灣有繁殖鳥也有冬候鳥。雖然隼的外觀和其他猛禽看起來很像，但其實牠們的親緣關係和鸚鵡比較接近。

eBird　鳥音

版權來源 Carlos Delgado, CC BY-SA 4.0, via Wikimedia Commons

版權來源 Selvaganesh17, CC BY-SA 4.0, via Wikimedia Commons

東方蜂鷹 Oriental Honey-buzzard *Pernis ptilorhynchus*

在蒙古、東北及日本繁殖的多為候鳥，在亞熱帶及熱帶亞洲則多為留鳥。臺灣的族群過去多認為是冬候鳥或過境鳥，但近年研究證實，東方蜂鷹是臺灣的留鳥猛禽。

eBird　　鳥音

版權來源 markaharper1, CC BY-SA 2.0, via Wikimedia Commons

東方澤鵟 Eastern Marsh Harrier *Circus spilonotus*

在蒙古、東北及日本繁殖，冬天遷徙至東亞及東南亞地區。在臺灣是不難觀察的冬候鳥猛禽，在開闊的河口草澤溼地，都有機會見到。過去認為東方澤鵟與西方澤鵟（*Circus aeruginosus*）為相同物種，但近年兩者已分為不同的物種。

eBird　　鳥音

每年最令人期待的過境猛禽，大概就是黑冠鵑隼。黑冠鵑隼是一種小型猛禽，大約和鴿子差不多大，主要在華南、雲南和中南半島繁殖，冬季則遷徙至馬來半島、蘇門答臘和爪哇島度冬。黑冠鵑隼遷徙時的數量非常多，不會輸給我們的赤腹鷹和灰面鵟鷹，不過，由於臺灣並不是牠們主要的遷徙路徑，所以並不容易在臺灣見到黑冠鵑隼，就連賞鳥二十多年的我也未曾目擊過。但是，偶而還是會有零星個體不小心飛到臺灣的恆春半島，幸運看到的話，那可就是中大獎了！

黑冠鵑隼 Black Baza *Aviceda leuphotes*

分布於喜馬拉雅山區、華南及中南半島的遷徙猛禽，冬天遷徙至泰國南部和蘇門答臘度冬。遷徙季時數量以千萬計，非常壯觀，偶而有一隻出現在恆春半島就讓人非常驚豔了。

eBird　　鳥音

也是因為如此，你永遠無法知道走上凌霄亭會遇到什麼有趣的生物，這就是凌霄亭的魔幻力量。它讓許多鳥人停好車後快速衝到亭上，深怕就在那幾分鐘與稀有鳥類擦肩而過；同樣的，它也讓許多人遲遲不敢任意離開凌霄亭，深怕前腳一走，黑冠鵑隼就出現在凌霄亭的上空。最理想的策略，或許就是乖乖在凌霄亭待上兩個月，待好待滿！嘿，不過黑冠鵑隼這些稀有鳥也可能一整年都沒出現，鎖定好的目標有時候就是會錯過，隨意逛逛時，又會碰巧遇上出乎意料的驚喜。或許大自然就是如此變幻莫測，才會充滿魅力。

當然，臺灣人對恆春半島並不陌生，畢竟這裡也是臺灣的熱門觀光景點之一，除了吸引遊客的陽光、藍天和大海，以及吸引鳥人的過境猛禽大軍，恆春半島還是許多候鳥的棲地。墾丁國家公園自一九八四年成立以來，持續每年冬天在臺灣執行新年鳥類調查，自二〇一四年起加入「臺灣新年數鳥嘉年華」，就這樣持續了三十八年。

在這半徑三公里的範圍內，每年都能記錄到約一百種左右的鳥類，在二〇二〇年甚至達到一百二十二種！由此可見，恆春半島不僅是夏天放暑假的度假勝地，秋天還能迎來看猛禽過境的熱潮，即便到了淡季的冬天，還有許多小鳥躲在恆春半島的某個角落——牠們休養生息、牠們蓄勢待發，牠們等著在春天時回到春暖花開的繁殖地，養育新生的候鳥。

6 金門：戰地風情的候鳥樂園

6.1 哎呀！別忘了夏天也有候鳥

中華民國的主要行政範圍，包括臺灣、澎湖、金門和馬祖，雖然屬於同一個國家的行政區域，但是生物可不管這些人類劃的政治界線，牠們只管找到能讓自己長久活下去、世世代代繁衍的地方；同樣的，對從事自然觀察的人來說也是如此，即便屬於同一個國家的領土，但離島的生物總是會和臺灣本島有些許不一樣，甚至天差地遠。在小小的範圍內就能看到這樣的差異，對自然觀察愛好者來說，是相當幸福快樂的事情。

金門和馬祖就是這樣的地方，即便僅相隔狹窄的臺灣海峽，對象又是最會飛行的鳥類，臺灣和金馬地區的鳥類組成卻天差地遠。我們先來聊聊金門，等一下再來談談馬祖。

金門島和中國沿海城市廈門，僅僅隔著數公里寬的海域，雖然兩地屬於不同的國家，但是對許多小鳥來說是相同的區域，而這些小鳥，卻又對臺灣島興趣缺缺。在金門的留鳥當中，像是玉頸鴉、褐翅鴉鵑、中國黑鶇和戴勝，在金門是相當普遍的小鳥，在臺灣卻非常不容易見到；而喜鵲和鵲鴝都有機會在金門島和臺灣島看到，但牠們在金門是原生種，在臺灣卻是籠中逸鳥。這些小鳥，大多是華南的常見鳥種，數公里的海域對牠們來說不是問題，可以輕鬆來到金門，但是，幾十公里寬的臺灣海峽就不一樣了，還是別冒著生命危險跨越黑水溝吧！

玉頸鴉 Collared Crow *Corvus pectoralis*

分布於中國東部，臺灣地區僅分布於金門，是東亞特有種。近年在全東亞整體數量有減少的趨勢，但原因不明，目前受脅程度已列為「易危級」（VU）。

eBird　　鳥音

版權來源 Davidvraju, CC BY-SA 4.0, via Wikimedia Commons

褐翅鴉鵑 Greater Coucal *Centropus sinensis*

整個東方區都有分布，從印度延伸至中南半島、華南及東南亞，臺灣地區僅分布於金門。體型龐大，時常在農田及地面覓食，也因此容易遭車輛撞擊死亡。

eBird　　鳥音

中國黑鶇

Chinese Blackbird *Turdus mandarinus*

東亞特有種，分布於華中及華南，不分族群冬天會遷徙至中南半島北部。臺灣地區僅分布於金門，臺灣本島偶而有零星迷鳥個體。

eBird　　鳥音

戴勝 Eurasian Hoopoe *Upupa epops*

廣泛分布於歐亞非三洲，是典型的舊世界物種，但是鮮少分布於東亞島嶼。戴勝在金門是留鳥，但是在臺灣是稀有過境鳥。曾列入「畢生一定要親眼見到的 100 種鳥」名錄。

eBird　　鳥音

喜鵲 Oriental Magpie *Pica serica*

喜鵲分布於中國東部，在日本、臺灣和海南島是外來種，在十八世紀就有引進紀錄。過往曾和歐亞喜鵲（*Pica pica*）視為相同物種，但後來分為兩種鳥。喜鵲在金門是原生種，數量眾多。

eBird　　鳥音

鵲鴝 Oriental Magpie-Robin *Copsychus saularis*

鵲鴝是典型的東方區物種，分布於印度、中南半島至華萊士線以西的馬來群島，但臺灣並非其自然分布地，在臺灣的鵲鴝為外來種，近年有增加的趨勢。鵲鴝在金門是普遍留鳥，容易觀察，也與人類生活親近。

eBird　　鳥音

不僅留鳥如此，候鳥也是如此。即使候鳥本來就有高超的長距離飛行能力，但是牠們對於遷徙路線和休息站還是有所偏好，其中最能代表金門的夏候鳥，就是栗喉蜂虎。栗喉蜂虎在華南、中南半島及菲律賓繁殖，冬天會遷徙到馬來半島、蘇門答臘、爪哇島和巽他群島度冬，金門便位在栗喉蜂虎的繁殖範圍內。臺灣既不屬於繁殖地，也不是牠們的度冬地，因此臺灣目前沒有野生栗喉蜂虎的紀錄。不過，走一趟臺北市立動物園的熱帶雨林區，倒是可以見到栗喉蜂虎。

臺灣的夏候鳥

在談栗喉蜂虎之前，回顧前面的文章，我提到了各式各樣的候鳥：有飛到熱帶度冬的冬候鳥、有飛到山下或飛到山上的繁殖鳥，也有許多中途需要休息的過境鳥。不過，還記得臺灣的鳥類組成嗎？有一塊小小的餅稱為「夏候鳥」，不到二十種，而我們也很少提到牠們，實在感覺有點邊緣。為了不要排擠夏候鳥，我們來多說一點吧！

夏候鳥於春夏期間在臺灣繁殖，冬天會再遷徙到熱帶甚至南半球度冬。不過，臺灣位於亞熱帶，四季之間的變化和溫帶比起來差異很小，因此，絕大多數在臺灣繁殖的小鳥，冬天都沒有再往南遷徙的必要。

換言之，各位可以想像，如果我們是溫帶國家，如日本和南韓，甚至是俄羅斯，那麼夏候鳥的種類就會相當多，而冬候鳥的種類就相對少；然而，如果我們是熱帶國家，如印尼和馬來西亞，那麼夏候鳥的種類又會更少了。

雖然臺灣夏候鳥的種類不多，主要的種類只有二十種，但是單看鳥類個體數量的話，其實也不在少數。為數眾多的是夏天在臺灣許多離島繁殖的燕鷗，例如白眉燕鷗、紅燕鷗和鳳頭燕鷗，數量可達數千隻。盛夏農田裡時常可見的燕鴴和北方中杜鵑，山區森林裡的紅尾鶲，躲在低海拔森林深處的八色鳥，以及只聞其聲難見其形的鷹鵑，也都是夏候鳥。

其中，離人類生活最近的夏候鳥有兩種：一種是家燕，另一種是東方黃頭鷺，這兩種小鳥是生活周遭最容易看到的夏候鳥。

與人類朝夕相處的家燕，以及在臺北市立動物園裡偷吃遊客食物的黃頭鷺，一年四季都可以見到，這是因為家燕的狀況是有些個體會遷徙，有些個體則一年四季都在臺灣棲息，這樣的現象稱為「局部遷徙」（partial migration）。

白眉燕鷗 Bridled Tern *Onychoprion anaethetus*

分布於全球熱帶且鄰近陸地的海域。白眉燕鷗在臺灣是夏候鳥，會在馬祖列島周邊島嶼形成數千隻組成的繁殖群，是容易出海觀察的繁殖燕鷗。

eBird　鳥音

紅燕鷗 Roseate Tern *Sterna dougallii*

分布於馬來群島、馬達加斯加及加勒比海海域，臺灣及琉球群島周邊海域為其繁殖區。紅燕鷗在臺灣為夏候鳥，但數量相較其他繁殖燕鷗較少。

eBird　鳥音

鳳頭燕鷗 Great Crested Tern *Thalasseus bergii*

分布於東南亞、澳洲及非洲東部海域，在臺灣為夏候鳥。在澎湖、金門及馬祖的無人小島上，形成為數眾多的繁殖群，偶而會有黑嘴端鳳頭燕鷗在其中繁殖。

eBird　　鳥音

版權來源 JJ Harrison, CC BY-SA 3.0, via Wikimedia Commons

燕鴴 Oriental Pratincole *Glareola maldivarum*

於中國東北至中南半島繁殖，冬天遷徙至馬來群島度冬。在臺灣屬於夏候鳥，到了夏天，可以在農墾地、石礫裸露的河床地發現繁殖中的燕鴴，但容易遭受流浪犬貓攻擊。

eBird　　鳥音

北方中杜鵑 Oriental Cuckoo *Cuculus optatus*

在北亞和東亞繁殖，冬天遷徙至熱帶及澳洲度冬。在臺灣屬於夏候鳥，在夏日期間，時常可以在鄉間聚落聽見中杜鵑的鳴叫聲。

eBird　　鳥音

紅尾鶲 Ferruginous Flycatcher *Muscicapa ferruginea*

繁殖於喜馬拉雅山區、雲南山區以及臺灣，冬天於東南亞度冬。臺灣的族群屬於夏候鳥，在春夏時節的中海拔山區森林，不難見到紅尾鶲在森林邊緣覓食。

eBird　　鳥音

版權來源 Alnus, CC BY-SA 3.0, via Wikimedia Commons

八色鳥 Fairy Pitta *Pitta nympha*

於日本、華南及臺灣繁殖，冬天遷徙至婆羅洲度冬，是東亞特有的八色鳥，在臺灣屬於夏候鳥。近年有數量減少的趨勢，主要與婆羅洲的森林流失有關。

eBird 鳥音

版權來源 PJeganathan, CC BY-SA 4.0, via Wikimedia Commons

鷹鵑 Large Hawk-Cuckoo *Hierococcyx sparverioides*

於喜馬拉雅山區、中國、臺灣及中南半島繁殖，冬天至東南亞度冬。外觀與雀鷹屬猛禽相似，生性隱密，常聞其聲不見其形。聲音聽起來像「哭過啦！」故又稱「大慈悲心鳥」。

eBird 鳥音

繁殖羽。 版權來源 su neko, CC BY 2.0, via Wikimedia Commons

非繁殖羽。

東方黃頭鷺 Eastern Cattle Egret *Ardea coromanda*

廣泛分布於南亞及東南亞至紐澳的鳥類，過往和西方黃頭鷺（Western Cattle Egret *Bubulcus ibis*）屬於相同物種，但近年已拆分為兩種。東方黃頭鷺在臺灣主要是夏候鳥，到了九月可以在嘉義山區和恆春海岸見到鷺群南遷的美景。

eBird

鳥音

雖然簡單來說，局部遷徙就是有部分個體遷徙，部分個體不遷徙，但這個比例很難有明確的標準，因為嚴格來說，絕大多數候鳥都有一些幼鳥在第一次遷徙後留在度冬地，不返回繁殖地。這是因為幼鳥還缺乏繁殖和遷徙的經驗，搶領域和資源可能也搶不贏其他經驗老到的前輩，因此，冒著生命危險飛回去也可能是白搭，就乾脆留在度冬地放暑假吧！要生的話，明年再說。這樣子的候鳥稱為「滯夏候鳥」，滯夏候鳥占整個個體數量的比例很低，因此很少和局部遷徙放在一起討論。

由於部分遷徙的現象，讓我們很容易感覺家燕和黃頭鷺與我們朝夕相處，到了特定時節，牠們聚在一起遷徙或夜棲的壯觀場面，一點也不輸給恆春半島的赤腹鷹和灰面鵟鷹。有機會的話，不妨參加新北市的「五股溼地賞燕季」、恆春的「家燕集體夜棲」，以及嘉義縣梅山鄉大興村的「萬鷺朝鳳」，體驗一下不同的鳥類大遷徙。偷偷說，時間對的話，在前往恆春半島的台26線上，有機會看到海面版的「萬鷺朝鳳」喲！

6.2 栗喉蜂虎你都不熱嗎

我第一次拜訪金門是二〇〇六年，在炎熱的大二暑假，跟著碩士班學長姐到金門研究栗喉蜂虎的繁殖行為和巢位選擇。栗喉蜂虎是相當特別的鳥類，牠和翠鳥及戴勝等鳥類都屬於佛法僧目，以昆蟲和無脊椎動物為主食，因此稱為「蜂虎」。

栗喉蜂虎的飛行技巧高超，能在空中捕捉許多昆蟲，蜻蜓佔將近一半，接著是蟬、蚊蠅和蝶蛾[12]，都在栗喉蜂虎的菜單上。繁殖的時候，栗喉蜂虎會在水分含量低的砂質土坡上挖洞築巢，金門的環境正好有許多這樣的砂質土坡，難怪能獲得栗喉蜂虎青睞。

栗喉蜂虎巢洞口的直徑大約五公分，隧道長大約一公尺至一點五公尺，最底部是一個繁殖的寬敞空間，成鳥就在裡面下蛋、孵蛋和育雛。而且，栗喉蜂虎喜歡和一大群夥伴一起築巢，稱為「集體營巢」，而地點就稱為「集體營巢地」（colony）。

12 王力平。2003。金門島栗喉蜂虎（*Merops philipennus*）營巢地選擇與繁殖生物學研究。國立臺灣大學森林環境暨資源研究所碩士論文。

有趣的是，栗喉蜂虎也是採行合作生殖的鳥類，只是和冠羽畫眉的方式不同，採行的是「巢內幫手制」(helper-at-the-nest)。這樣的合作生殖方式，大多是由前一次繁殖長大的哥哥姊姊留在營巢地幫忙成鳥照顧弟弟妹妹，這些哥哥姊姊，就稱為「幫手」(helper)。

具備血緣關係的哥哥姊姊留在巢中幫忙，可能是因為外界環境狀況不佳、資源有限，所以暫時留在老家蹲一陣子並且幫助弟弟妹妹，這個稱為「棲地限制假說」(habitat restriction hypothesis)。如此一來，可以減輕親鳥的繁殖負擔，也可以從過程中學習到繁殖經驗。

我們來這裡研究，目的是要知道這些幫手究竟是不是親生兄姊，還有牠們如何選擇集體營巢地——是自己選的？還是跟著同伴選的？或是看哪裡蜂虎多就跟著參一腳進去湊熱鬧？

為了瞭解這些現象，栗喉蜂虎的研究持續了十餘年，而我參與的只是其中一個夏天裡短短的兩星期。為了要辨識個體、辨識巢洞、探討牠們之間的血緣關係，我們必須想辦法把鳥抓起來做形質測量（簡單來說就是量身高體重）、做個體標記以及抽血，這樣的過程稱為「鳥類繫放」(bird banding)。

在鳥類研究當中，繫放是相當常使用的技術，但並不是每一個鳥類研究者都會繫放，像我自己的研究絕大部分不需要辨識個體、抽血探討親緣關係或繫上發報器掌握其行蹤動態。因此，我是一個十多年沒有繫放的鳥類研究者，如果要執行鳥類繫放，還得從頭開始重新訓練才行。

繫放這個工作難度很高，必須將繫放過程對於鳥類的影響降到最低，如果技術不夠純熟很容易傷到鳥類，尤其是小型鳥。試著想像，牠們的腳比牙籤還細，一有不慎就會弄斷。此外，許多動物如果受到過度驚嚇，會有直接「心肌梗塞」而死亡的狀況，因此，捕捉和繫放時如何穩定鳥類的情緒，則是另一層次的高明技術——也就是說，執行鳥類繫放可不是開玩笑的，需要經過充分訓練、累積足夠的繫放經驗。

以前我們在研究冠羽畫眉時，對於我這樣的新手只有一個規矩，那就是「不准碰鳥」。然而，栗喉蜂虎有點特別，牠們的體型夠大，而且佛法僧目鳥類的跗蹠（音同「膚質」）較短，受傷的風險比較低；此外，栗喉蜂虎的性情驍勇善戰，心肌梗塞死亡的風險也低很多，所以適合新手來累積經驗，不過還是要有一定程度的訓練。

捕捉栗喉蜂虎的方法，有別於常見的架設霧網捕捉燕雀目鳥類，我們是將霧網剪下固定在半徑約五十公分的鐵圈上，製作成網袋式的「巢口網」。當目擊栗喉蜂虎進入巢洞後，就從躲藏處衝出來，將網袋固定在洞口，捕捉飛出來的蜂虎。

不過，栗喉蜂虎也不是省油的燈，一旦察覺到我們的存在，蜂虎就不會回巢或出巢，我們必須好好躲藏，並且用迷彩布將自己偽裝起來。但是在炙熱的金門夏天，這樣躲是很痛苦的事，難免會動作太大或發出聲響而被機靈的蜂虎發現。為了避免影響蜂虎繁殖，我們只能撤退，隔幾日再來鬥智。不僅如此，有時天氣太熱失神，沒有全神貫注盯著蜂虎，衝到邊坡前還會忘記剛剛蜂虎是鑽進哪個巢洞，只能硬著頭皮架設巢口網，結果只會看到蜂虎從另一個巢洞飛出來，彷彿在恥笑我們一樣。

有趣的營巢與繁殖

十餘年的研究下來，研究團隊發現栗喉蜂虎營巢地主要偏好黏粒含量較低的土壤，而非黏粒含量較多的紅土，而且八成以上偏好使用自然的營巢地[13]。而

13 王力平。2003。金門島栗喉蜂虎（*Merops philipennus*）營巢地選擇與繁殖生物學研究。國立臺灣大學森林環境暨資源研究所碩士論文。

且，栗喉蜂虎偏好植被覆蓋度較低的砂質土坡，植物的覆蓋面積越低，就能容納更多同伴一起築巢繁殖，也比較好及早注意蛇類和老鼠等天敵[14]。不過，也有研究指出，集體營巢的栗喉蜂虎容易被天敵發現，單獨營巢比較不會被發現[15]。那為什麼大多數的栗喉蜂虎還是採集體營巢呢？也許是因為就算頻繁被天敵攻擊，但自己的巢被攻擊的機率還是比較低；如果是單獨營巢，那被天敵攻擊時，百分之百就是自己的巢遭殃。

繁殖方面又更有趣了，分析許多個體的 DNA 序列之後發現，多數的幫手和繁殖的親鳥沒有太深的血緣關係——也就是說，在巢裡幫忙的大部分不是哥哥或姊姊[16]。這有點意外也有點不意外，也和冠羽畫眉的研究結果相似：合作的夥伴多數不是家人[17]。

14 王怡平。2005。金門栗喉蜂虎營巢棲地復育效應與棲地選擇模式。國立臺灣大學森林環境暨資源研究所碩士論文。

15 王元均。2006。金門島栗喉蜂虎單獨與集體營巢之生殖策略分析。國立臺灣大學森林環境暨資源研究所碩士論文。

16 陳鋒蔚。2010。栗喉蜂虎幫手對親鳥在餵食幼鳥時期之影響。國立臺灣大學森林環境暨資源研究所碩士論文。

17 鍾昆典。2006。共用一巢制的冠羽畫眉之遺傳結構與親緣關係。國立臺灣大學森林環境暨資源研究所碩士論文。

與家人的合作關係當然很重要，但是，我們在求學過程中、在社會中生活、在工作團隊中所遇到的合作對象，絕大部分不是家人，對吧？因此，即便合作對象不是家人，只要能在互惠的基礎下達成目標，基本上都是美事一樁。至於對方是不是有深厚血緣關係的家人，其實不一定那麼重要。

每年夏天返回金門繁殖、養育下一代的栗喉蜂虎，就是有這麼多的故事可以說。牠們會選一個好地方，找一群好夥伴，辛勤養育幼鳥，共同防衛天敵，最後繁殖成功，再和孩子們一起飛向南方的度冬地。

冬天的金門，栗喉蜂虎幾乎走得一隻都不剩，這也表示，當年剛出生的孩子就得面對往南方遷徙的考驗。如果隔年平安回來，牠們會傾向到上一次成功繁殖的營巢地，再次於這個老家養育下一代，這個現象稱為「棲地忠實性」（site fidelity）[18]。這或許是牠們對於戰地金門的偏好與忠誠。

18 蔡佩妤。2007。金門島栗喉蜂虎生殖經驗對於繁殖棲地忠實性之影響。國立臺灣大學生態與演化研究所碩士論文。

版權來源 Sifat Sharker, CC BY-SA 4.0, via Wikimedia Commons

栗喉蜂虎

Blue-tailed Bee-eater *Merops philippinus*

於南亞及東南亞北部繁殖，冬季遷徙至赤道附近度冬，金門可說是最東邊的繁殖地，臺灣島並非其自然分布區。採「幫手制」合作生殖，偏好於植物生長的沙質土坡挖洞，且會形成龐大的繁殖群。臺灣大學在金門針對栗喉蜂虎有相當充分的研究成果，臺北市立動物園有圈養個體可參觀。

eBird

鳥音

6.3 為監測冬候鳥，再訪冷得要命的金門

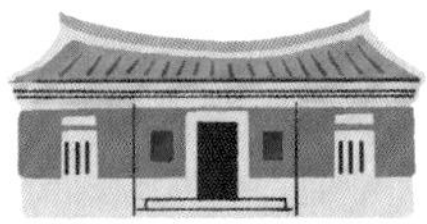

金門的鳥類之所以吸引人，一方面是有些留鳥與夏候鳥想在臺灣本島有一面之緣根本是天方夜譚，但一到金門，這些傢伙反而滿地都是。另一方面，金門冬季的鳥類組成，也有許多種類與其數量和臺灣的狀況大相徑庭。

大量且多樣的冬候鳥在冬天陸續抵達，是金門賞鳥的重頭戲。雖然栗喉蜂虎、八聲杜鵑、四聲杜鵑等夏候鳥，只有在夏天拜訪金門才有機會見到，但是，金門到了冬天，可說是整座島都被鳥類佔據，如此精彩好戲，讓許多鳥友趨之若鶩，每年冬天都得專程來金門賞鳥。幾年前，還曾經有「金門賞鳥大賽」的活動，集結各路好手參賽。我認為，如果可以在冬天的金門，短短幾天內記錄一百種以上的小鳥，表示這一趟賞鳥旅程達到了一個高水準的里程碑。

不過，自從二〇〇六年研究栗喉蜂虎之後，我有好幾年的時間沒有再訪金門的機會，直到二〇一四年冬天。我們在二〇一三年冬天，發起了公民科學（citizen science）計畫「臺灣新年數鳥嘉年華」，目的是要瞭解造訪臺灣的冬候鳥數量究竟是變多還是變少？這需要長時間、年復一年在相同地點執行同樣的生物調查，才能知道牠們活得好不好，稱為「長期監測」（long-term monitoring）。

版權來源 Ariefrahman, CC BY-SA 3.0, via Wikimedia Commons

八聲杜鵑 Plaintive Cuckoo *Cacomantis merulinus*

分布於華南、中南半島及馬來群島，部分個體會遷徙至印度半島東方度冬。在臺灣地區，只有金門才比較有機會見到八聲杜鵑，但要找到牠的身影也不是那麼容易。

eBird　　鳥音

版權來源 Sandeep Gangadharan, CC BY 2.0, via Wikimedia Commons

四聲杜鵑 Indian Cuckoo *Cuculus micropterus*

分布於東北亞延伸至印度半島、中南半島及馬來群島西部，在中國和喜馬拉雅山區的族群會遷徙，包括金門的族群。臺灣本島的紀錄寥寥可數。

eBird　　鳥音

「臺灣新年數鳥嘉年華」便是長期監測臺灣冬候鳥族群動態的計畫。我們在冬候鳥的重要棲息地畫了許多半徑三公里的圓形樣區，每個圓形樣區裡面，會有一組調查小隊在一天當中調查圓內小鳥的種類與數量。當時，在臺澎金馬地區共有一百二十二個圓形樣區，執行至今已經九年了，樣區的數量來到一百七十六個。

金門是非常重要的度冬水鳥熱點，說什麼都不能漏掉這個重要的冬候鳥樂園。但是，當時在我們的團隊當中，沒有人非常熟悉金門冬季的鳥類狀況，尤其冬季的金門到處都可能有冬候鳥棲息，包括廣大的農地、遼闊的溼地和一望無際的慈湖。所以，要妥善在冬天的金門掌握每一種小鳥的數量，是非常艱難的任務。

當時，金門和烈嶼（小金門）共有六個圓形樣區，我們要在一天之內，盡可能把這個圓裡面的小鳥種類和數量都調查清楚。不過，我當時對金門一點也不熟悉，又是事隔七年之後再度回到金門，而且是第一次在冬天來訪；雖然盡可能不要錯過幾個重要熱點，例如慈湖、雙鯉湖、太湖、魚塭區、西園鹽場和小金門的陵水湖等等，但在環境陌生的狀況之下，自覺成績不盡理想。

幸好，不久之後，有一位非常認真觀察鳥類的醫生在金門落腳，工作之餘，全年無休在金門各處觀察鳥類的動向。這位醫生後來不僅協助我們規劃路線、提點重要的鳥種和牠們應對漲退潮的活動模式，也幫金門的鳥類紀錄加上了許多新鳥種，同時修正了許多我們對金門鳥類遷留狀態的認知。

辛苦的鳥類調查工作

在專業軍師的指導之下，我們可以清楚知道金門和小金門的每一個角落可能會有哪些小鳥躲藏、哪些地方需要注意外觀或聲音相似的小鳥，但是，雖然得知所有最詳盡的情報，這樣的鳥類調查路線執行起來可不輕鬆！

對賞鳥人和鳥類調查員來說，天亮之前就要起床準備上工是常識。如果是繁殖鳥類調查，最理想的狀況是在日出前十五分鐘抵達調查定點，加上車程和準備，清晨四點或三點起床對我們來說是家常便飯。不過，冬季水鳥調查可就不一樣了！繁殖鳥類調查大概可以在上午八點到九點左右收工，但冬季水鳥調查則是一整個白天都可以進行，因此幾乎一整天都在外工作。不僅如此，為了避免漏掉夜間活動的貓頭鷹（例如短耳鴞和褐鷹鴞），晚上也得出門工作，一天工時超過十二小時。

我們曾有位夥伴特地選了金門古厝型的民宿，希望能趁這個機會好好欣賞典雅的古厝。結果，我們從日出前到日落後都在外面調查，他幾天下來都看不到古厝在白天的樣貌，就這樣結束了金門之行。

版權來源 Sumeet Moghe, CC BY-SA 4.0, via Wikimedia Commons

短耳鴞 Short-eared Owl *Asio flammeus*

廣泛分布於北半球的遷徙夜行性猛禽，在南半球主要分布於南美洲阿根廷一帶。短耳鴞在冬天會遷徙至華南度冬，在金門有穩定度冬族群。入夜後在金門大面積的開闊農地或草生地，有機會發現短耳鴞的蹤跡。

eBird　鳥音

版權來源 M.Nishimura, CC BY-SA 3.0, via Wikimedia Commons

褐鷹鴞 Northern Boobook *Ninox japonica*

eBird　鳥音

分布於東亞、日本及臺灣，冬天遷徙至馬來群島度冬。褐鷹鴞偏好在森林裡活動，在海岸防風林也有機會看到。曾有人拍攝到褐鷹鴞在臺東與蘭嶼間海域飛行的畫面，可能是遷徙中的個體。

6.4 金門冬日的黑色大軍

慈湖是金門冬候鳥的一級戰區，除了遼闊的慈湖水域及外海，南面和北面還有幾處魚塭，這些都是適合水鳥棲息的環境；再加上東邊的農地，並延伸到北邊的雙鯉湖溼地，讓整個金門西北角的鳥類種類相當豐富。

我們會在慈湖南面的慈湖解說站，用單筒望遠鏡掃視整個慈湖水面。如果沒有太多小鳥躲在周邊魚塭裡面，慈湖的湖面可是會有數以千計的度冬雁鴨，包括赤頸鴨、尖尾鴨和琵嘴鴨。有些時候，數百隻雁鴨會排成一條漫長的隊伍，我們稱之為「鴨龍」；有些時候，碰巧有猛禽如遊隼出現，整個慈湖中的雁鴨都會被驚起而飛向空中。

千百隻鴨子在空中飛舞的樣子固然壯觀，但我們的數鳥工作得要整個重來一次。不過說實話，這些都不是問題，最棘手的挑戰是每年冬天直衝腦門的東北季風，就算全身包緊禦寒衣物，但手指還是時常凍得難以轉動望遠鏡上的調節輪。

赤頸鴨 Eurasian Wigeon *Mareca penelope*

於歐亞大陸高緯度地區繁殖，冬天遷徙至熱帶度冬。到了冬天，無論在日本或臺灣的水域，都有機會見到大群活動的赤頸鴨，可說是冬季鳥類的重要成員。

eBird　　鳥音

鸕鷀 Great Cormorant *Phalacrocorax carbo*

廣泛分布於歐亞非三洲，澳洲和紐西蘭也有族群。在臺灣和金門，鸕鷀都是優勢的冬候鳥，黃昏時分，可見到大群鸕鷀在水域邊的樹上棲息。

eBird　　鳥音

冬季金門另一個候鳥特色，是成千上萬的鸕鷀，彷彿寒冬的黑色大軍，千軍萬馬在金門相見。依據金門國家公園的調查紀錄，二〇一九年曾經達到一萬三千多隻。在金門各處的大小水域都有機會見到集體夜棲的鸕鷀群，例如慈湖、瓊林水庫、小太湖、陽明湖和小金門的西湖；其中又以範圍最廣大的慈湖最多，在慈湖周邊的木麻黃防風林就佔了總數量的八成至九成。

由於鸕鷀日間大多出海覓食捕魚，在傍晚時分，一批一批的鸕鷀陸續以人字形隊伍由外海飛回金門，墨綠色的鸕鷀隊伍倒映在夕陽西下的火紅色天空，也成為代表金門冬日日落的的壯觀景象。

對鳥類調查來說，計算成千上萬的鸕鷀是一個超級大挑戰。要顧及金門其他的小鳥，我們已經使出渾身解數，但因為大部分的鸕鷀都在白天出海覓食了，日間所記錄的鸕鷀數量，會和實際狀況有非常大的落差。在這裡要感謝金門國家公園管理處的支援和配合：「鸕鷀就包在我們身上吧！只要讓我們知道你們的調查日期，我們也就同步在那一天數鸕鷀。」短短一句話如同久旱逢甘霖的及時雨，幫了非常大的忙。

鸕鷀點名最理想的方法，就是在黃昏時找一片開闊的天空，計算每一支鸕鷀隊伍的數量。這需要經驗豐富的調查員在最適合計算鸕鷀的時間和地點來執行，我們再怎麼努力，效果也沒有國家公園的團隊來得好。

不過，最近五年的鸕鷀研究報告指出，鸕鷀的數量正在逐年減少。在二〇二二年最新的一次調查，鸕鷀的數量只有八千五百多隻，遠比二〇一八年的盛況短少了五千多隻。其中一個可能的原因，是二〇一六年莫蘭蒂颱風侵襲金門，摧毀了大面積的木麻黃防風林所造成的影響；而且，金門緊鄰華南沿海，鸕鷀都在附近海域度冬覓食，如果某個地方環境變差了、食物變少了，鸕鷀自然就會轉移陣地。

因此，維持鸕鷀在金門夜棲地的食物資源（主要是魚類）和木麻黃防風林，也就顯得重要了。然而，近年金門的降雨量減少，非常缺乏淡水資源，許多內陸水域也不利魚類棲息，導致鸕鷀的食物資源減少，這也是相當棘手的困境。

金門隔著臺灣海峽與臺灣島遙遙相望，雖然在行政上與臺灣島屬於相同國家，但是地理位置讓金門的自然資源和人文風情，和臺灣有許多截然不同的地方，我相信拜訪過金門的讀者，都能夠明顯感受到其中的差異。尤其近幾十年還經歷過無情砲火的摧殘，讓金門無論在政治或自然保育上所扮演的角色都相當特殊。雖然如此，每年到訪金門大量候鳥所帶來的自然風貌，也逐漸撫平戰場所留下的傷痕，成為金門島上無可取代的獨家特色。

7 馬祖：春、夏、秋……冬天就算了

7.1 到了馬祖就隨緣

「要去馬祖，就不要惦記著什麼時候回臺灣，時候到了自然會輪到你。」

這是經驗豐富的鳥友對我的叮嚀。不過，這倒不是我第一次拜訪馬祖，但馬祖各島嶼就是給人這樣的氛圍：你安定的在這裡悠閒度日，馬祖也就悠悠哉哉任君探險；如果你老是想著什麼時候要搭船搭飛機，那馬祖的天候和海象可沒那麼容易讓你走。

這似乎是一種莫非定律，尤其在春季，馬祖列島周邊海域時常起濃霧或風浪較大，導致飛機和船班停駛。總之，來到馬祖就是得要多留個一天到兩天的預備天，按既定行程準時回家是一種奢侈的想望，你再怎麼去櫃台拍桌子也沒用，

馬祖各島嶼的海岬，是許多候鳥登陸休息的地點。

只是讓肚子裡的情緒更糟糕而已。尤其在東引，猶如離島中的離島，飛機無法起降，島際交通只能依賴往返基隆、南竿和東引的船隻。

馬祖列島主要由幾座離島組成，包括南竿、北竿、莒光、東莒和東引，這些島嶼的特色是面積小、緊鄰中國大陸沿海。小小島上的自然資源有限，能夠終年穩定在島上生存的繁殖鳥並不多，不過，由於馬祖列島離亞洲大陸近的關係，有些小島可能會頻繁往返島嶼和大陸。

聰明如你，也許注意到「面積」和「與大陸的距離」是決定島嶼上能夠有多少種生物生存的重要因素。面積越大的島，島上的生物種類就多，因為自然資源比較多；反之，面積越小的島，島上的生物種類就少。同樣的，距離大陸近的島（例如臺灣），島上比較容易有生物進駐，生物的種類較多；而距離大陸遙遠的島嶼（例如復活節島和夏威夷），生物不容易進駐，生物的種類自然就較少——這就是生態學與生物地理學的經典理論「島嶼生物地理學理論」（Island Biogeography Theory）的基本概念。

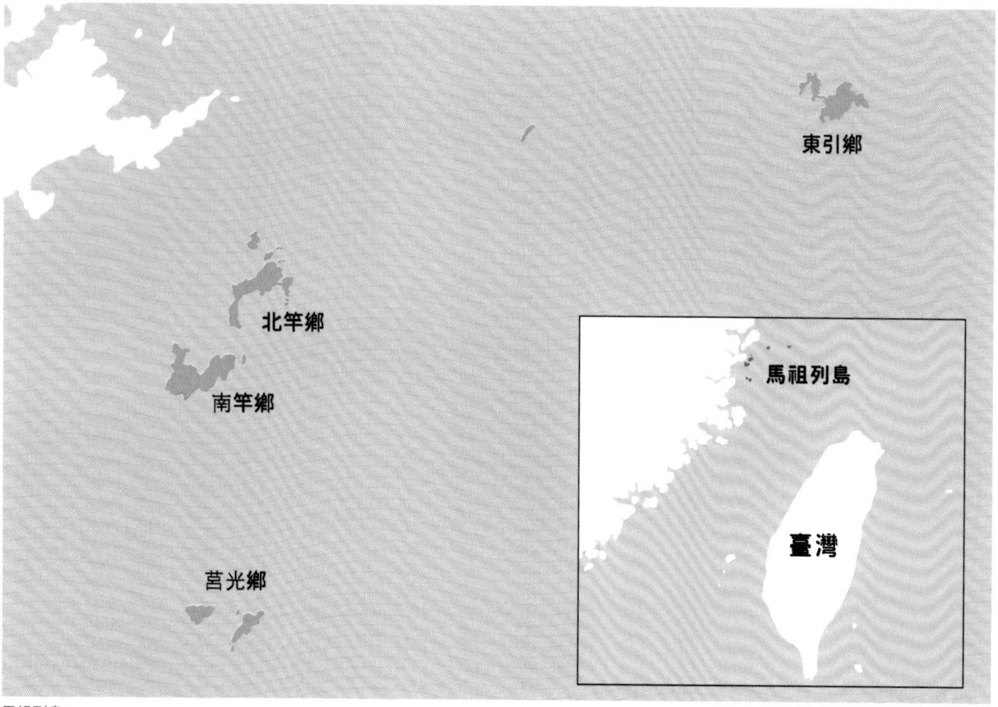

馬祖列島。

雖然前一章提到的金門，也是緊鄰中國沿岸的離島，不過相較於地理上較為分散的馬祖列島，金門是面積比較大的島嶼。面積較大的島嶼上，自然資源比較豐富，再加上金門有多處淺灘和溼地，能成為適合遷徙水鳥度冬的環境，冬候鳥的數量和種類就比較多。相較之下，馬祖列島的面積較小、地形較為陡峭，大部分的海岸線地形是高聳的懸崖峭壁，能讓遷徙水鳥棲息的環境就相當有限，冬候鳥的種類並不多。因此，你會聽到許多鳥人冬天到金門賞鳥，卻很少聽到鳥人去馬祖賞鳥，便是這個原因。

不過，可別小看馬祖列島這幾座小島，對許多候鳥來說，島嶼的面積再小，也都是維繫牠們生存的重要命脈。例如，每年夏天返回馬祖周邊無人島繁殖的白眉燕鷗、鳳頭燕鷗和紅燕鷗等夏候鳥，可以在小島上形成千百隻燕鷗組成的繁殖群。對南來北往的各種遷徙陸鳥來說，馬祖列島更是暫時歇腳、補充食物的重要遷徙中繼站。即便馬祖列島面積小，依然維繫了許多種鳥類的生存，而這個特色，也成為許多鳥人熱血追鳥的主要動機。

生物地理學（biogeography）

簡單來說，任何現象在空間中的變化，我們稱之為「地理」；而生命現象在空間中的變化，就是「生物地理學」。

例如，我們這些鳥人最喜歡問的幾個問題：小鳥喜歡去哪裡？不喜歡去哪裡？哪裡的小鳥多？哪裡的小鳥少？為何而多？又為何而少？都是生物地理學所討論的範疇。

生物地理學是一門揉合演化學、生態學、地理學、地球科學等學門的學問，主要討論生物多樣性（biodiversity）在空間上的分布狀況，並且深入探討形成該分布狀況的原因及機制，同時還需考慮在時間軸上，生物多樣性在空間上的變化。

生物地理學主要由空間、時間、生物多樣性三個維度組成。所以，廣義來說，只要觀察的現象有涉及：①某個生命現象，②什麼時候，③在哪裡發生，就屬於生物地理學的議題。

針對過去的生物地理現象，可歸類為歷史生物地理學（historical biogeography）；而當代的生物地理學，在個體階層以上的現象歸為生態生物地理學（ecological biogeography），個體階層以下的現象可歸為親緣生物地理學（phylogeography）。但是，這三個生物地理學的類別並不能完全切割，必須揉合在一起討論。

7.2

仲夏烈日繁殖的燕鷗

我第一次來到馬祖是二〇二〇年的夏天，在疫情的空檔，台北市野鳥學會邀請我參加馬祖的燕鷗保育研討會，聊聊鳥類公民科學在保育上所扮演的角色，同時推廣聽眾使用 eBird Taiwan 這個賞鳥紀錄 APP。研討會第一天在南竿舉行，隔天則是出海繞行幾座有燕鷗繁殖群的島嶼，再從北竿登陸。其中最重要的主角，是有「神話之鳥」之稱的黑嘴端鳳頭燕鷗。

版權來源 Oregon State University, CC BY-SA 2.0, via Wikimedia Commons

黑嘴端鳳頭燕鷗 Chinese Crested Tern

Thalasseus bernsteini

僅在華南外海零星無人島繁殖，冬天遷徙至東南亞零星地點度冬。曾經一度認為已滅絕，但後來在馬祖列島發現，又稱「神話之鳥」，目前仍嚴重瀕臨滅絕。會參與鳳頭燕鷗的繁殖群，也有和鳳頭燕鷗雜交的可能。

eBird　　鳥音

黑嘴端鳳頭燕鷗的繁殖地和度冬地都非常神秘，牠們在中國福建沿海的無人島上繁殖，遷徙到東南亞度冬，在菲律賓、婆羅洲和泰國都曾經有鳥人目擊，不過都是很久以前的事。

然而，自從一八六一年由德國鳥類學家赫曼．施萊格爾（Hermann Schlegel）在印尼發現這種小鳥，直到二〇〇〇年，都只有極少數的零星觀察紀錄。甚至在一九三七年至二〇〇〇年期間，有高達六十三年的零目擊紀錄空窗期，甚至一度認為黑嘴端鳳頭燕鷗已經滅絕。

直到二〇〇〇年，臺灣紀錄片導演梁皆得先生意外在一群鳳頭燕鷗中發現黑嘴端鳳頭燕鷗。定睛一看，一共有八隻成鳥與四隻幼鳥，這不僅是終結超過一甲子的零紀錄，更是有史以來第一筆繁殖紀錄。日後，在連江縣政府、林業及自然保育署、海洋保育署及國立臺灣大學等團隊的努力之下，讓馬祖列島及周邊島嶼得以頻繁有黑嘴端鳳頭燕鷗繁殖。

在臺灣的自然觀察愛好者，或多或少都有聽過「臺灣繁殖鳥類大調查」，主要目的是長期穩定監測在臺灣繁殖的小鳥過得好不好？數量和種類有沒有變多或變少？不過，這樣的工作，主要是針對燕雀目的鳴禽，有些繁殖鳥不一定適合這樣的調查方法。而這些在馬祖繁殖的燕鷗，就是其中之一，因為牠們會數以百計聚集在一起繁殖，這種繁殖形式稱為「集體繁殖」（colonial breeding）——直接開船到島上點名計算數量，比豎起耳朵來聽要可靠太多了。

除了神話之鳥黑嘴端鳳頭燕鷗，在馬祖列島繁殖的主要燕鷗包括白眉燕鷗、紅燕鷗、鳳頭燕鷗和蒼燕鷗。另外，在澎湖也有數百隻的小燕鷗和玄燕鷗，牠們大多在東南亞赤道附近的熱帶地區度冬，夏天再北返回到馬祖列島和澎湖群島繁殖，金門周邊島嶼也有一些燕鷗繁殖。其中重要的繁殖島嶼，已經劃設為法定的「馬祖列島燕鷗保護區」，以保護牠們的繁殖群。

無人島上千百隻數量的燕鷗要怎麼計算？很簡單，把船開過去，就是1＋1＋1＋1……老老實實的一隻一隻算。

你以為我在開玩笑嗎？沒有喔，我是認真的，沒有在開玩笑。概念雖然簡單，但是執行起來非常痛苦。炎炎夏日在海面上數燕鷗，船上和無人島上都沒什麼遮蔭，對調查員的體力和精神力都是一大考驗。

當然，有兩種方法可以改善。第一種是累積大量的經驗，看到數千數百個小點就能快速估算出數量，這個技術除了靠現場累積經驗，也可以在家裡用電腦讓數千個點隨機分布，練習估算圓點的數量；第二種方法，是運用無人機飛到繁殖群上空拍照，回家再把照片拿出來計算數量。在家數總比在海上數舒服多了！不過，強風的日子無人機無法飛行，也不能飛太低驚嚇到繁殖燕鷗，這些都是需要注意的地方。

依據「二〇二〇臺灣國家鳥類報告」，馬祖列島的繁殖燕鷗當中，鳳頭燕鷗的數量約四千隻、白眉燕鷗約兩千隻、紅燕鷗約三百隻，以及蒼燕鷗約一百隻。最大的問題是，除了鳳頭燕鷗的數量有增加的趨勢，其他三種燕鷗數量都在減少當中。可能的直接原因，包括無人島上的外來老鼠會直接取食幼鳥和鳥蛋，此外，周邊海域的魚類等食物資源減少，也可能是潛在原因之一。

目前無人島上老鼠的移除工作正在進行當中，不過，有些漁民刻意撿拾黑嘴端鳳頭燕鷗的鳥蛋來食用或販售，對燕鷗的生存也是一大隱憂，而且也是違反野生動物保育法的行為。

7.3 東引休息站

二〇二一年四月中旬，基隆廟口夜市一如往常人聲鼎沸，阿華炒麵依然大排長龍，彷彿全世界的新冠肺炎疫情是平行宇宙的事。殊不知，一個月後臺灣將迎來新冠肺炎 COVID-19 首次全國防疫三級警戒。不過，畢竟那是當時沒有人能預知的未來式，鎖定幾項不能錯過的美食之後，我們就得趕緊回到基隆港搭臺馬輪。

2021 年 4 月 11 日，人聲鼎沸的基隆廟口夜市，沒人想得到疫情會在一個月後爆發。

這一班船將會在隔天早上先抵達南竿，接著再前往東引。有趣的是，以前在馬祖列島的各路線航班隨時都有變動的狀況，例如各島嶼間的航線，可能因為天氣和海象的變化、當天漁獲狀況等等不穩定的因素而有所延遲或取消。而且，各個島嶼上的住宿資源有限，沒有事先預定的話，晚上可是會沒地方睡覺。

在藍眼淚爆紅之前，隻身前往馬祖旅遊的散客，因為航班變化無處過夜，只好到派出所借住一宿的故事也時有所聞。即便是往返馬祖和臺灣本島的主要航線，也要先好好弄清楚航班的規矩。原則上，單號日是「先馬後東」（先到南竿再往東引），而雙號日是「先東後馬」（先到東引再往南竿）。

不過，天有不測風雲，即便做好萬全的準備，還是會有意外發生。強風、大浪、大雨、濃霧都能毫不留情的讓船班和飛機停擺，只能乖乖待在島上等消息。這也是為什麼要來馬祖旅遊就不要想著什麼時候回去，因為計畫總是趕不上變化，留個一、兩天的預備天是必要的！我們有個研究海島的夥伴，平常最喜歡住北竿機場對面的旅館，因為每天都可以看到遊客跟機場櫃檯拍桌子的戲碼。

這裡是春過境的馬祖！

從基隆出發的時間早已入夜，船上搖搖晃晃的無法工作，也沒什麼娛樂，早早入睡儲備體力比較實際。隔天一大早抵達南竿，會有一、兩個小時的時間能在福澳港附近活動，悠哉一點的話，可以坐在格格不入的星巴克裡面望著大海、享用早餐，看看會不會有小鳥主動跳到窗邊。不過，春過境時節的馬祖，大概很少有鳥人可以這麼悠哉。

「這裡是馬祖！春過境的馬祖！每一隻小鳥都要留意！」

經驗老道、拜訪馬祖多次的資深鳥友不斷提醒著我們。確實，在過境期間的馬祖，任何珍禽異獸都有可能出現，即便是看起來盡是人造物和建築物的港口和馬祖運動場，小小的花盆裡面也可能躲著某種稀有的過境鳥。當然啦，草叢裡亂跳的絕大部分都是麻雀，空中繞來繞去的也大多是北返的家燕，不過，如果到了馬祖還抱著這樣的心態賞鳥，那新紀錄種的第一發現者永遠不會是你。

等船的空檔也不會讓鳥人們感到無聊，有許多小鳥是臺灣不容易看到的鳥類，例如臺灣抬頭可見白頭翁，在馬祖，抬起頭來卻可能發現臺灣少見的金腰燕。談到馬祖的白頭翁，要留意臺灣的白頭翁是臺灣特有亞種 *Pycnonotus sinensis formosae*，而在馬祖看到的，則是白頭翁的華南亞種，同時也是指名亞種的

Pycnonotus sinensis sinensis。兩者之間的差異非常細微，大致上，華南亞種頭上的白色斑塊比臺灣特有亞種的大一些，其他特徵則是沒有明顯的差異。

這時你可能已經注意到了，馬祖的白頭翁和華南屬於同一個亞種，而非臺灣的特有亞種。換句話說，鳥類的族群分布才不管人類的行政區域和國界，大自然的地景地貌，才是牠們的楚河漢界。

春過境時節前往東引島，需要過人的體力、耐力和毅力，從南竿到東引的船程雖然只有兩個小時，但沿途許多海鳥和遷徙中的候鳥也不容錯過。雖然這段海域的海鳥沒有北方三島海域（棉花嶼、彭佳嶼及花瓶嶼）精彩熱鬧，但過境期間什麼莫名其妙的神獸都有可能出現。至少，三種賊鷗是這裡不容錯過的目標鳥種，在海上觀察這些愛搶別人東西吃的鳥類，是相當難得的機會。但是，甲板上風大、劇烈搖晃又時常下雨，想穩定站在甲板上看海鳥，也確實非常不容易。

如同我在前面提過的，金門和馬祖距離中國沿岸比較近，所以鳥類組成和臺灣本島有截然不同的差異，然而，即便是馬祖列島之間，也會產生些許的差異。例如南竿和北竿距離中國沿岸大約只有十五公里，而東引島則是約五十公里，這樣的差別讓華南地區的留鳥較容易出現在南竿和北竿，例如白頰山雀、紅頭山雀和栗耳鳳眉，這些小鳥要飛抵東引島的難度就比較高。

不僅如此，東引島在方圓二十餘公里之內，沒有其他陸地。想想看，茫茫大海中的東引島，對遷徙旅途中的候鳥來說，大概就像是沙漠中的綠洲，任誰都會想要下來休息一下、吃點東西。此外，東引島的面積不算大，導致這裡的候鳥密度很高，身邊隨時都可能有小鳥出現。這些地理特色，造就東引成為觀察過境鳥的熱門首選。

東引的獅子菜園和東湧水庫及周邊森林，是觀察過境鳥的兩大熱點，就算在菜園蹲一整天，也可以有不錯的收穫。例如菜園裡會有各式各樣的鵐科鳥類，而森林裡則有許多種類的柳鶯、鶇科鳥類和麻鷺。在農田、水庫和森林裡找鳥，本來就是理所當然的事，沒什麼特別的，但在東引還有其他有意思的鳥點，例如島上唯一的四百公尺跑道：東引運動場。

eBird　鳥音

金腰燕 Red-rumped Swallow *Cecropis daurica*

廣泛分布於歐亞大陸熱帶及亞熱帶，過去認為和赤腰燕（Striated Swallow *Cecropis striolata*）屬於相同物種，目前已分開。這本書送印之前，牠們又合併為「東方赤腰燕」了。

版權來源 Shantanu Kuveskar, CC BY-SA 4.0, via Wikimedia Commons

版權來源 Photo by Laitche, CC BY-SA 4.0, via Wikimedia Commons

白頰山雀 Japanese Tit *Parus cinereus*

廣泛分布於中國東部、東北亞和日本列島，過往認為和大山雀（Great Tit *Parus major*）屬於相同物種，近年才分開來。在金門、馬祖的海岸防風林就有機會見到。

eBird　　鳥音

版權來源 Robert tdc, CC BY-SA 2.0, via Wikimedia Commons

紅頭山雀

Black-throated Tit *Aegithalos concinnus*

分布地從喜馬拉雅山區往西延伸至中國沿海及臺灣島。目前中國和臺灣的族群屬於相同亞種，但金門所見的個體多為來自中國的族群。

eBird　　鳥音

版權來源 (c) Andrew Lai, some rights reserved (CC BY), CC BY 4.0, via Wikimedia Commons

栗耳鳳眉

Indochinese Yuhina *Staphida torqueola*

屬於華南特有種的繡眼科鳥類，體型嬌小。並未分布於臺灣本島，但有機會在金門或馬祖見到從亞洲大陸飛來的個體。

eBird　　鳥音

島上面積有限，無論是島上居民、各校學生和國軍官兵都使用這個運動場，當然，小鳥們也是。光是在司令台上待著，就有機會看到東方紅胸鴝，晚上還有機會看到山鷸。我那一次在司令台上看鳥，正好有國軍在進行三千公尺跑步鑑測，而跑道內的草地上，就站著一隻東方紅胸鴝，就像鑑測官一樣，一隻鳥盯著幾十個阿兵哥跑步。

東引大操場。

麻鷺 Japanese Night-Heron *Gorsachius goisagi*

繁殖地位於日本南部，冬天遷徙至菲律賓群島度冬。春過境及秋過境期間，會在馬祖列島停留覓食，此時就很有機會目擊。

eBird　　鳥音

東方紅胸鴴 Oriental Plover *Anarhynchus veredus*

於蒙古繁殖，度冬地在澳洲北部。遷徙過程中會在馬祖及金門短暫停留休息，在臺灣島的紀錄較少，春過境及秋過境期間有機會在馬祖列島見到。

eBird　　鳥音

版權來源 Ronald Slabke, CC BY-SA 3.0, via Wikimedia Commons

山鷸 Eurasian Woodcock *Scolopax rusticola*

山鷸的繁殖地橫跨整個歐亞大陸溫帶地區，從英格蘭到東北亞的庫頁島，度冬地則在緯度較低地區。金門和馬祖是冬候鳥和過境鳥，偏好在草生地活動，臺灣本島則有機會在貢寮海邊的草生地見到。

eBird　　鳥音

7.4

消失的金鵐藏嬌

金鵐是從西伯利亞遷徙至華南和中南半島的鵐科鳥類，偶而也會有少數個體在臺灣出現，而馬祖列島則是每年穩定有金鵐過境休息。

我曾經在二〇〇六年及二〇〇七年，分別於臺灣大學的新店安坑農場及金山清水溼地見過兩次金鵐，後來就再也沒見過。對，這些敘述都是過去式了！現在要看到金鵐難如登天，因為金鵐快要被中國人吃光了。

版權來源 Manshanta Ghimire, CC BY-SA 4.0, via Wikimedia Commons

金鵐

Yellow-breasted Bunting *Emberiza aureola*

金鵐的繁殖地分布於歐亞洲大陸溫帶地區，冬天遷徙至中南半島、華南沿海和臺灣度冬。由於過度獵捕的關係，導致金鵐的數量大幅下降，現在為嚴重瀕臨滅絕的鳥種。

eBird 鳥音

金鵐在中國又稱為「禾花雀」或「黃胸鵐」，過去曾是廣泛分布於歐亞大陸溫帶地區的鳥類。在二〇〇〇年之前，金鵐的受脅等級還屬於「暫無威脅」，然而，最近幾年來，金鵐在中國被當作美味食材入菜，導致大量金鵐在中國遭到獵捕。

一九八〇年至二〇一三年間，金鵐的數量減少了84.3%至94.7%之間[19]。一九九六年周星馳主演電影《食神》當中，有一道「乾坤燒鵝」，是將金鵐放入燒鵝體內悶熟而成。雖然中國政府已於一九九七年起立法禁止獵捕金鵐，但顯然一點效果也沒有，獵捕活動只是從檯面上轉到檯面下，而且連帶其他遷徙陸鳥也跟著一起被捕捉。一隻金鵐價格過去僅有人民幣三元（約新臺幣十三元），現在已經漲到人民幣六十元（約新臺幣兩百六十五元）；一道十二隻金鵐組成的料理，價格約人民幣七百元（約新臺幣三千零九十八元）。二〇一七年，金鵐的受脅等級被列為「極度瀕危」，從暫無威脅到極度瀕危，也不過短短十七年。

過去，整個過境期馬祖約有一百隻金鵐過境，但現在只剩下零星紀錄。馬祖列島近年因為土地有限且人口不多，農業逐漸式微，大多居民以漁業為主要收入

19 Kamp, J., Oppel, S., Ananin, A. A., Durnev, Y. A., Gashev, S. N., Hölzel, N., ... & Chan, S. (2015). Global population collapse in a superabundant migratory bird and illegal trapping in China. Conservation biology, 29(6), 1684-1694.

來源。不過，如果馬祖的農業能夠維持一定品質，或許能有機會成為金鵐的避難所——畢竟，在馬祖不會有人捕捉金鵐入菜。

雖然一切都還只是想像，但如果馬祖的農地能讓金鵐歇腳，慢慢遷徙族群轉往馬祖過境（甚至度冬），或許，繼黑嘴端鳳頭燕鷗之後，馬祖也能拯救金鵐，並且讓馬祖成為保育兩種世界級極度瀕危鳥種的重要小群島。

馬祖列島的夏天有眾多燕鷗繁殖，而春秋時節就變成眾多遷徙候鳥的休息站。如果你已經看膩臺灣本島的小鳥，又還沒拜訪春過境時期的馬祖（尤其是東引），那我極力推薦你好好安排一下這個旅程。不過，三月及四月的馬祖容易起霧和下雨，好不容易登島卻又遇到連日大雨的也是大有人在。

要來這一趟，就得有面對各種不可抗力突發狀況的心理準備，天氣、海象、小鳥都不是你能控制的。放寬心登島，小鳥自然來。至於冬天，特別的小鳥還真不多，小鳥在小島上度過整個冬天也不容易，就先算了吧！

東引島的海岬。

8 嘉南沿海：遷徙水鳥度冬熱點

8.1 鋪天蓋地的鳥是要怎麼數啊

喀鏘喀鏘喀鏘喀鏘、喀鏘喀鏘喀鏘、喀鏘喀鏘……

頂著凜冽的東北季風，我們縮著身子站在布袋某個魚塭角落。放乾的魚塭裡還有一點積水和泥巴，到處都是灰撲撲的鷸鴴類水鳥，大概有數百至千隻。緊接著，不遠處的天空，迎面而來的是數以千計的黑腹燕鷗，密密麻麻的鳥形黑點，彷彿一隻特別的大型巨獸，飛舞著變幻莫測的身軀，映著被夕陽點燃的火紅天際，成為了嘉南平原沿海地區冬季的日常光景。

照片中有幾隻小鳥？我也不知道！

在冬季的嘉南沿海賞鳥是愉快的事情。從北邊的雲林成龍溼地，一路往南嘉義的鰲鼓、東石和布袋，臺南的北門、將軍，到著名的七股黑面琵鷺保護區，這一段嘉南沿海的海攤、魚塭農地和鹽田，無形中成為了全臺灣冬季時最多度冬水鳥駐足度冬的地方。

度冬水鳥包括雁鴨、鷸鴴、燕鷗與大型度冬鷗等，在北半球溫帶繁殖，冬天遷徙至臺灣過冬的水鳥。依據臺灣新年數鳥年華的紀錄，這裡每年都能記錄到三萬隻以上的鳥類，毫無疑問是觀賞臺灣度冬水鳥的超級熱點，只要隨意走走逛逛，都很容易滿載而歸。如果敗興而歸，那肯定是人品不好，或是最近沒有把飯吃乾淨之類的原因。

在水鳥熱點賞鳥是很好，但在水鳥熱點做鳥類調查就很慘。數千隻黑腹燕鷗對賞鳥人來說是令人興奮的光景，但同樣的畫面對鳥類調查員來說，反而變成令人崩潰的事情。無論是水面上的小水鴨、赤頸鴨、尖尾鴨和琵嘴鴨，木麻黃上的鸕鷀，泥灘地上的小型鷸鴴，以及空中飛舞的黑腹燕鷗等等，都是數以百計的量級。

雖然記錄每一種鳥有幾隻，只是單純一加一的數數，但當幾千隻、幾十種鳥同時出現在眼前的畫面中，還四處游來游去、動來動去、跑來跑去、飛來飛去……偶而還來一隻遊隼、紅隼或澤鵟突襲的時候，所有的鳥就會全部嚇飛，一整個重新洗牌。數鳥數到一半的我們，也只得重來一次。在這種場合，要把牠們全部算清楚，實在是談何容易。

面對這種數百甚至數千隻鳥滿地都是、滿天都是的狀況，鳥類調查員和鳥類學家也不是混假的，我們當然有一些小撇步來處理這種狀況。首先，最簡單的方法就是「估計」，但這同時也是最困難的方法。

要準確估算數量並不容易，我們來練習幾道題目試試看。請問第216頁四張圖分別共有幾個黑點？請務必要努力試著在五秒內回答，而且別忘了，實戰的時候小鳥可是會飛來飛去，讓你估算靜止不動的黑點已經是放水囉！

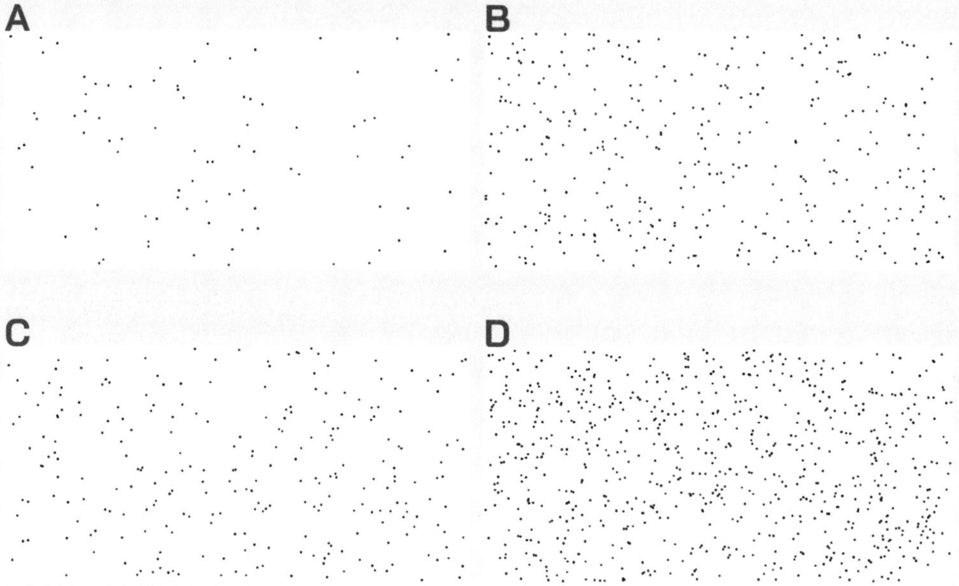

答案請見 219 頁。

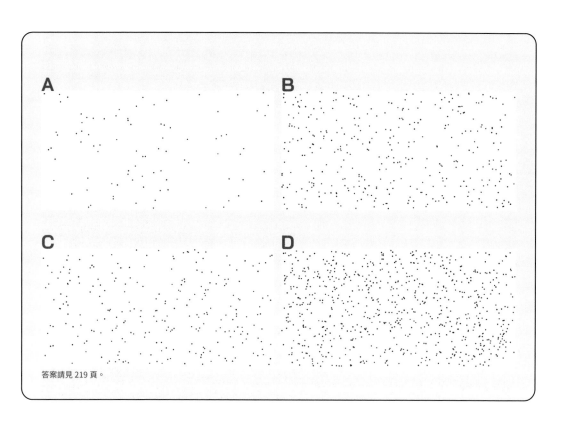

照片中有幾隻小鳥？我還是不知道！

你答對了嗎？或是你估得準嗎？你自己知道就好，不需要告訴我。但或許你會發現，原來八十八個點灑出來看起來並不多，而相對密集的點，實際數量比你想像中少。

如果你還想多試幾次，可以到左下角這個網站玩玩看。這種功能的網站，不只是讓大家玩耍體驗的，更重要的是讓鳥類調查員訓練估算鳥群的能力。這樣的鳥群估計非常仰賴經驗值，經驗不夠的話，估計值會天差地遠，對調查結果的影響也就很大了；如果估計失準的狀況太嚴重，那我們就很難知道這些小鳥的數量是真的變多還是變少。這種方式適合各種大量聚集的鳥類，但前提是大多數個體都屬於相同物種，例如嘉南平原的黑腹燕鷗，在澎湖繁殖的白眉燕鷗、玄燕鷗和鳳頭燕鷗，以及過境恆春半島的灰面鵟鷹。

第二種方法很簡單，拍張照，回家慢慢數，就是這麼簡單。但前提是，你要有一台能拍下多數鳥類個體的相機，而且帶回去在電腦螢幕數也會數到眼睛脫窗，數到一半可能還需要補充點葉黃素。有些軟體可以計算照片中不同顏色的畫素的區塊數量，不過電腦判斷有時候也會失準，例如，兩三隻鳥剛好重疊在一起，對電腦來說可能只算成一隻鳥，都是「同一團顏色和背景差異較大的畫素區塊」。

鳥群估算練習

第三種方法是計數器，這一章開頭的「喀鏘喀鏘聲」就是連續按壓計數器的聲音。使用計數器大多是在記錄泥灘地上的鷸鴴類，或是水面上的雁鴨群，通常會搭配單筒望遠鏡，從視野的一端水平掃視到另外一端，每掃一次只記錄某一種鳥的數量，邊看邊按壓計數器，優點是不容易算錯。然而，這樣的缺點是一個環境大約要掃視十來次以上，效率並不高，而且，如果天空中突然有猛禽下來亂，那就得全部重來，鳥群被洗牌的風險太高。

為了提高效率，有時可以手持兩台計數器，掃視一次的同時記錄兩種鳥。最赫赫有名的還是臺灣第一鳥導水雞哥，他可以同時單手按壓五台計數器，掃視一次就可以搞定五種常見的度冬水鳥。

A 88	B 370
C 262	D 768

8.2 長風萬里迎秋雁：度冬雁鴨

「北風初起易水寒，北風再起吹江干，北風三起白雁來，寒氣直薄朱崖山。」

即便多數人都是在餐桌上各式各樣的料理中認識鴨子，或餵過公園水池中的家鴨、綠頭鴨、鴛鴦和薑母鴨，但為數眾多的還是每年冬天大群遷徙到臺灣過冬的野生雁鴨，而且目前的紀錄多達四十二種。臺灣主要常見的五種度冬雁鴨，分別是小水鴨、琵嘴鴨、尖尾鴨、赤頸鴨和鳳頭潛鴨。

這些野生的野雁及野鴨，大多在溫帶的遠東地區繁殖，有些種類可逼近北極圈內冰天雪地的寒帶地區。由於雁鴨身上富有脂肪及羽毛，比其他鳥類更耐低溫，可以在緯度更高的地方繁殖，也因此雁鴨往往是最晚啟程的候鳥。

隨著晚秋的雁鴨陸續抵達原本寂寥平淡的埤塘、河口和湖泊水面，也意味著寒冷的冬日即將到來。北部的關渡、桃園埤塘、華江橋溼地、新竹香山金城湖、蘭陽平原、金門、嘉南沿海的魚塭、恆春半島的龍鑾潭等等，都是臺灣度冬雁鴨的主要棲息地。你會發現，只要是適合棲息、有食物資源的靜水域環境，無論是人工或天然水域，都有機會發現度冬雁鴨。

然而，雁鴨年復一年往返繁殖地與度冬的同時，鴨群的嘈雜聲卻逐漸寂寥。

依據國際水鳥普查（Internartional Waterbird Census，IWC）的報告，從東亞澳遷徙線的角度來看，近幾年，小水鴨、尖尾鴨和鳳頭潛鴨的數量都顯著減少，而赤頸鴨和琵嘴鴨的數量則沒有顯著的變化。不過，如果將舞台拉回臺灣，故事卻又變得不一樣。依據臺灣新年數鳥嘉年華二〇二二年的年度報告，琵嘴鴨、赤頸鴨和花嘴鴨的數量反而顯著增加，尖尾鴨沒有明顯的變化，而小水鴨同樣是顯著減少；再繼續聚焦於嘉南沿海和蘭陽平原，嘉南沿海的琵嘴鴨、赤頸鴨、尖尾鴨和鳳頭潛鴨的數量都顯著增加，小水鴨無顯著變化，但蘭陽平原的小水鴨和琵嘴鴨都顯著減少。

臺灣最有感的就是華江橋的雁鴨。台北市野鳥學會與臺北市政府動物保護處長期監測華江橋雁鴨公園的雁鴨狀況，二〇〇〇年至二〇〇一年間的冬季，華江橋曾經計數突破萬隻的小水鴨，然而，萬鴨翻飛的盛況已成歷史，如今數量僅約高峰期的十分之一。依據二〇一三年臺北市野雁保護區暨華江雁鴨自然公園鳥類調查環境監測成果報告書，二〇一一年至二〇一三年冬季的小水鴨數量分別僅存兩千零九十隻、一千五百四十七隻和一千零九十七隻，狀況大不如前。

五種臺灣常見的度冬雁鴨 2014 年至 2021 年間在各區域的族群變化

鳥種	東亞澳遷徙線	臺灣本島	嘉南沿海	蘭陽平原
琵嘴鴨	●	▲	▲	▼
赤頸鴨	●	▲	▲	●
尖尾鴨	▼	●	▲	●
小水鴨	▼	▼	●	▼
鳳頭潛鴨	▼	●	▲	●

▼ 顯著減少
▲ 顯著增加
● 無顯著變化

日本方面，依據環境省生物多樣性中心二〇一四年的雁鴨調查結果（第46回ガンカモ類の生息調查結果），天鵝類的數量為69,683隻，約下降3%；雁類的數量為211,945隻，約增加11%，鴨類的數量為1,577,940隻，約下降3%，總計1,859,568隻。日本的雁鴨調查的總數，自二〇〇〇年至二〇一四年的總數量約在十七萬至二十一萬之間，近三年的總數偏低。

位於宮城縣的伊豆沼（いずぬま）是日本數一數二的候鳥度冬地，根據「宮城縣伊豆沼內沼自然保護基金會」所管理的「宮城縣伊豆沼內沼自然保護中心」的計算，二〇一四年十一月五日至年底，共記錄六萬五千隻以上的白額雁，應該會在隔年二月逐漸北返。白額雁在一九七一年獲日本政府指定為國家天然紀念物，日本環境廳認定之保育等級為近危級，一九七〇年時，僅記錄三千七百隻的白額雁，一九九七年時則為三萬四千隻，二〇一四這一年已經記錄到六萬五千隻，族群量大幅增加。

看到這裡，你是不是已經頭昏腦脹、覺得怎麼這麼複雜呢？

沒錯，遷徙物種的保育就是這麼麻煩，因為牠們到處飛來飛去。這句話的意思是，當我們看到這些雁鴨在臺灣的數量減少，表示有三種可能的答案：①牠們的數量真的變少了。②牠們選擇到其他地方過冬，而不選擇臺灣。③則是①和②兩者同時發生。

要從以上三種可能狀況中釐清真相，只在一個地方觀察是不夠的，必須要在整個遷徙路線上都有理想的觀察紀錄，包括繁殖地、度冬地和遷徙休息站。然而，由於候鳥的遷徙線通常跨越許多國家，因此，透過不同國家之間的國際合作來長期監測候鳥的數量變化趨勢，是必要的監測工作，同時更是一大挑戰。

最近幾年，東亞澳遷徙線的遷徙水鳥數量持續下降，許多沿線國家的監測系統都有發現這樣的現象。然而，我們目前卻還沒有一套有效且完善的監測系統來瞭解東亞澳遷徙線上水鳥的生存狀況。於是，我在澳洲昆士蘭大學的時候，大老闆理查・富勒博士（Richard A. Fuller）、三老闆天野達也博士和幾位博士後研究員與博士生，一起寫了一篇回顧性論文來討論這個議題。

文章於二〇二一年刊登於科學期刊《澳洲動物學家》（Australian Zoologist）。我們認為目前東亞澳遷徙線上各國發展監測體系遇到一些資料蒐集和管理上的困難，包括：①資料分散於許多資料庫，②有些資料可讀性低，③metadata 的資訊不清楚，④有許多候鳥熱點還沒有任何調查資料[20]。

從紐西蘭、日本和臺灣的成功案例，可以看出這樣的在地監測需要許多熱心鳥友投入大量的時間與心力，才有可能達到這樣的成果。未來透過既有的線上資料平台來自動累積資料、甚至分析資料，會是完成遷徙線整體監測系統的一大突破。

20 Fuller, R. A., Jackson, M. V., Amano, T., Choi, C. Y., Clemens, R. S., Hansen, B. D., ... & Woodworth, B. K. (2021). Collect, connect, upscale: Towards coordinated monitoring of migratory shorebirds in the Asia-Pacific. Australian Zoologist, 41(2), 205-213.

8.3 小紙片的自然保育價值：鴨票

一張印有金額和畫上鴨子的小紙片，不仔細看的話還以為是張郵票，其實這是用來保育鳥類和自然環境的「鴨票」（duck stamp），雖然只是一張紙票，但是卻創造了非常大的保育價值。

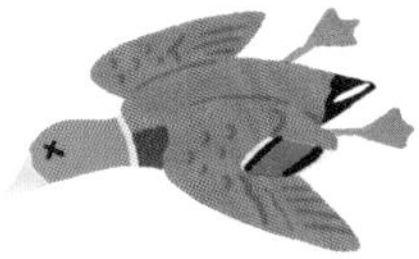

打獵一向是美國的重要休閒活動，但是，過度獵捕不免成為野鴨生存的重大威脅。為了有效的管理狩獵活動，美國聯邦政府在一九三四年三月十六日通過了「候鳥狩獵印花稅法案」（Migratory Bird Hunting and Conservation Stamp Act），法案通過後，由環保團體、藝術家、獵人和聯邦政府共同設計保育自然資源的方案。五個月後，傑・達令（Jay N. Darling）創作的蝕刻版畫成為美國的第一枚鴨票，正式名稱是「聯邦候鳥狩獵與保育票」（Federal Migratory Bird Hunting and Conservation Stamps），由「美國魚類及野生動物管理局」（United States Fish and WildlifeService）發行。

美國第一張鴨票，主角為綠頭鴨。

依照法案規定，十六歲以上的獵人每人每年至少購買一枚鴨票，作為印花稅票並貼在狩獵執照上，才能夠合法打獵；鴨票販售的收入，則作為購買和承租溼地的基金。鴨票主要作為合法狩獵憑證，由於聯邦政府每年僅發行一款鴨票，而且依規定未賣出的鴨票必須在次年七月一日全部銷毀，因此鴨票的藝術及典藏價值便水漲船高。一九三四年至二〇〇八年全套鴨票的售價將近八千美元，約新臺幣二十四萬元。聯邦政府甚至曾經舉辦「鴨票設計比賽」，藝術家梅納德・瑞斯（Maynard Reece）曾五度贏得比賽！購賣鴨票的消費者，從獵人逐漸擴及到藝術品蒐藏家和鳥類愛好者，意外強化了另一種募款的途徑。

隨著成效良好，美國各州政府也相繼推出各州所屬的鴨票，一九七一年加州首先發行「州鴨票」，到二〇〇九年已經有四十五州發行鴨票。加拿大、英國、前蘇聯、澳洲和冰島等國家也群起效尤，以類似的方法保育水鳥和棲地。此外，鴨票也會生小鴨票（Junior Duck Stamps），小鴨票的售價為五美元，主要作為環境推廣教育的小額募款。據聯邦政府統計，美國第一枚鴨票共賣出六十三萬五千張，收入六十三萬五千美元（每張一美元）；一九七一年的三美元鴨票賣出兩百四十四萬張，收入七百三十二萬美元。自一九四三年以來，鴨票的收入已經接近八億美金（約新臺幣兩百四十億），購買和承租溼地超過六百萬英畝（約三萬兩千平方公里，僅略小於臺灣島），可說是生態保育相當成功的典範。

臺灣在民國八十一年差點由交通部發行亞洲第一張鴨票，但因為沒有法源依據而喊停。民國八十三年野生動物保育法修正之時，將「野生動物保育票發行」明列入法（第一章第七條第二款），但因為與其他法規相衝突而無法實施。

中國其實早在十九世紀就有「鴨票」。清朝末年，烤鴨是時髦的佳餚，也是貴重的禮物，以至於「親戚壽日，必以烤鴨相饋送」。由於登門時提著鴨子不方便，也不容易保鮮，因此，送禮者便以裝著鴨票的紅包祝壽，輕便又不失禮，受禮者可帶鴨票到鴨店兌換香噴噴的烤鴨。

歷史悠久的鴨店「全聚德」建於清朝同治三年（一八六四年），在同治、光緒、宣統及民國初年期間（一八六四至一九二三年）發行鴨票。全聚德在擴增店面時，更是積極發行鴨票，直到一九二三年停售，可惜並未保留，目前僅有複製品。

小小一張鴨票，無論在自然保育、人際往來、藝術創作及典藏，都曾經對社會發揮過出乎意料的價值與影響力。

8.4 新年到，數小鳥

時常會有人問我，哪些小鳥屬於「水鳥」？水鳥的定義是什麼？事實上，「水鳥」並沒有嚴謹的定義，通常是泛指生活在水邊的鳥類，但有些時候，指稱某些鳥類屬於水鳥又似乎怪怪的。舉例來說，鷺鷥、雁鴨、鷸鴴、鸕鷀、鷗，將這些鳥類歸類為水鳥通常沒有什麼問題，但生活與水域密切相關的鉛色水鶇、臺灣紫嘯鶇甚至黃魚鴞，我們就很少稱牠們為水鳥了。

二〇一一年，臺灣繁殖鳥類大調查啟動，每年大約有三百名志工參與，運作幾年之後，逐漸上軌道，對於臺灣的鳥友，除了「熱情」我想不到其他更好的形容詞來描述這群人。許多鳥友紛紛提到水鳥和冬候鳥尚缺乏公民科學監測。在一次繁殖鳥調查培訓班結束後，花蓮的鳥友這樣跟我說：「如果有水鳥或冬候鳥的數鳥或調查活動，一定要通知我們喔！」沒錯，從國家保育責任的觀點來看，搞定繁殖鳥之後，下一群就是每年冬天數以萬計之姿抵達臺灣的冬候鳥。

我們先針對度冬水鳥著手規劃，嘗試在幾個溼地執行。但是，調查方法、大群鳥類的數量估算、地點的呈現，以及棲地環境的描述都遇到一些問題。後來，當我們回顧到三十年前的「新年鳥類調查」以及墾丁國家公園執行二十餘年的新年鳥類調查，或許重新啟動新年鳥類調查是一個值得考慮的選項。

全球最早的公民科學計畫是在北美洲行之百餘年的「聖誕節鳥類調查」（Christmas Bird Count）。在一九〇〇年由美國奧杜邦學會（National Audubon Society）的鳥類學家佛蘭克・查普曼（Frank M. Chapman）所發起，至今已經執行了一百二十三年。

一九七四年至一九八三年間，臺灣曾經依循聖誕節鳥類調查的原則，推出了「新年鳥類調查」。臺灣的新年鳥類調查與台北市野鳥學會的前身「中華民國賞鳥俱樂部」形成時間相同。任職美國空軍的蕭伯萊（Kenneth Turner Blackshaw）夫婦從小賞鳥長大，參加過多次奧杜邦學會舉辦的聖誕節鳥類調查。當時的鳥會討論將聖誕節鳥類調查引進臺灣的可能，幾經討論，決定原則上依美國的傳統做法進行，只是把英制改為公制而已。

民國七十年十二月六日　民生

東大與台中賞鳥協會將聯合舉辦
合歡山新年鳥類調查活動

民國七十年的「新年鳥類調查」報導。

聖誕節鳥類調查的樣區為半徑二十公里的樣區圓，而一九七四年臺灣版的「新年鳥類調查」以相同方式在臺灣的北、中、南設置了三個樣區圓。北部包括鳥友常去的關渡、五股和陽明山；中部則涵蓋霧社、梅峰、鳶峰到合歡山；南部則包含恆春半島及墾丁地區。後來一度擴充到六區、甚至十區，當時還有鳥友在中部的樣區圓（霧社及合歡山）求婚成功！雖然北部和中部執行約十年後停止，但南部位於恆春半島的樣區圓，依然執行至今。

一九八四年代望遠鏡並不普及，但是從報導內容卻可以感受當時鳥人對賞鳥這件事的熱情程度，這熱度也是點燃臺灣最早環境運動的火種。當時所留下來的鳥類紀錄，讓我們一窺四十年前臺灣鳥類的生存概況，是非常珍貴的資料。

新年期間正好是大多數過境鳥早已離開、臺灣的鳥類以留鳥和冬候鳥為主要成員的時期，是個反映臺灣冬季鳥類狀況的好時機。新年象徵了團圓和團聚，藉由這個充滿團圓氛圍的時節，每年固定的數鳥活動正好能讓全臺灣的鳥友齊聚數鳥。

美國的聖誕節就相當於我們的新年，也是團聚的時間。為了維持這個輕鬆愜意的氣氛，避免使用「調查」或「監測」這樣嚴肅且像在工作的字眼，因此把「新年鳥類調查」改為「新年數鳥嘉年華」，成為老少咸宜、可輕鬆參與的活動，讓鳥老大、鳥夥伴、鳥鄉民等所有的參與夥伴，透過簡單的方法把一同賞鳥的成果記錄下來。

二〇一三年七月，由中華民國野鳥學會、台北市野鳥學會、高雄市野鳥學會及特有生物研究保育中心共同組成籌備團隊，確立目標後著手規劃數鳥方法、地區劃設、時間等「臺灣新年數鳥嘉年華」的草圖。希望「新年數鳥嘉年華」承襲「新年鳥類調查」的活動精神，並在愉悅的氣氛中進行兼具研究、教育及休閒的活動，因此數鳥方法、時間與地點都盡可能以方便、簡單、有效為設計原則。希望在歡樂的賞鳥活動中同時進行資料收集，再搭配現今普及的望遠鏡、相機、手機與網路資源，讓我們欣賞、認識鳥類的方式又更加多元、有趣。

新年數鳥的第一年，我們原先規劃先試行三十個圓形樣區，範圍縮小為半徑三公里。比起小鳥，更令我們難以預料的仍舊是鳥友的熱情，第一年共有六百零三名志工參加，完成了一百二十二個樣區，共記錄兩百九十二種鳥，十八萬九千兩百八十隻次的鳥類個體，包含二十四種特有種、五十四種特有亞種；一百三十九種留鳥、一百二十八種冬候鳥、五十九種過境鳥、六種迷鳥和十二種外來種！

臺灣新年數鳥嘉年華第一年（2014年）所完成的樣區圖。

當下只覺得，第一年結束了，以後都會是年復一年的長期監測工作，那時想也想不到，有了每年的固定例行公事之後，時間一下子就過去了。在我寫下這段文字的當下，新年數鳥已經來到第十年，累積了十三萬七千四百零四筆紀錄，並且全面開放於全球生物多樣性資訊機構（Global Biodiversity Information Facility, GBIF）。

不過，更令我想不到的是，規劃新年數鳥這個公民科學活動，至今已經成為東亞澳遷徙線監測體系中的一環，也是許多國家參考學習的案例，更把我帶到遷徙線各個國家，甚至成為了我博士論文的一部分。不知不覺，我觀察小鳥、學習知識、研究小鳥，這些小鳥也把我帶到世界各地，展開候鳥般的旅行生涯。

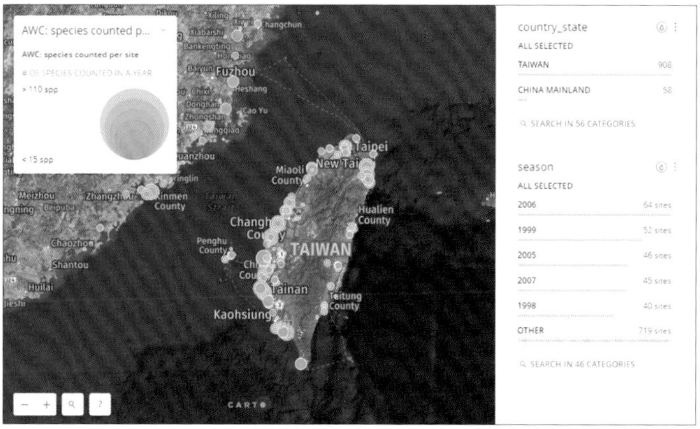

臺灣新年數鳥嘉年華的資料，提供至亞州水鳥普查之資料分布圖。

東亞澳篇

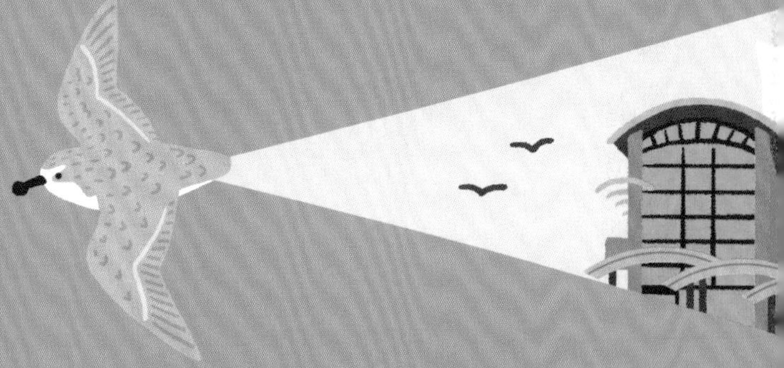

9 日本：無縫接軌的溫帶鳥類世界

在臺灣的鳥類學研究中，日本是密不可分的國度。無論在鳥類的行為、遷徙、演化、生物地理、保育、鳥類學研究史，臺灣與日本總是息息相關。

舉例來說，許多日本的繁殖鳥，冬天會遷徙至臺灣度冬，例如赤腹鶇、蒼鷺和鸕鷀等。又如前面所說的，想要搞清楚虎鶇的身世，就是得跑一趟日本，看看當地的虎鶇，也看看當地鳥人。臺灣的山麻雀和黑鳶族群岌岌可危，但是這兩種鳥在日本卻是相當普遍的小鳥，為什麼會有這麼大的差別？日治時期，日本人在

赤腹鶇 Brown-headed Thrush *Turdus chrysolaus*

於庫頁島、北海道、本州東部繁殖，冬天遷徙至日本南部、臺灣、呂宋島及海南島度冬。在臺灣的度冬數量眾多，有時會形成 50 隻的大群一起活動覓食。

eBird　　鳥音

臺灣設置了博物學研究機構，系統性調查臺灣的鳥類，留下了大量的標本與文獻。諸如此類的事蹟繁多，無法一一列舉，如果想要好好研究臺灣的小鳥，卻忽視了日本的小鳥，那會是非常可惜的事情。

蒼鷺 Grey Heron *Ardea cinerea*

廣泛分布於歐亞非三洲，是相當優勢的鷺科鳥類。於溫帶繁殖的族群會遷徙，在臺灣屬於冬候鳥。數量繁多，臺灣的度冬族群無明顯的變化趨勢。

eBird　　鳥音

版權來源 Alpsdake, CC BY-SA 3.0, via Wikimedia Commons

山麻雀 Russet Sparrow *Passer cinnamomeus*

分布於喜馬拉雅山、中國、朝鮮半島、北海道和臺灣。山麻雀在臺灣的族群為稀有留鳥，會在山區的人類聚落周邊活動，冬天結群覓食，目前為受脅物種。

eBird　　鳥音

版權來源 Chris Eason, CC BY 2.0, via Wikimedia Commons

黑鳶 Black Kite *Milvus migrans*

廣泛分布於歐亞非三洲，是相當優勢的猛禽，在許多國家（如印度和日本）數量都非常龐大，同一個場域可達數千隻。但臺灣的族群曾大幅減少，近年有逐漸恢復的趨勢。

eBird　　鳥音

9.1 默默增長的日語能力

我家曾經營漫畫書出租店，我是讀日本漫畫、玩著日本電玩長大的小孩，對日本文化自然會感興趣也不陌生。在我認識臺灣鳥類與生態的過程中，為了讓自己更能掌握日本的相關資訊，在大四的時候（二〇〇八年）選修了日文，可惜那年為了準備讀研究所，費了不少心思在學術研究上，修了一年的日文就停下了。還記得當時停在日文的動詞變化，那是學日文的其中一個巨大瓶頸，停在那裡或許也只是剛好。雖然修課期間我認為自己相當認真，不過後來忙於學術研究，就沒有再主動學日文。

二〇一四年八月，我前往日本東京池袋，參加由國際鳥類學家聯盟（International Ornithologists' Union, IOU）於立教大學舉辦的「第二十六屆世界鳥類學大會」（International Ornithological Congress, IOC）。世界鳥類學大會為全世界鳥類學家眾所矚目的全球性會議，每四年舉辦一次，因此，每一屆會議可說是各國鳥類學家展現研究成果的重要場合，當屆大約有一千兩百人參與。

大會開幕演講。

26TH
INTERNATIONAL
ORNITHOLOGICAL
CONGRESS
TOKYO
METROPOLITAN
GOVERNMENT

大會會場。

這一趟也是我第一次來到日本。有趣的是，六年沒有積極接觸日文的我，竟然也還看得懂、聽得懂一些詞彙和句子，也能開口進行購物、點餐、問路之類的旅遊會話。我有點驚喜的翻出塵封在硬碟深處的教科書和單字表，快速瀏覽和複習之後，再加上臉皮足夠厚敢開口講話，便獲得了第一次訪日就用日文暢遊東京的經驗。

作者海報發表。

回臺灣後，又重拾了學習日文的動機。不過，忙碌的生活依舊，只好以進度非常緩慢的方式學習，至今都二〇二四年了，還沒去參加過任何日文檢定。不過，因為藉口「學習日文」而沉迷動漫、電玩和日劇，日文能力卻默默以奇怪的方式進步。

世界鳥類學大會的期程照慣例是一個星期，期間有非常多鳥類相關主題的報告，包括生理、行為、親緣關係、演化、分布、生物地理、保育等等。對鳥類學家來說，幾乎都可以找到自己感興趣的題材，並且和來自世界各地從事相關研究的科學家交流討論。此外，在研討會期間，其中一天會完全沒有任何議程，主辦單位將提供許多賞鳥或參訪行程供與會者報名。

東亞鳥類監測聯盟行不行？

與會期間，同仁積極參與工作坊及討論會，尤其於圓桌會議中，與候鳥的東亞—澳洲遷徙線（East Asian-Australasian Flyway, EAAF）上的各個國家，包括臺灣、中國、日本、韓國、俄羅斯、馬來西亞等，共同討論形成鳥類監測夥伴關係的可能性。

寫作的當下（二〇二三年），我也才剛結束一場東亞澳遷徙線夥伴關係（East Asian-Australasian Flyway Partnership, EAAFP）的例行視訊會議，當時在世界鳥類學大會認識的日本代表天野達也、澳洲代表理查．富勒、新加坡代表楊鼎立（Ding Li Yong）、印度代表泰吉（Taej Mundkur）等人都在線上。那時候可能想也想不到，一個當初萌生的念頭，幾年後已成為大家的例行公事。

東亞澳遷徙線上，候鳥的數量快速減少[21]。七百二十八種候鳥中，九十八種為受脅物種和近危級物種，其中，水鳥中約有百分之六十二的物種族群量顯著下降，僅有百分之十呈現增加的趨勢，一項二十四年間的長期水鳥監測成果指出，水鳥的遷徙族群大幅下降百分之七十九。五十一種遷徙性猛禽中，十七種的族群趨勢並不樂觀[22]。東亞—澳洲遷徙路線的度冬鳥類所面臨的威脅，目前多認為是東亞地區大幅的棲地流失所致。

東亞地區各國串聯執行鳥類保育已經不是第一次，黑面琵鷺的繁殖、分布狀況回報及冬季的同日同步調查已經行之多年，各個組織所主導的水鳥監測，也分

21 Delany, S., Scott, D., & Helmink, A. T. F. (2006). Waterbird Population Estimates - Fourth Edition. Wetlands International.

22 Goriup, P. and Tucker, G. (2007) Assessment of the merits of a CMS instrument covering migratory raptors in Africa and Eurasia. Bristol, UK: DEFRA.

別在東亞各地進行。晚間由陳承彥（Simba Chan）和余日東（Yu Yat-Tung）召集東亞陸鳥監測（land bird monitoring in eastern Asia）的圓桌討論會，除了介紹各國目前陸鳥監測的進展，也進一步討論在東亞建立陸鳥監測體系可行的方法。

東亞及東南亞國家多樣性相當高，語言及文化多樣複雜，需要好一段時間的討論，希望可以盡快針對這個議題建立網絡或溝通平台，逐步針對主要議題釐清未來可行方向。

例如俄羅斯代表 Pavel Ktitorov 表示，俄羅斯東部地區許多地方人煙罕至，不容易推動公民科學這樣的監測機制，資料相當缺乏。陳承彥表示，二〇一四年十一月在韓國舉行的生物多樣性公約第十二屆締約方大會（CBD COP12）中舉辦一個周邊會議（side event）再次討論此議題，希望可讓東亞各國更加重視陸鳥，尤其是遷徙性陸鳥的議題。期望這樣子的討論，能夠盡速建立良好的跨國鳥類監測系統。

參加這個四年一度的鳥類大會，與其說大開眼界，不如說認識許多關心鳥的學術研究者、賞鳥愛好者與藝術家，才是令我感到高興、收穫滿滿的事情。

鳥類保育的共同挑戰與合作的重要性

鳥類是人類相當熟悉的生物類群，也有廣大的愛好者持續關注牠們的一舉一動。然而，這樣的世界級大會，更凸顯出世界各地有許多人和我們一樣，關心這些生命的存亡與脈動；我們不斷嘗試用各種方式與各種角度認識鳥類，過程中也面臨許多相同的問題。這一次的大會在東京舉行，東亞地區各國的鳥類學者都到了，我們都同意專屬東亞地區的鳥類岌岌可危，保育行動刻不容緩。晚上的圓桌會議，大家也同意促成東亞夥伴關係十分重要。

無論大家用哪種方法監測鳥類，在分析方法和志工經營上面都面臨許多類似的問題。有些問題需要因地制宜，有些可以互相交流，這個大會是一個難能可貴的機會，讓大家互相交流成果與困境，並一起集思廣益解決問題。我們要的不是論文點數或篇數的增加，而是鳥類種類與數量的增加。

這次會議除了讓我更熟識許多東亞地區的研究夥伴，我也默默觀察日本的鳥類觀賞文化和研究文化。雖然日本的鳥類研究者不是很多，但是鳥類觀察做得相當好，我生性龜毛，因而非常欣賞日本人這種做事情龜毛、追求完美的精神。日本許多研究沒有用英文發表，但我非常好奇這樣的個性在鳥類研究與關注上會發揮什麼樣的作用。我亂七八糟的日文，這次來日本終於派上用場，我覺得講起來很好玩，日本人也很容易記得我，交流起來特別有趣且快速，即便我們英日文混在一起講話。

這次到日本出席世界鳥類學大會，分享我國所建立的監測系統，是重要的契機與基礎。我國與東亞各國共同針對亞太地區生物多樣性保育做討論，也是踏出重要的一步，希望參與這次會議是一個重要的合作與溝通基礎。

臺灣與日本具有不同的地理與環境特性，造就不盡相同的生物多樣性。除了相互比較生物多樣性的組成與結構、監測繁殖行為與生產力之外，亦適合共同監測生物多樣性隨氣候變遷的變化。若臺灣能與日本及亞太的觀測網路合作，不僅能使亞太地區的生物多樣性網路更完善，亦能使臺灣站在巨人的肩膀上，建立成熟的生物多樣性監測網路，分享更多資訊與保育方針。

9.2 日本的森林

如果想短暫脫離喧囂且車水馬龍的東京，享受在大自然中大口呼吸、賞櫻、賞鳥、健行，哪裡會是適合的選擇呢？也許有些人會想到東京近郊最有名也是人氣最旺的高尾山，但是高尾山每到假日便湧入大量的登山客和遊客，即便是平常日，登山客也是絡繹不絕。日本朋友開玩笑的說，高尾山大概是全世界登山客最多的郊山了吧？雖然不知道要怎麼證實這句話，但我還滿願意相信的。而在搭乘 JR 中央本線往高尾山的路上，提早一站在高尾站下車，離新宿車站約一小時的車程，便能有另一個不錯的選擇：多摩森林科學園。

多摩森林科學園位於東京都八王子市，是森林、林業及木材相關的試驗研究地及展示教育園區，隸屬於獨立行政法人森林總合研究所，從高尾站北出口步行約十分鐘即可抵達。這裡曾經是武田信玄攻打小田原城的北条氏康的戰場，稱為「廿里古戰場」。

多摩森林科學園於大正十年二月（一九二一年）由宮內省帝室林野管理局林業試驗場所設立，二〇〇一年三月改設為獨立行政法人森林總合研究所多摩森林科學園。主要的研究主題包括都市近郊森林的生態系服務與功能、森林資源技術與經營管理、生物多樣性保育，以及櫻花的種原保存與品系栽培，一整個看起來，就像是臺灣的林業試驗所。

本來只是隨意逛逛，卻意外發現這個地方是認識日本森林的入門博物館。想要快速認識日本的森林，先來這裡報到就對了。

園區內有八公頃的櫻花保存林、七公頃的林業用喬木樹木園、約四十公頃的試驗林與天然林，以及入口處的森林科學館，大約保存了六百種、六千棵樹木。除了研究之外，園方每年皆會舉辦許多森林講座、森林教室以及園區解說活動，提供民眾學習森林相關知識。由於園區是許多櫻花品種的種原保存地，自然也是東京近郊重要且熱門的賞櫻景點，到了賞櫻季的假日，就會變得熱鬧非凡。不僅如此，園區與鄰近的武藏陵墓地（大正天皇陵墓地）、陵東公園和都立陵南公園整合為「昭和散步道」，結合成體驗自然與人文的休閒活動區。

園區入口處有個木造建築物，是小型森林博物館「森林科學館」，雖然空間不大，但是展示內容多元，而且相當有創意。入口處「森林科學館」的看板，即是以日本扁柏刻寫，周圍擺放數種大型原木及簡介。進入森林館，映入眼簾的是完完全全的木建築，天花板、地板、二樓的迴廊與旋轉樓梯都是木造。

在森林系讀書的時候，系館、教室和課桌椅也幾乎都是木材打造，上起課來令人感覺非常舒適。然而，常常也會有人問：「你們不是森林系嗎？怎麼砍這麼多木材？」事實上，就是因為瞭解森林與木材的功能，才大膽使用了這麼多木材。森林科學館的牆上就寫道：木材是世界上唯一可再生的建築材料，需要木材的時候，就種植人工林生產木材。

木材中約含有百分之四十四的碳，使用木製的建築和家具，就是將碳牢牢鎖在木材裡，對環境也是很有幫助的。而且，這些木材都經過「森林管理委員會」（Forest Stewardship Council, FSC）認證，是對環境友善的人工林。以木材打造森林為主題的博物館，當然是再適合不過的選擇，木材的紋理與令人舒適的香氣，讓人就算駐足許久也不會覺得厭倦。

森林科學館的二樓是迴廊和展示間，開闊的設計減少了博物館的壓迫感，也讓展示空間增加許多變化。主題包括林業教育、木材、野生動物與櫻花的種原保存。其中特別有趣的是木材結構的展示方式，最吸引我的是一座共有十個琴鍵的木琴，每個琴鍵分別由體積相同、不同樹種的木材製成，由左至右分別是毛泡桐（*Paulownia tomentosa*）、柳杉（*Cryptomeria japonica*）、北海道雲杉（*Picea glehnii*）、桃花心木（*Swietenia sp.*）、連香樹（*Cercidiphyllum japonicum*）、色木槭（*Acer mono*）、日本山毛櫸（*Fagus crenata*）、櫸木（*Zelkova serrata*）、柿樹（*Dispyros sp.*）和檀（*Dalbergia sp.*）。每一種木材上方皆有聲波圖、密度、音調、用途和電子顯微鏡的木材細胞結構。用琴棒敲擊不同木材的琴鍵，能感受不同的木質部細胞結構所發出的音色，是相當有創意的互動展示。

不同樹種的木琴琴鍵。

除了透過聲音比較不同樹種的木材結構，展示館準備了不同樹種的木條，訪客可將木條放入裝有水的量筒中，比較各種木材的密度。另有相同體積的兩塊木頭，一塊是世界上最重的木材（密度最高）蒺藜科愈瘡木屬（*Guaiacum sp.*），另一塊則是世界上最輕的木材（密度最低）木棉科輕木（*Ochroma lagopus*），試著拿起來就能感受兩者重量的差別。

園區內不只有博物館，還有廣達四十公頃的森林，這裡也成為東京近郊的賞鳥景點，園內森林最吸引人的是日本特有種雉雞「銅長尾雉」。銅長尾雉在日本也不容易見到，依據研究論文，大約有一成的機率可在園區內親眼目擊銅長尾雉的身影[23]。此外，園區內也能見到臺灣難以見到的鳥種，例如烏灰鶇、雜色山雀、白頰山雀、日本綠啄木（日本特有種）和日本小啄木。因此，多摩科學園區也是很適合臺灣人到日本賞鳥的私房景點。

23 川路則友。2006。ヤマドリ地上ねぐらの初観察記録。日本鳥学会誌，55(2): 92–95。

烏灰鶇 Japanese Thrush *Turdus cardis*

於日本及華中部分地區繁殖，冬天遷徙至華南、海南島及中南半島北部度冬。在臺灣為迷鳥，偶而會有零星個體出現。但與其在臺灣人擠人，我建議直接飛去日本看就好。

eBird　　鳥音

雜色山雀 Varied Tit *Sittiparus varius*

分布於朝鮮半島和日本列島，是不遷徙的留鳥。雜色山雀過去認為與臺灣特有種赤腹山雀（Chestnut-bellied Tit *Sittiparus castaneoventris*）屬於相同物種，但目前已分為兩種。

eBird　　鳥音

日本綠啄木

Japanese Woodpecker *Picus awokera*

分布於日本本州、九州及四國地區，北海道無分布，為日本特有種。不算罕見，在日本郊山森林就可以見到，是第一次訪日的重點鳥種。

eBird　　鳥音

版權來源 Alpsdake, CC BY-SA 3.0, via Wikimedia Commons

日本小啄木 Japanese Pygmy Woodpecker *Yungipicus kizuki*

又稱小星頭啄木，分布於中國東北、朝鮮半島、庫頁島及日本列島。是相當普遍的小型啄木鳥，在都市公園的樹上就可以見到，如同臺灣中南部的小啄木。

eBird　　鳥音

銅長尾雉 Copper Pheasant *Syrmaticus soemmerringii*

日本特有種，分布於本州、九州及四國等部分地區，且亞種眾多複雜。林相完整的森林就有機會看到，但也沒有那麼容易就是了。

eBird　鳥音

版權來源 Stavenn, CC BY-SA 3.0, via Wikimedia Commons

針對哺乳動物，研究員在園區內日本鼯鼠（*Pteromys momonga*）的巢洞和巢箱中架設攝影機，現場直播的錄影畫面，可觀察日本鼯鼠在巢洞中的活動狀況。目前園區內共有三個巢箱，發現十九個巢洞，大多集中於第二樹木園和櫻花保存林。另外一處展示日本鹿（*Cervus nippon*）、日本髭羚（*Capricornis crispus*，日本特有種）和亞洲黑熊日本亞種（*Ursus thibetanus japonicus*）的毛皮標本。

日本由北海道、本州、九州和四國這四個多山的島嶼組成，和臺灣一樣山高水急，平原面積不大。日本的森林覆蓋面積約兩千五百萬公頃，占國土面積約百分之七十；臺灣的森林覆蓋面積約兩百一十萬公頃，占國土面積約百分之六十。因此，永續使用森林資源，對日本人而言是相當重要的課題。

日本是世界森林學發展的三大重要國家之一（另外兩國是德國與美國），臺灣曾經為日本的殖民地，森林學發展也受日本影響甚深。早年，森林的主要功能為生產木材，多以提升人工林生產木材的效率為目標；直到近年，保育意識抬頭，森林的生物多樣性保育功能更加受到重視，無論在國際公約與保育趨勢中，森林始終是其中的要角。

森林是一個多功能的主體，包括生產木材、生物多樣性保育、國土保安、水源涵養、休憩娛樂和生態系服務等，各國面對自己國內的森林，必須思考需要哪些森林功能？各自發揮的比例是多少？經營管理的成本是否符合效益？長久以來，森林管理經驗豐富的日本，透過這座充實的森林博物館，將寶貴的森林知識與經驗，從森林、林業、木材到保育，在木材的香氣與紋理之中鉅細靡遺、娓娓道來。

日本森林靜謐絕美，為何小鳥卻很少？

日本的森林翠綠、蓊鬱、唯美、優雅，但是安靜。如寂靜春天般的安靜。無論是在「多摩森林科學園」的森林，或是九州宮崎縣的「御池野鳥之森」，我都感覺到日本的森林實在是太安靜了。森林很棒，但是小鳥很少！怎麼會這樣？

這對臺灣的賞鳥人來說是很不習慣的事情。我們在低海拔的郊山，隨時都有繡眼畫眉和頭烏線圍繞在四周，五色鳥的聲音不絕於耳；到了中海拔山區，冠羽畫眉、藪鳥和白耳畫眉滿樹都是，鳥類密度非常高。然而，到了日本的森林裡，卻又不是這麼一回事了。我曾經在森林裡走了好一段路，才在林下遇到一隻鶲鶇，或是偶而有山雀從頭頂上的樹梢飛過；世界鳥類學大會那一年，日本鳥友帶我到富士山五合目賞鳥，卻也僅見到日本柳鶯、黃眉黃鶲和金背鳩。在日本的森林裡看鳥，很容易令人感到挫折，因為這裡的鳥類個體密度實在是太低了。

為什麼會這樣呢？原因並不是非常清楚，也來不及做研究了。但是，有一個普遍接受的說法是：因為日本的狼消失了。

富士山周圍的「青木原樹海」內部。

我在日本的森林裡找鳥時，撞見幾隻梅花鹿，森林的下層也相當乾淨，不像在臺灣常常得披荊斬棘。這一切都是因為日本狼滅絕之後，梅花鹿放肆濫食，改變森林結構，進而使鳥類密度降低嗎？

要回答這個問題，需要審慎的研究，但是，想透過活動能力強的哺乳類來找到答案可不容易。在節肢動物和潮間帶生物中，已經有許多研究論文發現類似的現象：生態學家將兩個放有同樣數量蝗蟲的稻田用細網圍起來，讓其他生物無法進入，其中一塊稻田放了一些蜘蛛，另一塊則完全沒有蜘蛛。一段時日之後，沒有蜘蛛的稻田，稻子被蝗蟲吃得非常嚴重；有蜘蛛的稻田，則是輕微許多[24]。同樣的現象也在潮間帶發生，沒有螃蟹的樣區裡，海藻被玉黍螺吃得慘兮兮。這些研究結果說明了，還不用等掠食者真的把獵物吃掉，光是掠食者隨時出現的緊繃狀態，就讓植食動物寢食難安、食不下嚥，必須隨時提高警覺，否則一不小心就會變成掠食者明天的排泄物和體脂肪。

無論是這裡的狼、蜘蛛或螃蟹，牠們都是環境中的關鍵物種。生態學家發現，這些生物特別重要，些許變動就會大幅牽動整個食物網，甚至會讓整張網瓦

24 Beckerman, A. P., Uriarte, M., & Schmitz, O. J. (1997). Experimental evidence for a behavior-mediated trophic cascade in a terrestrial food chain. Proceedings of the National Academy of Sciences, 94(20), 10735-10738.

解，牠們稱為「關鍵物種」（keystone species）。位在食物鏈後端、帶著尖牙利爪的猛獸和猛禽等高級消費者，常常是關鍵種，狼當然也不例外。狼應該是滿鬱悶的，不僅時常接到扮演反派角色的通告，還被人類追殺到銳減甚至消失。我們對「狼」這個字很熟悉，卻對狼這種生物相當陌生。很遺憾的，在認識狼之前，日本的狼就已經滅絕了，並且對當地的生態造成劇烈的變化。

每一種生物都需要依賴其他生物才能生存，使生物和生物之間、生物與環境之間產生了互依互存的複雜關係。光是把生物「誰吃誰」的關係串聯成「食物鏈」和「食物網」，複雜程度就已經超乎我們的想像，生態學家也耗費許多心力瞭解這張網。

如果關鍵物種消失了

生物在食物網中互相影響的概念，國中生物課本就教過了，就是那些蛇類減少後，青蛙和老鼠會增加的無趣選擇題。這個效應稱為「營養瀑布」（trophic cascade），某個營養階層生物數量的改變，連帶影響其獵物或天敵的數量。從較高階的消費者引起的影響，稱為由上而下（top-down effect）的作用；從較初階的消費者或生產者起頭的影響，稱為由下而上（bottom-up effect）的作用。

生物之間的影響，往往間接、緩慢而細微，不容易立即感受。因此，當事態嚴重時，往往為時已晚，無論是棲地的流失還是物種的滅絕，都是難以挽回的永久消失。臺灣雖然不曾有狼棲息，但是生態系統都需要關鍵物種來穩固複雜的相互制衡關係。臺灣曾經失去過的雲豹，以及還存在的黑熊和石虎，牠們都是生態系統中無可取代的關鍵物種，但無奈的是，卻也都是岌岌可危的關鍵物種。

日本是很棒的森林之國，也曾經是狼之國，但日本狼的消失，導致植食動物猖獗，林下寸草不生，最後鳥類也變少了。這是真的嗎？我們不知道。雖然一切都合乎理論，但物種消失了，也來不及做研究了。

9.3 日本生態學大會

第二次拜訪日本是在二〇一五年，到鹿兒島大學參加第六十二屆日本生態學大會。雖然都是學術研討會，但是這場會議和前面介紹的世界鳥類學大會不同，世界鳥類學大會是全球等級的國際會議，每四年舉辦一次，每次會更換主辦國家；而日本生態學大會是日本國內的全國性大會，每年舉辦一次，每年也會更換舉辦的都府道縣。

不過，既然是日本的全國性會議，當然是以日文為主要語言囉！雖然我蹩腳的日文還可以在旅遊的時候招搖撞騙，但遠遠不到能以口頭發表研討會論文的程度。之所以來參加日本的會議，是因為這次大會特別開設全英文專場，並且廣邀海外學生報名參加，那時有許多生態領域的日本籍教授在臺灣大學任教，例如森林系的久米朋宣、昆蟲系的奧山利規和海洋所的三木健，這幾位老師積極邀請臺灣研究生報名參加，最後約有十位研究生前往日本參加會議。

每一趟旅程都有許多目的。在發表方面，主要談一篇東亞地區島嶼之間的鳥類多樣性比較，題目是「東亞主要島嶼繁殖鳥類相的生物地理界線」（Biogeographic boundaries of breeding avifauna between major islands in East Asia）。另外還打算參加企畫集會「1000 Monitoring Sites（モニタリングサイト1000）大規模長期生態環境監測十年成果活用」，從日本的經驗學習建立長期監測計畫。

這些主題與我的研究工作息息相關，不僅拓展了新的研究方向與題材，也與諸多日籍相關人員交流，並進一步洽談共同合作執行研究與長期監測的可能性。我的工作有責任積極關注全球保育生物多樣性的近況與發展，希望藉由這次會議，與各國研究人員彼此分享經驗，也介紹臺灣的公民科學經驗。

日本環境省生物多樣性中心在愛知目標的執行與表現上，一直有傑出的成就。1000 Monitoring Sites 於二〇〇三年發起，為日本環境省自然環境局生物多樣性中心負責主辦的生態長期監測，目標是在日本選定一千個長期監測的地點，目前這個監測計畫自二〇〇三年起至今，已經執行超過二十年。各地所監測的生物類群不盡相同，也包含不同的生態環境，主要包括高山、森林、里地、湖沼、草原、海岸、珊瑚礁及離島，監測對象包含各種不同的生物類群，如鳥類、植群、昆蟲或特定之指標生物。這項計畫在日本不僅只由環境省推動，各地大學、日本環境研究中心、日本自然保護協會等組織也共同合作執行。

日本生物多樣性中心環境監視科的科長佐藤直人先生表示，1000 Monitoring Sites 至今已經執行了二十年，很感謝日本各地合作夥伴的支持，共同建立健全的日本生物多樣性及環境資料，並且完全公開供各界運用。1000 Monitoring Sites 十年來的監測資料，被各界應用於學術研究及保育策略，是他們最大的光榮，這些資料是全民的公共財。

目前為止，已經有幾所大學運用其資料發表新的研究成果，也有應用於日本鹿（*Cervus nippon*）的擴張、外來種鳥類的分布現況與變化的經營策略。佐藤科長說，這些資料來自全國各地公民的努力，歡迎各界發揮資料的價值，將更好的環境回饋給這些地方公民。非營利組織公益財團法人日本自然保護協會代表後藤奈奈小姐表示，目前由協會所負責的長期監測工作，共有六萬人在全國各地執行，其中兩千五百人是在地的負責人，每年產出一百零七萬筆的監測資料，參與人數和資料量都相當驚人。

9.4 日本的溼地：出水萬羽鶴

會議期間的空檔，有個重要的行程，到 1000 Monitoring Sites 的其中一個長期監測點參觀。這裡是全球著名的鶴類度冬地：鹿兒島縣出水市。因為泉水就是水湧出來的意思，所以這裡的「出水」發音唸作「泉」的日文發音いずみ（izumi）。

從鹿兒島中央站到出水市，可以搭 JR 鐵路，也可以搭新幹線。我們去程搭 JR，先搭乘中央本線到川內站，再轉肥薩澄線到野田鄉站，最後直接搭乘計程車到保護區。野田鄉站是離保護區內的「鶴類觀察中心」（ツル観察センター）最近的車站，車站外碰巧有計程車在等乘客，我們叫了兩台車，前往出水的鶴類度冬地，單程車資大約是一千六百日圓。

鶴類度冬地位於出水市中心的西北邊，野田鄉車站的北方，是一大片臨海的農田。隨著車輛往北前進，還沒抵達目的地，沿路就能看到很多鶴了。

其中數量最多的是白頭鶴，整個區域總數量超過萬隻。出水這一帶幾乎有九成以上的度冬鶴都是白頭鶴，這讓我想起，二〇一二年曾有兩隻白頭鶴出現在蘭陽平原的地瓜田裡，當時也有數百名鳥友爭相走告，就為了目擊這兩隻白頭鶴。現在面對眼前數千隻白頭鶴不免莞爾，何需在臺灣苦苦等待好幾年（還不一定有）？白頭鶴在出水滿地都是。這也讓我不再積極在臺灣追迷鳥，一張機票、一件行李，主動飛出去找鳥遠比在臺灣等鳥飛來更有效率。

於出水農地度冬的鶴類。

白頭鶴 Hooded Crane *Grus monacha*

於俄羅斯東南部繁殖，冬天遷徙至日本九州及朝鮮半島南部度冬。日本九州的出水市是重要度冬地，數量時常突破萬隻。

eBird　　鳥音

進到鶴類度冬區之前，所有車輛的輪胎要過消毒水，以免傳播禽流感病毒。不久後，就到了度冬區內展示館「鶴類觀察中心」，最好的位置就是二樓展望台啦！成人門票是兩百一十日圓，館內也有捐款箱可以捐款。

數以萬計的鶴群聚集度冬，是非常壯觀的景象。這裡的度冬鶴除了白頭鶴，還有白枕鶴、沙丘鶴、灰鶴以及這些鶴類間的雜交個體。在萬羽鶴的腳下，有大量的雁鴨，尤其綠頭鴨的數量相當多，我們在臺灣看慣了公園水池裡圈養的綠頭鴨，偶而才會在沿海地帶看到野生綠頭鴨，一眼望去同時看到這麼多野生綠頭鴨，倒也是第一次。

白枕鶴

White-naped Crane *Antigone vipio*

於中國東北及俄羅斯國界一帶繁殖，冬天遷徙至日本九州及朝鮮半島度冬。目前因為繁殖地和度冬地棲地流失，導致其數量減少，受脅程度為「易危級」（VU）。

eBird　鳥音

沙丘鶴 Sandhill Crane *Antigone canadensis*

分布於北美洲，於加拿大和美國北部繁殖，冬天遷徙至墨西哥和美國交界處度冬。部分阿拉斯加的族群會跨過白令海峽往東亞的方向遷徙，在九州和臺灣都有零星紀錄。

eBird　　鳥音

版權來源 Justin Lebar, CC BY-SA 3.0, via Wikimedia Commons

灰鶴 Common Crane *Grus grus*

於歐亞大陸的溫帶地區繁殖，冬天遷徙至亞熱帶地區，九州有紀錄但不常見。臺灣也有非常稀少的紀錄，2024年年初，花蓮有一隻灰鶴停留。

eBird　　鳥音

版權來源 Andreas Trepte, CC BY-SA 2.5, via Wikimedia Commons

放眼望去，每年讓如此大量野鶴度冬的環境，既不是珍貴的天然溼地，也不是遼闊的沿海泥灘地，而是完完全全由人類打造的農業地景。出水是沿海農田地景，主要的農作物是水稻，以及零星雜糧和蔬菜。雖然臺灣的田寮洋和蘭陽平原也能看到許多棲息在農田中的鳥類，但這次賞鶴之旅那大量的野鶴和遼闊的田野，讓我強烈感受到農業生態系服務的巨大潛力。

以稻米來說，稻田覆蓋了大約全球百分之十一的土地，超過百分之九十的稻米產自亞洲。稻米不僅僅是全球重要的糧食作物之一，也是鳥類重要的棲地類型。亞洲的稻米產區，無論從地區或國家層級的尺度來看，其地景因為常具有建築物、稻田、尚未栽植的休耕地、林地、池塘及溪流等不同且多樣的地景元素，形成鑲嵌式的地景結構，具有相當高的棲地異質性。

然而，在稻米的栽種過程，稻田有時成為具淺水的環境、有時是剛犁完土的旱田、有時是肥沃的泥土地，兼具乾棲地及溼棲地的特徵。因此，稻米的栽種過程是一個相當多變的棲地變化系統，各鳥種在不同栽種階段有不同的偏好。

大量鶴類度冬的出水市農地，近年已成為許多臺灣賞鳥人的訪日景點。

衝擊農業與鳥類保育的氣候變遷

在水稻栽培的系統中，水是一個非常重要的資源，對稻米的生產及不同鳥類的棲地偏好都具有重大的影響。在亞洲，許多稻米產區面臨水資源缺乏的課題，目前大多以建立灌溉系統、適當分配水資源及休耕模式，甚至運用不同的耕耘技巧，達到水資源的有效利用。然而，全球氣候變遷導致降雨模式改變，包括降雨集中、降雨強度增大、颱風等極端氣候現象的變化，再加上聖嬰現象影響，使得未來的降雨模式變得不容易預測，這不僅是農業需要面臨的課題，也會間接衝擊到鳥類及其棲地的保育。

許多自然的原野地因為糧食的生產而大量流失，被農業地景所取代。為了兼顧糧食生產及鳥類保育，我們應該試著思考新的農作經營管理策略，稻米耕作時成為鷺鷥、鷸鴴、鷺類等鳥類的主要棲地；休耕的時候保留田裡的淺水，成為度冬鷸科、鴴科、鶴類等水鳥的棲地。農田地景極有潛力成為平原地區重要的野生動物棲息環境。

日本出水市遼闊的農田和大量的野鶴及野鳥，實在是令人印象深刻。此外，另一個令我嚮往的經典案例是日本佐渡島的稻田與朱鷺，可惜還沒能造訪。

鳥類、農業和森林資源，在日本的文化、經濟和生態系統中扮演著極為重要的角色。日本的鳥類與臺灣息息相關，無論是古早播遷來臺灣的古北區鳥類，或是至今依然年復一年往返的候鳥，都與臺灣有緊密的連結。

然而，即便是如此緊緊相依，卻又能感受到彼此的不同；鳥類的種類不同，各種鳥的數量和臺灣也不盡相同。異中求同，同中存異，也許是描述臺灣和日本鳥類的最佳寫照。

朱鷺 Crested Ibis *Nipponia nippon*

原生於中國陝西省局部地區，而日本新潟、佐渡島及能登半島的族群是人為引入的復育族群。復育狀況良好，是當地水稻等農產品的明星物種。

eBird

鳥音

版權來源 Danielinblue, CC BY-SA 3.0, via Wikimedia Commons

在農業方面，日本擁有高度發達的現代農業體系，儘管土地面積有限，但日本農民利用先進的農業技術（如水稻種植和溫室栽培）實現了農業高生產率。日本的農產品，特別是米飯，以其高品質和獨特的風味聞名於世，此外，日本農業還包括各種蔬菜、水果和茶葉的種植，這些農產品不僅在國內市場具有競爭力，也出口到世界各地。

日本的森林覆蓋率相對較高，約占國土面積七成，這些森林提供了豐富的木材資源，同時也是各種野生動植物的棲息地。日本的森林管理體系非常健全，融合了保護與永續利用的理念，許多森林被劃為自然保護區，保護了各種瀕臨滅絕的物種，也為大眾提供了休閒娛樂的場所。

整體而言，日本的農業、鳥類和森林資源，展現了環保、生態保育和永續發展方面的目標。

重拾日文，奠定我的「生態棲位」

雖然我只造訪日本兩次、雖然我從小和日本動漫與電玩一起長大，但實際見識到日本的自然與文化，仍舊充滿各種驚奇。再加上不管是日常生活、森林經營、生態研究、生物多樣性推廣、永續發展目標的實踐，還有動漫阿宅們……日本有太多值得我學習的地方，尤其是那種連煮一碗拉麵都要以全國第一為目標的敬業與龜毛。而且我實在是很好奇，在這種龜毛之下，那些只以日文呈現的文獻，到底承載了什麼有趣的資訊？

仔細想想，這個「在完全不會的狀況下，光看漢字就能猜到一半意思」的語言，實在沒理由不好好學起來，再加上我的工作本來就需要瞭解各國的執行狀況——臺灣的博物學研究、鳥類遷徙、生物地理，跟日本的淵源太深了。而且，臺灣的生態和鳥類研究者中，精通日文的人並不普遍，因此，我認為重新把日文學好能佔據一個生態棲位（niche）。

後來，我也很高興認識一些志同道合的日本朋友，有些是跟鳥類有關，有些是跟農業有關，我們都希望從某個議題開始讓這個世界變好。我們對彼此的狀況都很好奇，在交流時常常有許多有趣的發現，這對我們來說都是很有價值的知識與經驗。

10 東亞：遷徙線有事！許多候鳥不見了

10.1 中國沿海：萬里長城不夠看，海邊還有新長城

臺灣新年數鳥嘉年華啟動之後，就像是一個不可逆反應，關注臺灣和東亞的遷徙候鳥動向早已成為我的例行公事。當時大約是二〇一四年，東亞澳遷徙線逐漸成為保育生物學研究上的熱門關鍵字。

每年大約有兩百萬隻在亞洲和大洋洲遷徙的水鳥，以中國的黃海、渤海及崇明東灘為重要的遷徙中繼站，因為那裡有非常遼闊的泥灘地。在這條候鳥的高速公路上，這片廣大的休息站不只是遷徙水鳥休息和補充食物的地方，同時也是許多鳥類的重要繁殖地。然而，這片重要的泥灘地，卻在最近三十年內流失了百分之三十[25]，

25 Murray NJ, Clemens RS, Phinn SR, Possingham HP, & Fuller RA. (2014). Tracking the rapid loss of tidal wetlands in the Yellow Sea. Frontier of Ecology and the Environment, 12, 267–272.

以此地為中繼站的候鳥數量下降速度，也比鄰近的日本快上許多[26]，例如斑尾鷸、彎嘴濱鷸和大濱鷸。在全球的鳥類遷徙線當中，東亞澳遷徙線中所涵蓋的受脅水鳥的比例最高，全球超過四分之一的水鳥難以在東亞澳遷徙線生存。

26 Amano T, Székely T, Koyama K, Amano H, & Sutherland WJ. 2010. A framework for monitoring the status of populations: an example from wader populations in the East Asian-Australasian flyway. Biologica Conservation, 143, 2238.

彰化芳苑外海的泥灘地。

版權來源 Andreas Trepte, CC BY-SA 2.5, via Wikimedia Commons

斑尾鷸 Bar-tailed Godwit *Limosa lapponica*

eBird　鳥音

斑尾鷸於歐亞大陸及北美洲北部沿海地區繁殖，冬天遷徙至熱帶及南半球亞熱帶各地沿海度冬，是東亞澳遷徙線上受關注程度相當高的水鳥，目前受脅程度為「易危級」（VU）。

版權來源 JJ Harrison (https://www.jjharrison.com.au/), CC BY-SA 3.0, via Wikimedia Commons

彎嘴濱鷸 Curlew Sandpiper *Calidris ferruginea*

eBird　鳥音

於歐亞大陸北部沿海地區繁殖，冬天遷徙至熱帶及南半球度冬。過往在臺灣又稱「滸鷸」，屬於過境鳥，少數個體在臺灣度冬。

大濱鷸 Great Knot *Calidris tenuirostris*

於俄羅斯遠東地區繁殖，冬天遷徙至馬來群島沿海溼地度冬，在臺灣大多為過境鳥，也有少數冬候鳥。近年因東亞澳遷徙線泥灘地流失而生存受脅，受脅程度為「瀕危級」（EN）。

eBird　鳥音

二〇一四年，科學期刊《科學》（*Science*）刊登了一篇論文，出自中國復旦大學生命科學學院教授馬志軍博士的研究團隊，其長期研究長江及中國沿海的水鳥生態。論文中指出，中國近年的經濟發展主要仰賴沿海地區的農業及工業的開發，百分之六十的國內生產毛額來自沿海百分之十三的土地，也意味著海岸面臨嚴重的開發壓力。

這樣的建築工事導致中國沿海溼地大幅流失，對遷徙水鳥的衝擊相當巨大。人工海堤和建築物快速蔓延，長度已達一萬一千五百六十公里，大約占中國海岸線的百分之五十八至百分之六十一，比萬里長城（約七千三百公里）還要長，因而稱為「新長城」（New Great Wall）[27]。

新長城的擴張，其中最大的影響是沿海天然泥灘地大幅流失，也是導致東亞澳遷徙線候鳥數量大幅減少的主要原因[28]。雖然有些說法認為，溼地裡的人工構造物增加，能讓棲地環境變得更多元，硬基底吸引了偏好岩岸的生物進駐。然而，中國深圳南方科技大學的教授蔡志揚反對這個觀點，他回顧了中國新長城的發展脈絡，並且重申新長城造成的生物進駐，遠遠比不上新長城快速擴張所帶來的負面效應。

除了棲地流失之外，許多依賴泥灘地的底棲生物、需要中繼站補充食物和休息的候鳥、泥灘地的生態系服務都會受到衝擊，而且，新進的生物進駐也可能引發外來種的負面效應，不全然都是優點[29]。再加上不同營養階層之間的間

27 Ma et al. (2014). Rethinking China's new great wall. Science 346,912-914.
28 Studds CE, et al. (2017). Rapidpopulation decline in migratory shorebirds relying on Yellow Sea tidal mudflats as stopover sites. Nature Communication, 8, 14895.
29 Choi, CY, et al. (2018). Biodiversity and China's new great wall. Diversity and Distributions, 24(2), 137-143.

接影響，其負面衝擊不容忽視。中國的黃海、渤海、崇明東灘的泥灘地都已嚴重流失，以國際自然保護聯盟（International Union for Conservation of Nature, IUCN）生態系紅皮書的標準評為「瀕危」（EN），黃海也於二〇一九年列為重要世界襲產（World Heritage）。

新年數鳥的推動，再加上新長城這篇論文所投下的震撼彈，讓東亞澳遷徙線的遷徙水鳥保育，成為國際矚目的焦點，我也意外開始投入度冬水鳥的保育和監測工作。

10.2 黃海：連扶不上牆的爛泥都沒有

新長城的論文，彰顯了潮間帶泥灘地（tidal flat）是保育遷徙水鳥的關鍵生態系。潮間帶泥灘地是指潮汐漲退之間影響範圍的泥岸型海岸溼地，也包括河川的出海口。但這些海岸的泥巴有什麼了不起的呢？

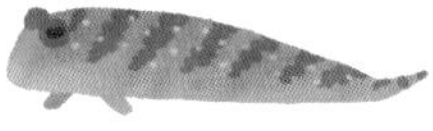

如果你喜歡在海岸泥灘上玩，對這樣的環境應該不陌生，這些泥巴混合了潮汐、海浪和河川所帶來的泥沙和有機物質，是一個養分非常高的環境。在這裡面也有許多生物棲息，例如一哄而散的招潮蟹與和尚蟹、四處蹦跳的彈塗魚，以及

躲在泥沙底下的多毛類、沙蠶、文蛤和各式各樣的無脊椎動物。這些小動物，都是遷徙水鳥的主要食物，水鳥並不是喜歡泥巴，而是喜歡泥巴裡面的美食。

潮間帶泥灘地流失，就好像你最喜歡去的餐廳突然收掉，附近只剩下超雷的一星負評店家，水鳥當然就跟你一樣，不僅崩潰、甚至活不下去。潮間帶泥灘地的功能不僅如此，這些泥巴還能夠維持海岸線的穩定，緩和海平面上升所帶來的衝擊，對國家安全也相當重要！

從整顆地球來看，潮間帶泥灘地大約有十二萬七千九百二十一平方公里[30]，大部分（百分之七十）分布於亞洲、北美洲和南美洲。其中，亞洲的潮間帶泥灘地面積約有五萬六千零五十一平方公里，占全球泥灘地面積約百分之四十四。然而，不幸的是，泥巴終究還是泥巴，容易被人忽視的泥巴，在現實生活中如此，在科學家眼中卻也是如此。潮間帶泥灘地的相關研究，遠遠不及熱帶雨

30 Murray NJ, et al. (2019). The global distribution and trajectory of tidal flats. Nature, 565, 222–225.

招潮蟹。

高美溼地的泥灘地。

林、農地、溪流和海洋等環境。而且，你可能看過各種環境的全球分布圖，但是在尼克拉斯・穆雷（Nicholas Murray）發布表之前，你根本沒看過全球潮間帶泥灘地分布圖對吧？潮間帶泥灘地就是這麼邊緣。

世界各地都面臨潮間帶泥灘地流失的問題，其中大多是人為因素所致。人類在沿海地區的開發和建設，包括港口、消波塊、防波堤，甚至填海造陸等等，這些設施不僅直接占用原先的泥灘地，同時會影響泥砂和有機物質的運輸和分布。前面所提到的新長城，就是以這樣的方式破壞原本天然的泥灘海岸線。但全球也不是中國沿海有這樣的問題，一九八四年至二〇一六年間，東亞、中東與北美約有16.2%的潮間帶泥灘地流失，是遷徙性水鳥保育工作面臨的重大困境[31]。

31 Murray NJ, et al. (2019). The global distribution and trajectory of tidal flats. Nature, 565, 222–225.

二〇一七年，臺灣新年數鳥嘉年華執行完第四年的調查工作，我們在當年四月舉辦了一場成果發表記者會。當時，初步分析就已經發現有些水鳥的數量正在減少，但是原因並不清楚。雖然當下有許多媒體追問可能的原因，但我們只能用比較保守的方式回應：大概、或許、可能、也許。沒辦法，有幾分證據講幾分話，不知道就說不知道，證據到哪裡，話就說到哪裡，這是科學工作者的基本原則。

想不到，過沒幾天《自然通訊》（*Nature Communication*）刊登了一篇論文，是由澳洲昆士蘭大學生物科學系和生物多樣性及保育科學中心（Centre for Biodiversity and Conservation Science）完成的研究，主要作者是柯林（Colin E. Studds）。這篇研究明確點出澳洲度冬鷸鴴類水鳥數量減少的原因，就是泥灘地流失所造成。

我看到當下，一方面是驚訝，一方面是悔恨。因為這篇論文的研究結果，就是記者會上媒體不斷追問的問題，早知道我晚兩個星期辦記者會就好了啊！這些數量顯著減少的鷸鴴，非常依賴中國黃海一帶的潮間帶泥灘地，而黃、渤海同時也是東亞澳遷徙線的重要遷徙中繼站[32]；不幸的是，在這三十年間，黃海的潮間帶泥灘地共流失了百分之三十，自然也就讓這些水鳥活不下去了。

32 Studds CE, et al. (2017). Rapidpopulation decline in migratory shorebirds relying on Yellow Sea tidal mudflats as stopover sites. Nature Communication, 8, 1495.

那麼臺灣呢？大家應該都有在國小還是國中課本學過，臺灣沙岸海灘主要分布於西部海岸，尤其彰化沿海及大肚溪出海口、濁水溪、淡水河、高屏溪出海口，都有大面積的潮間帶泥灘地；東部則是分布於蘭陽溪出海口，擁有最大面積泥灘地的離島。

不過，海岸開發導致泥灘地流失，臺灣也沒有倖免。西部的第六套輕油裂解廠（六輕）、填海造陸的彰濱工業區、臺中火力發電廠等等，都是近年的海岸開發案，對於臺灣潮間帶的累積和分布的影響都不容小覷。依據強者我同事的分析，自一九六〇年代起臺灣整體的潮間帶泥灘地縮減了百分之六十[33]，不僅僅是水鳥，整個泥灘地生態系的損失實在難以估計。

潮間帶泥灘地沒有植物比較好？

除了人造物會讓潮間帶泥灘地流失，植物的生長也會讓泥灘地中的底棲生物難以棲息，導致遷徙水鳥的食物減少。在亞洲，其中一個常見的因素是外來種互花米草（*Sporobolus alterniflorus*）的擴張[34]。

33 Chen, W. J., Chang, A. Y., Lin, C. C., Lin, R. S., Lin, D. L., & Lee, P. F. (2024). Losing Tidal Flats at the Midpoint of the East Asian-Australasian Flyway over the past 100 Years. Wetlands, 44(5), 1-9.

34 Jackson MV, Fuller RA, Gan X, Li J, Mao D, Melville DS, Murray NJ, Wang Z, Choi C-Y. 2021. Dual threat of tidal flat loss and invasive Spartina alterniflora endanger important shorebird habitat in coastal mainland China. Journal of Environmental Management, 278, 111549.

互花米草是原生於北美洲大西洋沿海泥灘地的草本植物，最高約可生長至兩公尺，由於互花米草具有調控體內鹽度的鹽腺，因此能適應鹽度高的水域環境，成為潮間帶的優勢植物。一九七〇年代末期，改革開放後的中國採取積極的「向海要地」政策，為了維持海岸線的穩定，將北美洲的互花米草引進中國；一九九〇年代，在上海建設浦東國際機場時，於長江口外也種植了大量的互花米草。

誰也想不到，互花米草的擴張，讓潮間帶泥灘地失去正常的生態系功能，幾乎沒有生物可以在互花米草優勢的生長環境中棲息，甚至連原生的濱海植物和紅樹林植物都會被互花米草排擠而無法生長。至今，互花米草擴張至黃河出海口、長江出海口、江蘇省沿海、福建省沿海及蘭州半島的廣西海岸，中國官方已經花費大量金錢，卻仍舊難以移除沿海大量的互花米草。在臺灣的高美溼地，互花米草入侵也影響原生的雲林莞草（*Bolboschoenus planieulmis*）生存，且移除過程花費大量時間、金錢及人力。

互花米草。

另一個會影響潮間帶泥灘地的是紅樹林。驚不驚喜?意不意外?許多書上不都說紅樹林是重要的自然資產、是重要的生態系嗎?沒錯,所以和外來種植物相比,這個狀況又更加複雜棘手了。

由紅樹林擴張所佔據的泥灘地,同樣也不適合泥灘地的底棲生物和鷸鴴類水鳥棲息。國立臺灣大學森林系的一份碩士論文指出,雖然常見的鳥類如白頭翁和綠繡眼會使用紅樹林,但大多只是暫時停棲;黃頭鷺也會在紅樹林的樹冠中築巢繁殖,可惜會如此利用的鳥種不多[35]。

鷸鴴類水鳥偏好泥灘地,除了有豐富的食物資源,也因為泥灘地的開闊環境可以及早發現猛禽類等掠食者,使牠們偏好棲息於開闊無遮蔽的環境。

潮間帶的泥灘地和紅樹林都是水陸交界的生態系,泥灘地可以滋養底棲生物和度冬水鳥,而紅樹林是許多魚蝦蟹幼體發育生長的環境。泥灘地和紅樹林兩者之間要如何選擇、配置?面積比例如何?都考驗著科學家、決策者和所有權益關係人的智慧,沒有放諸四海皆準、固定不變的標準答案。

35 蔡芷怡。2020。彰化沿海地區紅樹林結構與鳥類群聚之關係。國立臺灣大學森林環境暨資源學研究所碩士論文。

10.3 泰國：臺灣的冬天有幾隻琵嘴鷸？

二〇一九年的某天晚上，我如往常在公園遛小孩，希望他們充分放電之後，回家洗個澡能倒頭就睡。突然，手機通知聲一響，是國際溼地聯盟亞洲水鳥普查的亞洲區主席泰吉先生來信。這封信告訴我們，預計在十一月召開亞洲水鳥普查會議，希望東亞各國代表出席，並且報告各國度冬水鳥監測工作的進展。好消息是，國際溼地聯盟爭取到經費，因此可以邀請我們前往泰國開會。

泰國是臺灣賞鳥人出國賞鳥的首選之一，距離近、機票便宜、物價低，最重要的是，泰國是鳥類多樣性非常高的地方，光是泰國北部的清邁、中部曼谷周邊、南部接近馬來西亞一帶，鳥類就有明顯的差異。

泰國位於中南半島，和印度半島同屬於「東方區」（Oriental Region），從eBird上的賞鳥紀錄來看，共紀錄一千零八十一種小鳥，更重要的是，鳥類組成和臺灣截然不同，有許多臺灣看不到的熱帶鳥種和亞種。雖然有些鳥種在臺灣也看得到，例如黑枕藍鶲和珠頸斑鳩，但是還有更多泰國專屬的鳥類，例如闊嘴鳥（broadbill）就是一大特色。因此，當臺灣的小鳥看久了、看膩了、等不到新鳥種了，買張機票飛泰國就對了。想看銅藍鶲和灰卷尾，不要傻呼呼的在臺灣等那零星的迷路個體（還得和一堆人擠在一起），笑死，那些小鳥在泰國滿地都是。

我們從各自的國家飛往曼谷機場集合，這是我去過這麼多國家以來，在國外的海關被盤問最久的一次。雖然我還是得面帶微笑的回答泰國海關的問題，但心裡仍舊不時在想：該掏小費了嗎？該掏小費了嗎？幸好，大約只被盤問了三十分鐘，我就可以入境泰國。

在關口外等候的是泰國鳥友 Ayuwat Jearwattanakanok。他不僅是優秀的泰國鳥類觀察家，也是非常傑出的插畫家，在臉書的紛絲專頁 Ayuwat Artworks (https://www.facebook.com/ayuwje) 可以欣賞許多栩栩如生的鳥類插畫。

完成報到後，Ayuwat 跟我說先去吃飯，還有其他國家代表要等，一小時後再回來。這是我第一次訪泰國，大致逛了一下三樓，都是「貴聳聳」的餐廳，漢堡王一份餐也要兩、三百泰銖，我還想說泰國哪有很便宜，亂講！幸好，當下看見一樓有美食街的指標，趕緊下樓，看到一餐五十至六十泰銖的菜單。讚啦！就是這個光！

飯後回到集合地點，來了兩位香港代表、一位日本代表，一直到晚上九點才全部到齊。我們搭了兩個多小時的車，抵達位於曼谷西南邊約一百六十公里的目的地「Laem Phak Bia Environment Research Development Project」，是個鄰近海岸溼地鹽田的教育中心，這裡是相當有名的琵嘴鷸度冬地。途中，孟加拉代表和我閒聊，他問我臺灣有沒有琵嘴鷸？我說有，看過兩次。他又問全臺灣會有幾隻？我說臺灣不是主要度冬地，兩三年才出現一次。他說：「喔——我們有二十四隻。」

版權來源 Shantanu Kuveskar, CC BY-SA 4.0, via Wikimedia Commons

銅藍鶲 Verditer Flycatcher *Eumyias thalassinus*

分布於印度、中南半島、蘇門答臘及婆羅洲，部分個體會遷徙至印度及華南度冬。偶而會有迷鳥個體出現在臺灣，但其實在泰國和越南非常普遍，公園的樹上就可見到。

eBird　鳥音

灰卷尾 Ashy Drongo *Dicrurus leucophaeus*

分布於印度、中國、中南半島及婆羅洲，部分族群會遷徙。過境期間，有些個體會出現在恆春半島。在中南半島相當普遍，買張機票愛看幾隻就看幾隻，不要傻傻在臺灣等。

eBird　鳥音

鳥人早餐前的活動是鳥類繫放。

版權來源 (上) JJ Harrison (https://www.jjharrison.com.au/), CC BY-SA 3.0, via Wikimedia Commons
版權來源 (下) Gin tonic, CC BY-SA 3.0, via Wikimedia Commons

琵嘴鷸

Spoon-billed Sandpiper *Calidris pygmaea*

於遠東地區和白令海峽沿海繁殖，冬天遷徙至中南半島沿海度冬。偶而會有零星個體出現在臺灣，金門、臺南、彰化都曾有紀錄。受脅程度為「嚴重瀕危級」（CR），是目前受脅程度最高的遷徙鷸鴴。

eBird　鳥音

近幾十年，在東亞—澳大拉西亞遷徙線的遷徙水鳥數量快速下降，主要原因是遷徙線的海岸泥灘地因海岸快速人工化而嚴重消退。二〇一八年十一月，我獲得國際溼地聯盟（Wetlands International）亞洲水鳥普查（Asian Waterbird Census）的團隊邀請，赴泰國曼谷出席亞洲水鳥普查的工作會議，並發表臺灣新年數鳥嘉年華的歷年成果。

印度代表泰吉表示，臺灣水鳥普查有千餘人參與，在國際上是相當驚人的人數；日本代表小山和男表示，日本的賞鳥人口逐漸老化，年輕人參與不多，臺灣的參與者當中，青年不在少數，值得日本學習；荷蘭代表暨資料管理師 Tom Langendoen 表示，臺灣每年準時提供高品質的資料，對資料庫的貢獻相當大，非常感謝臺灣鳥友們的貢獻。

這個教育中心很不錯，除了宿舍房間，還有餐廳和會議室，確實很適合進行短期會議。不過，附近交通不方便，也沒有什麼商店，最適合的會議大概還是鳥類會議——因為，教育中心外就是魚塭和海岸溼地，每天早上走走，就可以有一場遇見五十種鳥的賞鳥散步。

在這裡最值得觀察的是各種池鷺的冬羽，包括池鷺、爪哇池鷺和印度池鷺。

不過，這三種池鷺的冬羽，是公認無法透過外觀辨識的鳥種，除非是快要換成繁殖羽的狀態。所以，請大家不要白費力氣在那邊找辨識撇步，不然只是在彰顯自己的無知和製造毫無意義的鄉野奇譚。

這裡的天空可以看見許多傑曼氏金絲燕，不需要到了馬祖還苦苦遍尋不著，泰國滿天都是。在灌木叢中，可以認識一下東南亞很普遍的普通縫葉鶯、黑翅鵙和黃胸吵刺鶯，這些都是東方區的鳥類。如果想轉換心情，也可以看看臺灣的外來種斑馬鳩、泰國八哥和家八哥在原生地的樣子，這裡才是牠們自然分布的老家，畢竟這些外來種也不是自願到臺灣的。

池鷺

Chinese Pond-Heron *Ardeola bacchus*

東亞特有種，於中國和東北亞繁殖，冬天遷徙至東南亞度冬。臺灣本島紀錄較少，金門和馬祖較容易見到，公園水池邊就可發現。

eBird　　鳥音

eBird　鳥音

印度池鷺 Indian Pond-Heron *Ardeola grayii*

主要分布於印度半島和中南半島西部，在印度相當普遍，公園水池就可見到，生存暫無威脅。只是冬天可能會和爪哇池鷺共域，物種辨識時請直接放棄，記錄「印度或爪哇池鷺」就好。

版權來源 Opisska, CC BY-SA 4.0, via Wikimedia Commons

傑曼氏金絲燕 Germain's Swiftlet
Aerodramus germani

分布於中南半島、海南島、婆羅洲北部和菲律賓群島南部。數量眾多，在開闊環境如農田、溼地等，天空中幾乎都能見到傑曼氏金絲燕。

eBird　鳥音

黑翅雀鵯 Common Iora *Aegithina tiphia*

分布於中南半島、印度半島、馬來群島與華萊士線以西之島嶼。在分布地相當普遍，屬於中型燕雀目鳥類，時常於樹冠層及樹叢中活動。

eBird　鳥音

版權來源 Ariefrahman, CC BY-SA 3.0, via Wikimedia Commons

黃胸吵刺鶯 Golden-bellied Gerygone

Gerygone sulphurea

分布於菲律賓群島及馬來群島多數島嶼，數量普遍，只要有樹的地方都有機會見到，包括高山森林、海岸紅樹林、都市的行道樹等，都能見到黃胸吵刺鶯。

eBird　　鳥音

版權來源 Jason Thompson, CC BY 2.0, via Wikimedia Commons

泰國八哥

Great Myna *Acridotheres grandis*

主要分布於中南半島，曾經是臺灣的外來鳥種，現在已經不容易在臺灣發現。最大特徵是前額與嘴喙交會處的幾分羽毛特別長，數量眾多，不難見到。

eBird　　鳥音

版權來源 JJ Harrison (https://tiny.jjharrison.com.au/t/1MF79Mf2vRuTfWFs), CC BY-SA 4.0, via Wikimedia Commons

斑馬鳩 Zebra Dove *Geopelia striata*

eBird　鳥音

分布於菲律賓群島、馬來半島、蘇門答臘及爪哇島，但在中南半島和馬來群島其他地區以及臺灣為外來種。臺灣雖然多年來集中分布於高雄衛武營公園，但近年有擴張的趨勢。

教育中心北方約十五公里的自然保留區 Pak Thale Nature Reserve 是琵嘴鷸的重要度冬地，目前估計全球大約僅剩下五百隻琵嘴鷸，處於嚴重瀕臨滅絕的狀態，可以說是「一隻都不能少」的重要保育鳥種。這個保留區每年大約會有八隻左右的琵嘴鷸度冬，占全球琵嘴鷸族群的比例相當高，保留區的重要性不言而喻。

自然保留區 Pak Thale Nature Reserve。

家八哥 Common Myna *Acridotheres tristis*

原生地位於中亞、印度半島、中南半島及海南島，但是在南非、馬達加斯加、紐澳、臺灣和美國佛羅里達州屬於外來種。除了南極洲，各大洲都有其外來族群，時常名列全球百大外來種。

eBird　鳥音

版權來源 Gerrie van Vuuren, CC BY-SA 4.0, via Wikimedia Commons

身為自然保育學家，保育琵嘴鷸當然很重要，但身為賞鳥人，我的心態就會變成：啊這個就在臺南和金門看過啦，幹嘛來泰國看——對賞鳥模式的我來說，一隻和一萬隻是一樣的，看過的小鳥都是垃圾桶雞（bin chickens）。

會議結束後，我將前往考艾國家公園（Khao Yai National Park）。由於會議時間不長，我決定多留幾天在泰國看鳥，但因為行前工作就繁忙，泰國又是個鳥類多樣性很高的地方，我老早就決定聘請泰國的賞鳥導遊，帶我去泰國四處走走。

我應該算是好商量的客人，不拍照片，也不要求一定要看到目標鳥種，我只追求鳥種數極大化——也就是說，在合理的狀況下讓我看到最多種小鳥，增加最多生涯新種，我就心滿意足了。所以，那種要花上數小時等一種鳥的事情，我實在是敬謝不敏，等個二十分鐘沒出來，我就想換另外一種了。

行前我請 Ayuwat 介紹鳥導給我，便和一位暱稱為 Bank 的泰國鳥友聯繫上了。Bank 是一位有趣的鳥人，也來過臺灣幾次，很喜歡臺灣便利商店的大亨堡，每年十月的關渡博覽會，他也常常出現在泰國的攤位上。比較可惜的是，那時剛好遇到崗卡章國家公園（Kaeng Krachan National Park）封關休養生息兩年，不然崗卡章離會議地點比較近。

考艾國家公園（Khao Yai National Park）。

離開了泰國的平地和溼地，前往泰國的森林，國家公園內的森林完好到令人印象深刻，可惜對賞鳥人來說，植物和景點都不是重點，總是需要隨時提高警覺，以免錯過重要的生涯新鳥種。但在東南亞森林，麻煩的是長臂猿，這些潑猴總喜歡在森林裡高聲吼叫，常蓋過重要的鳥音。「兩岸猿聲啼不住」對賞鳥人是痛苦的干擾。

雖然不刻意追求目標鳥種，但特殊的類群還是不容錯過，能看到一種也好，尤其是考艾國家公園兩種招牌鳥種：白鷴和暹羅火背鷴。據說只要在清晨時分的考艾國家公園緩慢開車巡邏，就很有機會看到，可惜我到最後都沒見到就是了。

沒關係！來到泰國，還是要見識一下咬鵑和闊嘴鳥，幸好最後各有見到一種，分別是紅頭咬鵑和長尾闊嘴鳥。此外，值得一見的還有色違版藍鵲「普通綠鵲」和盤尾樹鵲。當時我們見到一群普通綠鵲在驅趕一隻東方角鴞，發出嘈雜的群聚滋擾聲；而盤尾樹鵲是一種非常有型的樹鵲，尤其是尾羽互相交疊，成為別具特色的尾型。

版權來源 MZPlus, CC BY 2.0, via Wikimedia Commons

白鷴 Silver Pheasant *Lophura nycthemera*

eBird　鳥音

分布於中南半島北部，是前往當地賞鳥時相當重要的目標鳥種。和藍腹鷴屬於同一屬，白色羽衣覆蓋面積比例較大，於中海拔山區森林的底層活動覓食。

版權來源 Rushenb, CC BY-SA 4.0, via Wikimedia Commons

暹羅火背鷴

Siamese Fireback *Lophura diardi*

分布於中南半島部分地區，也是重要的目標鳥種，但不容易見到，需要相當程度的運氣。分布於平地至海拔約800公尺的天然林和次生林。

eBird　鳥音

版權來源 JJ Harrison (jjharrison89@facebook.com), CC BY-SA 3.0, via Wikimedia Commons

紅頭咬鵑

Red-headed Trogon *Harpactes erythrocephalus*

分布於喜拉雅山山區，延伸至中南半島、雲南省及華南，對臺灣鳥友來說也是陌生鳥類。是相當典型的森林專一鳥類，幾乎只在森林的樹叢中活動。

eBird　鳥音

版權來源 JJ Harrison (https://www.jjharrison.com.au/), CC BY-SA 3.0, via Wikimedia Commons

長尾闊嘴鳥

Long-tailed Broadbill *Psarisomus dalhousiae*

闊嘴鳥科鳥類分布於熱帶東南亞，是相當特別的熱帶鳥類。長尾闊嘴鳥分布於中南半島、馬來群島及婆羅洲北部山區森林，各種型態的森林裡都有機會見到。

eBird　　鳥音

版權來源 Michael Gillam, CC BY 2.0, via Wikimedia Commons

盤尾樹鵲 Racket-tailed Treepie *Crypsirina temia*

分布於中南半島、爪哇島及峇里島。盤尾樹鵲和樹鵲同屬於鴉科鳥類，全身墨綠色帶有金屬光澤的羽衣令人印象深刻。

eBird　　鳥音

版權來源 JJ Harrison, CC BY-SA 4.0, via Wikimedia Commons

東方角鴞 Oriental Scops-Owl *Otus sunia*

分布於印度與中國東部、東北、中南半島及日韓地區，冬天會遷徙至馬來半島和蘇門答臘過冬。偶而會出現在臺灣，但臺灣不是其穩定分布範圍。

eBird　鳥音

兩天一夜的考艾國家公園，雖然來匆匆去匆匆，但也體驗到了中南半島的鳥類組成，多樣化的鶇、擬啄木、啄花鳥和太陽鳥，與臺灣大相逕庭。雖然短暫，但最後也看了一百五十九種小鳥，稱不上大豐收，倒也還令人滿意。有趣的是，離開泰國這一天，正好是二〇一八年直轄市長及縣市長選舉的投票日。我早上七點半從曼谷登機，中午十二點半抵達臺灣，經過機場捷運、高鐵、台鐵、回家丟行李，最後在下午四點領票投票，結束泰國之旅，也完成民主國家的公民責任。

10.4 EAAF：不只棲地流失，遷徙水鳥的鳥生好難

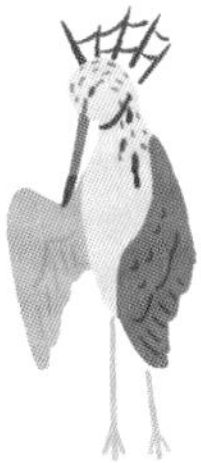

遷徙本身就是一件搏命演出的活動了，更別說遭遇棲地流失的威脅。但你以為這樣就結束了嗎？並沒有喔！牠們在遷徙過程中還得遭遇獵捕風險，遷徙水鳥的鳥生就是如此艱難。

過度獵捕是生物多樣性流失的嚴重威脅之一，依據尚．麥克斯威爾（Sean L. Maxwell）等人於二〇一六年發表於學術期刊《自然》（*Nature*）的研究，共有六千兩百四十一種野生脊椎動物的滅絕風險是過度獵捕所致，是排名第一的威脅因素。

即便如此，評估過度獵捕對野生動物族群的衝擊狀況，仍然是一大挑戰。尤其對長距離遷徙的生物來說，在遷徙途中隨時都有可能被人類獵捕，要評估及改善狩獵的衝擊，更是難上加難。

人類自古以來早就有狩獵水鳥的活動，可能是為了填飽肚子或用來交易其他食物和物品。在北美洲，十九世紀時就有將獵捕來的水鳥在市場上販賣的紀錄，於北美洲阿拉斯加育空地區（Yukon）繁殖的愛斯基摩杓鷸就是典型的例子。愛斯基摩杓鷸在育空地區繁殖，遷徙到南美洲東南部度冬，目前為嚴重瀕臨滅絕

澳洲布里斯本摩頓灣的泥灘地。

（CR）。最後一筆確切紀錄是一九六二年，目前沒有影像紀錄，在eBird上的照片全是文獻的翻拍照片。愛斯基摩杓鷸數量大幅減少可能是人類過度獵捕所致，奥杜邦學會曾於二〇一八年討論是否要宣布滅絕。

另一個因過度獵捕而嚴重瀕臨滅絕的遷徙水鳥，是分布於北非的細嘴杓鷸，最後一筆繁殖紀錄是在一九二五年，一九九四年時認為數量已少於五十隻，目前也考慮是否宣布滅絕。

版權來源 Cephas, CC BY-SA 3.0, via Wikimedia Commons

愛斯基摩杓鷸

Eskimo Curlew, *Numenius borealis*

嚴重瀕臨滅絕的杓鷸屬鳥類，過去認知分布於北美洲北部的局部地區，如阿拉斯加州的育空河流域。在 eBird 上僅有 55 筆觀察紀錄。

eBird　　鳥音

版權來源 Ghedoghedo, CC BY-SA 4.0, via Wikimedia Commons

細嘴杓鷸 Slender-billed Curlew, *Numenius tenuirostris*

嚴重瀕臨滅絕的杓鷸屬鳥類，過去認知分布於地中海北非海岸、尼羅河河口及部分阿拉伯半島海岸。在 eBird 上僅有 95 筆觀察紀錄。

eBird　　鳥音

在東亞澳遷徙線，遷徙水鳥的數量減少大多是棲地流失所致，然而，卻鮮少人從整個遷徙線的視角來探討狩獵對遷徙水鳥的衝擊。於是，澳洲昆士蘭大學生物科學系的愛都拉·加洛卡喬（Eduardo Gallo-Cajiao）在科學期刊《生物保育》（*Biological Conservation*）發表了一篇有關狩獵衝擊遷徙水鳥的研究[36]。

這篇研究的目標在探討：①整個東亞澳遷徙線獵捕水鳥的狀況，②建議獵捕水鳥的監測系統，③狩獵對遷徙水鳥族群的影響。為此，研究團隊回顧了大量的文獻和紀錄，包括一百三十餘冊的觀察日誌、新聞通訊、公民科學計畫、學術研究，甚至還有布滿灰塵的古早技術報告。

結果發現，東亞澳遷徙線的鷸鴴類水鳥中，有三十多種在路途遙遠的遷徙過程中遭到獵殺，其中包括九種受脅物種。光是在泰國北大年灣、中國長江三角洲和印尼爪哇西部，就有一萬七千多隻、十六種遷徙水鳥遭獵殺。

統計下來，整個遷徙線沿途有數百個地點仍在獵捕水鳥。以往，大部分人只看到周邊地區的狩獵活動，可能覺得狀況不嚴重而忽視狩獵的威脅，事實上，遷

36 Gallo-Cajiao E et al. 2020. Extent and potential impact of hunting on migratory shorebirds in the Asia-Pacific. Biological Conservation 246: 108582

徙水鳥隨時都會遭遇到獵捕威脅。假設剛啟程先被捕二十隻，到了下一個國家又再被捕二十隻，如果經過十個國家，一共被捕殺兩百隻。但是，如果只以國家的角度來看，就只會記錄到二十隻被獵殺，和實際狀況相差了十倍；也就是說，評估遷徙水鳥的狩獵威脅，必須從整個遷徙線的角度來看，而不能只看單一國家的狀況。現在，這份研究終於讓全貌露出曙光。

同樣的，要解決遷徙水鳥遭獵捕的問題，也必須要整個遷徙線上的國家共同合作才行。東亞澳遷徙線共涵蓋二十三個國家，雖然有些水鳥的監測和保育工作已經透過國際溼地聯盟的亞洲水鳥普查等國際方式來合作推動，但目前仍缺乏狩獵議題的相關討論。近年來，這些遷徙水鳥在遷徙途中用以休息覓食的泥灘地，已經減少三分之二，再加上這篇新研究揭露了狩獵的衝擊，遷徙水鳥的未來仍然令人憂心忡忡。

從這些水鳥面臨的困境，可以看出來保育遷徙物種絕非易事，也不是一個國家的努力就可以實現。雖然難度很高，但終究要走出第一步：國際合作。去看看東亞澳遷徙線上各國的保育工作，以及那些地方的溼地是怎麼一回事。

11 澳洲：遷徙線的終點

11.1 年紀一大把了還出國留學

要開學了。

從大三（二〇〇七年）開始，我就有出國唸書的念頭，到搭機啟程這天都已經二〇一八年了，才正式出發。真是一念、十年、百感、千言。這段時間，我多走了好一大段路，也看見更多美麗的風景與精彩的故事。考了國考，在公門裡面修行；結了婚，生了兩個孩子，有了熱鬧的家庭；寫了好多文章，參與了許多好書的製作，度過豐富的十年。

昆士蘭大學。

有別於多數人的模式：碩士畢業後當兵，退伍後申請出國留學、參加公費留學考試、申請獎學金等等，我覺得我多走了好大一段路。自從在特生中心（後更名為生物多樣性研究所）服務開始，我就一直很心虛，覺得自己沒有博士學位，根本配不上助理研究員這個職稱，認為自己還沒有完成學術訓練，也一直很想走完這最後一哩路。可惜，初期幾年，公務人員能出國進修的機制並不多，雖然我嘗試多參加國際研討會、多讀國外的研究和討論，效果仍然相當有限。

幾年後，時任農委會主委的陳保基先生重啟「行政院農業委員會農業菁英培訓計畫」，讓農委會試驗研究單位的同仁有出國進修的機制。事實上，這個機制一直都存在，是行政院為了讓各部會公務人員能積極出國進修，再返國貢獻所學。

整體來說，菁英計畫的內容和公費留學大同小異，也有返國服務義務，同時，該有的英文和外語檢定、研究計畫書審查等等，都是少不了的。申請者必須先通過機關內部的審核，到農業部進行面試和審查，最後報行政院核定，就可以準備啟程出國留學。整體來說，申請菁英計畫只是三道關卡中的其中一道，另外還有兩道，分別是獲得國外指導教授的同意（也就是找到老師願意收留你啦），還有通過國外學校要求的英文檢定考試。

我選擇學校的方式跟小鳥密切相關，北半球溫帶地區的鳥類單調無聊，我沒有太大興趣，而且往返臺灣的機票實在是太貴了，還有時差的問題，所以歐洲、美國和加拿大幾乎不在我的考慮範圍內。我也曾經想去加拿大渥太華的卡爾頓大學（Carleton University），因為從小讀萊諾爾博士（Lenore Fahrig）的地景生態學論文長大，但還是更想去有新奇小鳥的地方，那就是澳洲和紐西蘭。

當時我並不認識澳洲任何一位學者，只想說找個喜歡看鳥的同好一起做事就好。過了一陣子，無意間讀到一篇期刊論文，討論小面積的棲地也能發揮很好的生態系功能，這是澳洲昆士蘭大學團隊的研究成果。我從作者名單中找到一位鳥類保育學家理查・富勒博士，並找到他的研究室網站，從研究室成員發現一位臺灣人，是臺大海洋所畢業的林先詠博士，因而間接與富勒博士聯繫上。

我寄了我的計畫書和簡歷過去，富勒博士和我約了時間視訊。這場視訊我緊張得跟面試一樣，但富勒博士愜意的告訴我只是聊天（chat）而已！我們相談甚歡，結束後他寄給我一封確認信（confirmation letter），只要我獲得昆士蘭大學的入學許可，就願意擔任我的指導教授。

系館大廳的鱷魚。

隨著陸續通過雅思考試和菁英計畫的審核，我最後順利取得昆士蘭大學的入學許可，也附帶全額的學費補助和四年生活費的獎學金，可以說是非常幸運。這一次也讓我體認到，出國進修並不絕對是得大把大把燒錢的事情，在世界各地都有許多經費可以申請，而且這一類的申請說實話也不是極端困難的事情。

舉例來說，昆士蘭大學的老師申請研究計畫時，通常會在預算書裡面編列博士後的薪水，或是博士班學生的學費和生活費。只要計畫一通過，這些招募研究生的訊息，都會統一在學院的網頁上公告，包括研究計畫的主題、研究內容、補助狀況等等。生活費的額度等同澳洲每年公告的基本工資，每兩個星期發一次。

也不只昆士蘭大學如此，世界上許多國家的大學也很類似。因此，出國留學並不是那麼遙不可及的事情，積極爭取各種資源就能不花到自己的錢，審慎理財的話，甚至畢業後還可以剩下一筆不小的積蓄。不過，原則上不能一魚兩吃，所以我把新臺幣的補助都繳回中華民國國庫，用澳洲教育部的補助來支付我的學費和生活費。

無論如何，我依然鼓勵每個打算出國留學的學生積極爭取資源，出去看一看外面的世界，眼界真的會變得很不一樣。外國的月亮不一定比較圓，但是外國的月亮一定和臺灣長得不一樣，多看幾種月亮，都是珍貴的個人經驗累積。

展開澳洲新生活

來到布里斯本和昆士蘭大學要一星期了，陸續辦妥各種手續，生活所需也逐漸就位。

我暫時住的地方很好，住一晚約新臺幣六百元還附早餐，房東是經營小出版社的老太太，熱愛昆蟲，尤其喜歡鱗翅目幼蟲和食草，出版過三本相關的書，也喜歡聊保育議題，我每天都可以跟她聊上很久。可惜，我主要研究鳥類，如果研究昆蟲的各位有機會來布里斯本，我強力推薦這個住處，你們肯定能相談甚歡。另一位室友是來這裡長期出差的印度爸爸，年紀應該跟我差不多，我有去過印度兩次，每天聊了許多各自家鄉的文化和種種。

研究室在系館的頂樓加蓋（？），整體環境很好，每個研究室有八個座位，每個座位大概有一米五寬，是相當充足的個人空間。系館有寬敞的休息區和廚房，廁所裡有浴室，還有性別友善廁所，大概只差一張床就能睡了。同一間研究室裡的博士生不一定都屬於同一個老闆，大家也會稍微哈拉一下，不過常有兩、三個小時只會有敲鍵盤和開關門的聲音，工作效率很好。

可能全世界大學校園都差不多，三五成群、朝氣蓬勃的幾乎都是大學生，獨來獨往、面無表情的應該都是研究生。圖書館也很強大，寫作和研究的工作坊一大堆，期刊很齊全，幾乎是垂手可得。校園裡的食物也是我目前在布里斯本遇過CP值最高的，八至九澳幣可以吃到熟的青菜。

第一次參加研究室定期會議（meeting）就在大廚房舉行，自我介紹了一下，中文能力、賞鳥經驗和臺灣的資料很快就可以幫上研究室的忙，感覺很好。有位學長問我：eBird 上面這個 Dali Lin 是你嗎？上個禮拜開始，布里斯本一直出現這個傢伙的紀錄。

對啦，就是我，呵呵。

系館的交誼廳兼大廚房。

11.2 澳洲小鳥就是「派」

南半球人說，把地球儀倒著放，才方便查看。

這個星期整整五天在研究室坐好坐滿，每天吹著河風搭船通勤。接下來，最重要的事情是跟老闆討論論文，但是老闆一直很忙，最好的討論時間，就是一起開車去賞鳥的路上——賞鳥當然好，不過老闆約早上四點半（汗）。身為背叛 eBird Taiwan 逃到 eBird Australia 的賞鳥難民，早起算什麼！雖然順利起床，不過手機竟然給我抓到墨爾本時間，害我提早一小時在漆黑的路邊等老闆來接我，也才因此拍到袋貂。我們去八十公里外的牧場看了七十一種鳥，沿路有許多小袋鼠（wallaby）不時在路上跳，真的是被路殺也不意外。

在車上，我問老闆有沒有什麼研究室規矩。他說：「沒有，真要說的話就是放輕鬆。」我心想怎麼可能！在這種期刊論文當壁紙在貼的地方，說完全沒有壓力是騙人的，不過，基本上就是要自我管理，而且研究室大多是國際學生，大家的文化、習俗、習慣、家鄉的節日和狀況都不一樣，只要跟老闆保持聯絡，不會管你有沒有在研究室。老闆倒是一直約我去賞鳥，當時變天了下雨又刮風，他問我要不要去外島衝海鳥，可惜那天我得參加新生說明會。

好好吃、好好睡、做運動

研究生的座位是學院辦公室分配的，有人離校新生就會補上。我的座位在508A，右手邊是來自新幾內亞的同學，他的研究主題是非洲的大型哺乳動物。他知道我喜歡看小鳥之後，便不時跟我說他家鄉那些令人驚豔的天堂鳥；左手邊則是統計和程式語言很強的澳洲人，大家都巴著他問分析，桌上有很多亂亂的計算紙和零錢。一整個星期觀察下來，他應該是只有跟學妹約好才會來學校。離開前，他突然從桌下掏出一瓶威士忌，問我要不要（不要謝謝），灌了幾口就回家了。

各個大學都會努力營造適合師生專心從事研究工作的空間和氛圍，但是昆士蘭大學有一個活動是我在臺灣從未見過的，那就是每個星期五早上的「閉嘴！給我寫！」（Shut up and Write）。所有參加的研究生在同一間教室或會議室，帶著自己的電腦專心寫東西，不准出聲音、不准討論、只准一直寫論文。通常會持續兩個小時或三個小時，漫長且安靜的時光只有敲打鍵盤的細碎聲，很適合即將放假的星期五早上。

星期五下午完全是全系軍心渙散的時刻，校內人煙稀少不說，很多人中午後就自動消失了。到了下午四點，五樓外有一個遼闊的露台，門邊有個用鐵鍊上鎖的大冰箱，裡面裝滿各式各樣的啤酒；只有這個時刻，啤酒冰箱才會解鎖，大家也就都來這裡開喝，完全是週末的氣氛。

不過，人類都是大同小異的。曾經有一次，每週五系館露台的啤酒趴玩得太過火，抽菸、垃圾不收、玩太晚、帶太多外人進來。系主任氣噗噗的寫了一封公告信，重申昆士蘭大學全校禁菸、垃圾要自己清、只開放到晚上九點、本系學生要看學生證、外系人士要簽名才能參加——喝個爛醉吧！誰叫我們是菸酒生呢？

新生訓練的時候，教務長勉勵大家的一句話是：「好好吃、好好睡、做運動」（eat well, sleep well, do exercise）。每個星期二上午十點，昆士蘭大學的生物多樣性及保育科學中心都會有個約半小時的茶會，成員主要是由生物科學系和環境學系（School of the Environment）的師生及博士後組成。

中心主任會宣布一些公告事項，例如演講公告、研討會訊息等等，接著會看看大家有沒有什麼要分享的，從新論文發表到最新鳥訊都可以，是個閒話家常的場合，大家都會從研究室走出來動一動、聊一聊。我第一次參加當然就得第一個發言（新人自我介紹），面對幾十位生物多樣性保育領域的頂尖科學家，說不會緊張是騙人的。

有一次，布里斯本附近出現了非常稀有且嚴重瀕臨滅絕的黃黑吸蜜鳥，大家同樣在茶會分享這則鳥訊。我說我去了兩次都沒看到，主任卻說：「那你還在這裡幹什麼？趕快再去找啊！」另外，還有一次是學校附近的溼地 Dowse Lagoon 同時出現了兩種在澳洲難得一見的稀有鳥，大家都出門追鳥了，只剩我一個人留在系館寫論文。為什麼我沒有跟著去呢？因為那兩種鳥分別是磯鷸和東方黃鶺鴒啦！牠們在臺灣滿地都是。

黃黑吸蜜鳥

Regent Honeyeater, *Anthochaera phrygia*

嚴重瀕臨滅絕的吸蜜鳥，僅分布於澳洲東部森林。全身羽衣由黑色和黃色組成，外形引人注目，令人印象深刻。出現時都會引起當地鳥友爭相目睹。

eBird　　鳥音

不好惹的澳洲動物

「澳洲所有的生物隨時都想把你幹掉！」（Everything in Australia is trying to kill you）這是一句不算誇張的澳洲俚語。在澳洲，世界級的毒蛇、致命的水母和有毒的蜘蛛一應俱全。

雖然日常生活不會遇到這些致命野生動物，但生活周遭的動物也不是好惹的。野生動物攻擊人、搶奪食物、毀損農作物等議題，在科學上稱之為「人與野生動物衝突」（human-wildlife conflict）。

在布里斯本，許多適應都市的鳥類也帶來了不少麻煩。澳洲白䴉很會翻垃圾桶找食物，甚至直接從你的盤子上搶食物，澳洲人稱之為垃圾桶雞；但是，你不能反擊，在澳洲攻擊野生動物可是會被罰錢的。我曾經在學校看到澳洲白䴉搶走學生便當裡的食物，學生憤而把便當盒往鳥身上砸過去，結果被目擊的校警帶走。對，牠們搶你的食物合法，你打牠們違法，就是這麼沒道理。

此外，澳洲都市裡的澳洲鐘鵲、噪吸蜜鳥和黑白屠夫鳥在繁殖季都會攻擊人。我曾經只是經過樹下就被黑白屠夫鳥攻擊到耳朵流血；也有一個小鎮因為鎮公所槍殺了一隻很會攻擊人的澳洲鐘鵲，被居民包圍抗議，逼得鎮公所不得不出面道歉。

澳洲小鳥的另一個麻煩點就是「吵」。清晨四點左右，常常會有一隻笑翡翠站在我床邊的窗前拼命「哈哈哈哈哈哈哈哈哈哈！！！！」接著是袋貂在閣樓走動的腳步聲。到了傍晚四點半左右，上百隻彩虹吸蜜鸚鵡返回系館附近的南洋杉上，準備集體夜棲，在睡前，牠們總是會嘰哩呱啦吵個不停，讓人片刻不得安寧。不過久了也就習慣了，每當傍晚聽到彩虹吸蜜鸚鵡的聒噪聲，大概就知道該收收東西、準備下班了。

耳後遭到黑白屠夫鳥攻擊，一摸見血。

笑翡翠 Laughing Kookaburra *Dacelo novaeguineae*

分布於澳洲東部，由於鳴叫聲像大笑聲且能持續很久，是相當知名的澳洲鳥類。澳洲當地也有以笑翡翠為主題的兒歌。各種食物都吃，也會搶人類的食物。臺北市立動物園有圈養個體。

eBird　鳥音

袋貂

Common Brushtail Possum, *Trichosurus vulpecula*

澳洲特有的有袋類動物，數量多且能在都市生活。夜間時常在住宅區周邊的樹上活動，屋頂時常傳來牠的腳步聲。澳洲為其原生地，但在紐西蘭為外來種。

彩虹吸蜜鸚鵡

Rainbow Lorikeet *Trichoglossus moluccanus*

分布於澳洲東部的都市、郊區和森林，數量眾多，能適應多元環境。會有固定的群聚夜棲地，黃昏時分會開始大量聚集，最後集中在某棵樹上過夜。

eBird　　鳥音

另一個有趣的例子是噪吸蜜鳥，這種小鳥非常適應都市這樣的開闊環境，而且攻擊性很強，很會攻擊其他鳥類。如果你坐在露天咖啡館的座位上，牠們會站在椅背上等你；一旦你站起身，牠們就會立刻跳進碗盤裡，撿拾你的麵包屑和所剩無幾的牛奶。

然而，昆士蘭大學的研究發現，噪吸蜜鳥的攻擊性太強，導致許多原生鳥類的數量減少，甚至嚴重瀕臨滅絕——你沒看錯，這是原生種迫害原生種，而不是外來種迫害原生種。於是，研究團隊便帶著槍出去殺了數百隻噪吸蜜鳥，後續追蹤發現，其他瀕危鳥類的數量就因此回升了[37]。即便如此，追根究柢還是人類創造了太多開闊環境，讓這些噪吸蜜鳥有機會霸凌其他的原生小鳥。

37 Crates, R., McDonald, P. G., Melton, C. B., Maron, M., Ingwersen, D., Mowat, E., ... & Heinsohn, R. (2023). Towards effective management of an overabundant native bird: The noisy miner. Conservation Science and Practice, 5(2), e12875.

澳洲白䴉 Australian White Ibis *Threskiornis molucca*

又稱Bin Chicken（垃圾桶雞），是澳洲最愛翻找垃圾覓食的鳥類，甚至會搶奪人類手中的食物，直接把便當裡面的食物叼走。由於打牠是違法行為，店家通常會準備噴水瓶供客人驅趕澳洲白䴉。

eBird　　鳥音

澳洲鐘鵲

Australian Magpie *Gymnorhina tibicen*

分布於澳洲和塔斯馬尼亞，時常被臺灣人翻譯成喜鵲，但其實跟喜鵲一點關係也沒有；澳洲鐘鵲是燕鵙科的鳥類，而不是鴉科的鳥類。數量眾多，繁殖季時會攻擊路人。

eBird　　鳥音

噪吸蜜鳥

Noisy Miner *Manorina melanocephala*

澳洲特有種，分布於澳洲東部和塔斯馬尼亞。特別適應都市和鄉村等人類生活環境，破碎的森林環境也能生存，也會取食人類的食物。

eBird　　鳥音

黑白屠夫鳥 Pied Butcherbird *Cracticus nigrogularis*

澳洲特有種，全澳洲大陸都有機會見到（除了內部局部沙漠地區）。生性凶狠的肉食性鳥類，會捕捉其他小動物為食，繁殖季時攻擊性強，時常攻擊路人。

eBird　　鳥音

在澳洲就是要撞一隻袋鼠來吃啊

澳洲大約有五十種袋鼠，但其中只有四種是可以商業使用的，分別是東方灰袋鼠（Eastern Grey Kangaroo, *Macropus giganteus*）、西方灰袋鼠（Western Grey Kangaroo, *Macropus fuliginosus*）、澳洲紅袋鼠（Red Kangaroo, *Macropus rufus*）和岩大袋鼠指名亞種（Wallaroo, *Macropus robustus ssp. robustus*）。

這些商用袋鼠當然不是全都抓野生的，澳洲的袋鼠產業興盛，有很多袋鼠農場，專門生產各式各樣的袋鼠產製品。除了大家知道的袋鼠肉，袋鼠皮可以做成防水工作服（例如沼澤衣），袋鼠的睪丸還可以製成開瓶器或鑰匙圈裝飾。此外，開放狩獵玩家進農場獵袋鼠也是一種休閒活動，就像進休閒農場摘水果一樣。

不僅如此，袋鼠產製品是非常符合永續發展概念的產品，因為澳洲本來就是袋鼠的原生地，農場內的環境維持原本棲息地的樣貌就好，袋鼠自己能以農場內的自然資源為食。而且在原生地生存的本土種，抗寄生蟲和病原體的能力也比較強，不容易生病。

和牛肉與豬肉比起來，袋鼠肉是碳足跡很低、非常永續的紅肉。當然，前提是你要在澳洲吃，在臺灣吃進口的袋鼠肉，碳足跡和價格就高了。

這樣半野生、半飼養的袋鼠能充分運動，油脂比一般家畜的肉類少上許多，因此大多數人對袋鼠肉的印象往往是很乾很柴。笑死，請不要不會煮就說人家柴好嗎？袋鼠肉在烹調上最需要注意的就是油脂流失，如果是烤袋鼠肉串、煎袋鼠排或炒袋鼠肉絲，火候要掌握得很好，油脂流失過頭就慘了，有時候甚至需要多加一點豬油或牛油下去。

如果是用水煮或煮湯，比較不會有這個問題，但直接水煮有時會有點野味或腥味，不習慣的人可以做成味道重一點的湯或咖哩，也比較不會失敗。袋鼠肉吃起來像牛肉瘦肉，還帶一點不夠軟的筋，有嚼勁但不到柴的地步，和牛肉一樣容易卡牙；但也因為油脂少的關係，是相對健康的肉品。

最近許多研究顯示，紅肉（牛肉及豬肉）碳足跡都很高，相較之下，袋鼠肉是不錯的替代品，對環境健康、對人體也健康，如果有機會來澳洲，記得試試看。當然臺南人要加糖、日本人要加珍珠，我也是無法阻止你們啦！

11.3

娘子啊！快跟牛魔王出來看麻雀

二〇二一年四月三日早上，澳洲布里斯本港出現了一隻「麻雀」，應該是隨船從亞洲搭到澳洲去的。對，就是臺灣常見的麻雀，不是家麻雀也不是山麻雀。那艘船主要載運進口糧食，發現的停靠站也是食品類卸貨區，想必這隻麻雀一路上在船艙裡吃得很爽！

家麻雀 House Sparrow *Passer domesticus*

原生地位於歐亞大陸溫帶地區、中亞、南亞和北非，但已是入侵全球各地的外來種。入侵範圍包括北美洲、南美洲、非洲撒哈拉沙漠以南、澳洲及紐西蘭，但尚未在臺灣建立外來族群。

eBird　鳥音

這個消息是從我研究室老闆的 eBird 賞鳥紀錄傳出去的，想不到吧！他真的是我見過最瘋狂的賞鳥人，到底誰沒事會去巡視港口找小鳥啊？

大家要知道，即便麻雀在臺灣滿地都是，在澳洲牠就是超級罕見的稀有鳥，不然在澳洲你只能看家麻雀（而且還是外來種）。無論如何，這次就是被老闆堵到了，成為這隻誤上賊船、不小心抵達澳洲的麻雀的第一發現者。消息一出，由於 eBird 系統會自動發信通知，眾多澳洲鳥人馬上就暴動聚集到港口去了。

不過，港口全區基本上都是管制區，碼頭工人不太喜歡鳥人在附近晃來晃去，保全也請鳥人離開。但是，賞鳥人可不會就此善罷甘休，紛紛打電話去港口管理單位，請求讓他們進去欣賞和拍攝這隻稀世珍寶。

確實有些小鳥就是會碰巧搭船到世界各地旅行，然後莫名其妙出現在遙遠的港口，這樣的移動方式稱為「隨船播遷」（ship-assisted dispersal）。隨船播遷的例子時有所聞，在港口附近出現遠離合理分布範圍的小鳥（而且可以適應人類環境和食物），那通常是搭船過來的。例如二〇一〇年在基隆港出現的澳洲紅嘴鷗、二〇一六年出現在高雄港的家烏鴉，以及二〇一七年高雄港的白鞘嘴鷗。

澳洲紅嘴鷗 Silver Gull *Chroicocephalus novaehollandiae*

分布於澳洲和紐西蘭，是非常普遍的鳥類。第一次到訪澳洲的鳥友，第一種生涯新種可能就會是澳洲紅嘴鷗，因為在機場跑道上就可以見到。生性兇猛，也會搶奪人類的食物。

eBird　鳥音

家烏鴉

House Crow *Corvus splendens*

分布於印度半島、斯里蘭卡和中南半島西部，數量普遍，無受脅之虞。但是在馬來西亞、婆羅洲、阿拉伯半島和非洲東部為外來入侵種，臺灣偶而有紀錄但未建立穩定族群。

eBird　鳥音

臺灣白鞘嘴鷗事件

二〇一七年六月二十五日，民眾於高雄市前鎮區新生路和后安路交叉口，發現一隻灰白色的大鳥，右腳受傷難以行動，拾獲處為高雄港聯外道路的工程區。該民眾救援暫時收容後，透過鳥友在臉書社團「臺灣野生鳥類緊急救護平台」詢問，經鑑定為分布於南極的白鞘嘴鷗亞成鳥。

這樣特殊的鳥類馬上引起大量網友討論，有人建議要讓牠進冷氣房，有人建議直接放冰箱，也有人考量在動物園與企鵝一起收容的可能性。由於此類特殊環境的鳥類難以治療照護，因此後送至農業部生物多樣性研究所的野生動物急救站。

白鞘嘴鷗 Snowy Sheathbill, *Chionis albus*

分布於南極半島及附近島嶼，冬天會遷徙至南美洲。是相當特別的鳥類，吃的東西五花八門，都是搶來的。

eBird　鳥音

二〇一七年七月三日下午五點，白鞘嘴鷗送抵急救站。右腳不能負重站立，大腿周圍有大面積外傷，右跗蹠後側則嚴重破損；左腳腳趾皮膚磨損，有嚴重的禽掌炎。這隻白鞘嘴鷗極度消瘦，體重只有兩百九十二公克，遠低於文獻最小值約四百六十公克，初級飛羽和尾羽也嚴重磨損。獸醫師決定先包紮左腳，避免禽掌炎惡化，待體力恢復後再進一步治療。七月五日牠已可以自行進食，不用再由工作人員餵食，但仍於七月七日上午十一點死亡。

當事白鞘嘴鷗為亞成鳥。（蔡昀陵 攝）

白鞘嘴鷗的繁殖季為每年十二月到次年三月，主要於南極半島繁殖，而斯科舍島弧（the Scotia Arc）、南設得蘭群島（the South Shetland Islands）、象島（Elephant Island）、南奧克尼群島（the South Orkney Islands）和南喬治亞群島（the South Georgia Islands）都有繁殖族群。非繁殖季時，白鞘嘴鷗會遷徙到福克蘭群島（Falkland Islands）、阿根廷的火地群島（Tierra del Fuego）和巴塔哥尼亞（Patagonia）地區，有些個體甚至會遷徙到阿根廷南部沿海。

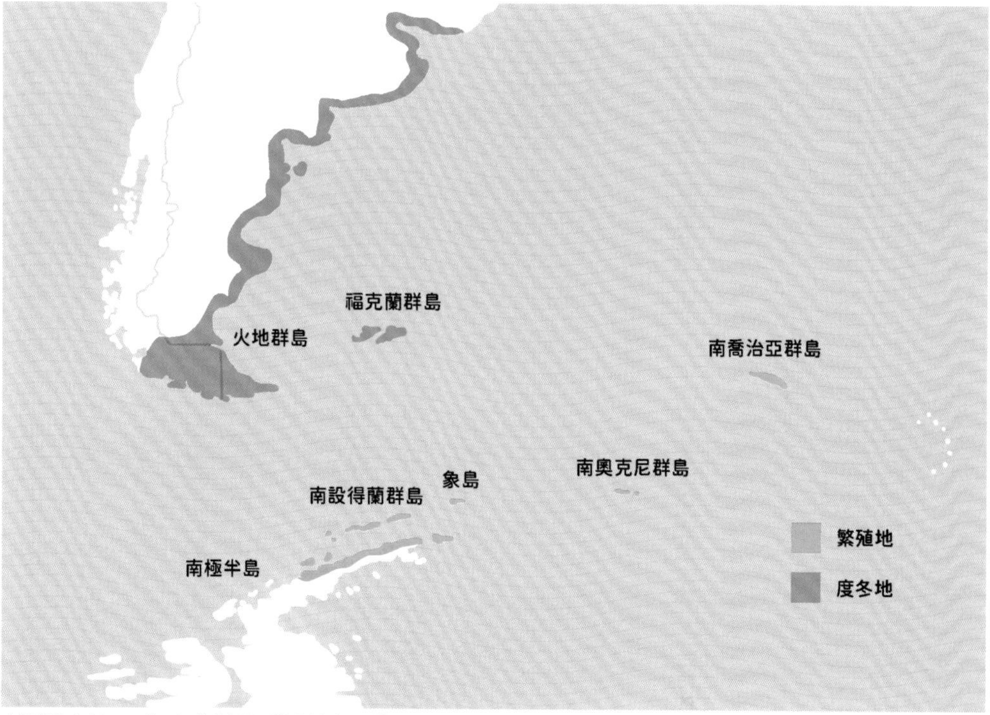

白鞘嘴鷗（*Chionis albus*）的分布圖，■ 為繁殖區，■ 為度冬區。

長達十個月的冰天雪地環境，填飽肚子可不是一件容易的事，但是，雜食性的白鞘嘴鷗卻把覓食這件事情發揮到極致——一言以蔽之，只要含有營養，白鞘嘴鷗都不放過。白鞘嘴鷗的腳沒有蹼，不會下海覓食，而是在無冰區奔走；白鞘嘴鷗會取食野生動物的屍體，以及企鵝和鸕鶿的蛋、幼鳥、糞便、換羽而脫落的羽毛，會將企鵝屍體腸道內的寄生條蟲挑出來吃掉，也會吃人類留下的垃圾。

白鞘嘴鷗在南極可說是惡名昭彰的鳥類，牠們就在企鵝群裡生活，在阿德利企鵝（*Pygoscelis adeliae*）和南極企鵝（*Pygoscelis antarcticus*）捕捉磷蝦餵幼鳥時，把企鵝口中的磷蝦搶走。此外，牠們也會趁親鳥不注意時，捕食巢中的企鵝蛋和幼鳥。

除了企鵝，信天翁和南極鸕鶿（*Leucocarbo bransfieldensis*）也是受害者。白鞘嘴鷗為了覓食可說是膽大包天，牠們會啄食韋德爾海豹（*Leptonychotes weddellii*）傷口裡的組織和血液，甚至在母海豹哺育年幼海豹時，吸食母海豹的乳汁。

近年來，隨著造訪南極的觀光客和研究人員越來越多，白鞘嘴鷗也會闖入研究站等建築物內尋找食物，這樣專門搶奪其他生物的行為，稱為「盜食寄生」（kleptoparasitism）。

出現在澳洲的麻雀及現身臺灣的白鞘嘴鷗，都是典型的隨船播遷鳥類。在原生地數量多、容易接近船隻、能適應人類環境、可以在船上生活一段時間，具備這些特質的小鳥，就很有機會搭便船環遊世界。

11.4 臺灣！我們的小鳥飛過去了，請立即前往逮捕

二〇二〇年，全世界遭逢新冠疫情的衝擊。二〇一九年年底的聖誕節連假，我也和大多數的留學生一樣，回到自己的國家。隔年過完農曆年後不久，疫情便漸漸升溫，我最後一次返回學校是在二〇二〇年二月，當時歐洲和美洲的疫情才剛升溫，澳洲的病例還僅有個位數，狀況還沒有非常緊張。但是，即便如此，老闆還是宣布大家盡快回家，可以回到世界各地最方便你防疫的地方，只要有網路就好，並且順帶備妥各種零食點心和訂閱各種影音串流。

就這樣，大家都被趕出研究室，一切的工作都在線上進行。幸好，我們的研究大多是運用既有的資料，只要有網路和電腦，就不會有太大的影響。不過，在實驗室抽 DNA、跑電泳、養小動物和植物的同學可就傷腦筋了，他們都必須要到學校，研究才能有所進展。

但也沒辦法，面對這樣全球等級的危險疫情，只能乖乖待在家裡，而學校也放寬許多延畢和修課的限制，並提供許多生活津貼。很幸運的，疫情的影響算是非常輕微了，我直到口試結束前再也沒有回到澳洲，原本租好的房子和幼兒園也退掉了，快速收拾一些重要的東西，就匆匆飛回臺灣。

我的澳洲留學生活就停在半年，說長不長，說短不短。不過，對我這個已經有工作和家庭的人來說，還能有半年的留學生活體驗，已經很奢侈且彌足珍貴。一年多之後，疫情趨緩，研究室夥伴陸續回到系館工作，他們傳了我的座位照片回來，桌前月曆還停在二〇一九年十一月，彷彿時間停止。

二〇二一年三月，我收到研究室博士後研究員伍德沃斯博士（Dr. Brad Woodworth）的來信，告訴我一隻由澳洲昆士蘭大學團隊繫放的瀕危候鳥黦鷸，將於三月二十二日抵達臺灣。如果可以，希望臺灣鳥友到衛星發報器所在的位置去找找看，確認這隻水鳥是否安好。

黦鷸（又稱紅腰杓鷸或遠東杓鷸，編號 40963，雌鳥）是在二〇一七年於澳洲昆士蘭省摩頓灣（Moreton Bay）繫放，安裝上綠色足旗、代碼 AAD 及一枚衛星發報器，研究團隊每年追蹤其行蹤，今年是繫放以來第四次北返。這一枚發報器每四十八小時會透過衛星訊號，將鳥類活動位置回報給研究團隊。

我們檢視衛星發報器位置，這隻黦鷸已於三月二十二日抵達高雄路竹一帶，二十四日於臺南學甲鹽水溪溼地活動。經現場尋找和持續透過衛星追蹤，最後由臺南鳥友李正峰於二十八日目擊這隻個體平安在現場覓食。如果沒意外，應該會在休息數日補充體力後，繼續往北遷徙，回到東北和西伯利亞的故鄉繁殖。

編號 40963 的黦鷸 AAD 確認在臺灣平安的消息傳回澳洲，令研究團隊士氣大振。團隊成員紛紛驚呼：「太讚了！幹得好！」（How awesome ! Nice work all :)）、「我好興奮啊！」（This is so exciting !）研究室大老闆說，這是非常難得的好消息，臺灣鳥友為候鳥遷徙拼上非常重要的拼圖。遷徙候鳥的旅途會經過許多國家，需要透過這樣跨國際的合作，才能知道牠們活得好不好、需要什麼樣的生存資源，我們才能規劃更貼近牠們生存需求的保育行動。

黦鷸 Eastern Curlew, *Numenius madagascariensis*

又稱遠東杓鷸，於俄羅斯遠東地區繁殖，冬天遷徙至東亞澳遷徙線上各地度冬，最遠可達紐西蘭。近年因泥灘地流失而受脅，受脅程度為「瀕危級」（EN）。

eBird　　鳥音

前面我們提到，東亞澳遷徙線上眾多遷徙水鳥，因為泥灘地流失和過度獵捕而導致數量大幅下降，也暗示遷徙沿路的溼地品質日漸劣化。琵鷸也是受脅鳥種之一，在全球和臺灣的受脅物種紅皮書的受脅等級皆屬於瀕危級。

透過這次的衛星追蹤和現場目擊回報，研究團隊將能更瞭解候鳥在遷徙過程中啟程和休息的時間，以及休息時所需要的棲息環境條件等。這一次琵鷸在臺灣休息充電，也表示臺灣的溼地是牠們在旅途中重要的休息站。

遷徙候鳥的保育迫切需要國際合作。這些候鳥的遷徙都是跨國旅行，繁殖地、過境地、度冬地環境都要顧好，只要一個地區環境不好，其他國家再努力維護環境也沒有用。要保育遷徙候鳥，難度就是那麼高，得要把整條遷徙線都顧好才行。

臺灣和澳洲團隊自二〇一八年起針對遷徙候鳥一直有密切的合作，包括共享資料、發布報告和研究論文；尤其臺灣鳥友不斷提供大量的鳥類觀察紀錄到全球公開資料庫，每年都名列全球前十名。大量資料都是保育鳥類和自然環境的重要基礎資訊，世界各國可自由下載運用，也讓臺灣成為全球的資料新亮點。

來澳洲讀書完全是個緣分，為了常常見到家人並多分擔一點家務，那半年期間，自己也像隻候鳥一樣頻繁往返臺灣和澳洲。為了節省旅費，當時購買廉價航空從黃金海岸起飛，在新加坡等一整天轉機回臺灣，來回也只需要新臺幣一萬元；新加坡也意外變成我的遷徙中繼站，進出免簽證的狀況下，可以來個新加坡賞鳥一日遊。

我其實也想不到，當時意外在文獻上看到的作者，成為了我的大老闆；而他最主要的研究，也和我在臺灣推動「臺灣新年數鳥嘉年華」這個以度冬水鳥為主要對象的公民科學不謀而合。同時，二〇一四年在日本認識的天野達也博士，在我到澳洲入學的三個月後，也來到同校同系所擔任教職，變成了我的三老闆。只能說遷徙線真的很窄，在上面不斷遷徙的候鳥和鳥類研究者終究會相遇；這些在遷徙線各地觀察鳥類、研究鳥類的人們，最後也將因為候鳥而串連起來。

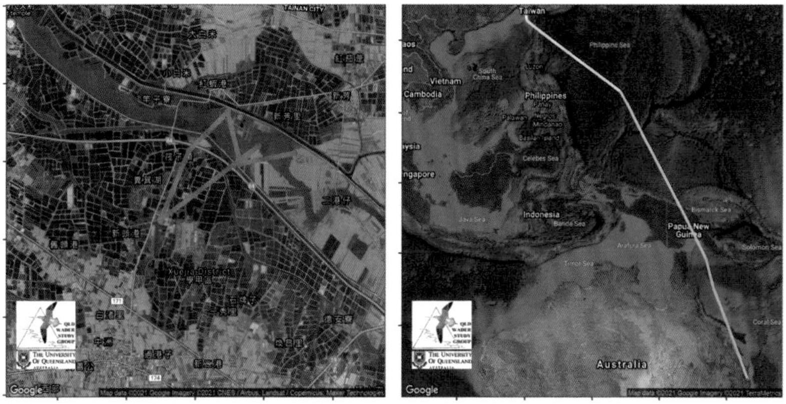

鵟鷸 AAD 身上衛星發報器所記錄的遷徙軌跡（澳洲昆士蘭大學提供）。

全球篇

12 印度：眾神庇護的小鳥

12.1 喜馬拉雅山就是地球的小腹

一億八千萬年前，地球上漂浮著兩大陸塊，一個是位在北半球的勞拉西亞大陸（Laurasia），另一個則是位在南半球的岡瓦納大陸（Gondwanaland），兩個陸塊中間隔著一條古地中海海道（Tethyan Seaway）。接下來的千百萬年期間，兩個陸塊各自分崩離析，北方的勞拉西亞大陸分裂不多，成為現今大部分的北半球陸塊，包括北美洲、歐亞大陸和格陵蘭；南方的岡瓦納大陸則分裂成許多較小的陸塊，各自分道揚鑣，踏上遙遠的旅程，成為現今絕大部分的南半球陸塊，包括南美洲、非洲、印度半島、馬達加斯加、南極洲、新幾內亞、澳洲和紐西蘭。

等一下，好像怪怪的，印度半島本來在這嗎？對，印度半島是個不甘寂寞的孩子，不想一輩子待在南半球，某一天他決定要航向北半球，成為海賊王。

印度半島的航海日誌或許是最為人所知的故事，他一路往北漂移，通過赤道和滾燙的熱帶印度洋，偶而還會被幾個颱風打臉洗臉。不得了的印度半島，在航海旅程的終點做了驚天動地的大事：撞上亞洲大陸。

五千五百萬年前到四千萬年前，印度板塊終於無法再往前進，撞上歐亞大陸板塊的南緣。不過，兩個板塊都不是省油的燈，彼此互相推擠，最後造就海拔高度接近九千公尺、宏偉的「世界小腹」喜馬拉雅山脈。喜馬拉雅山壯觀，但也就此大幅改變了南亞的地理環境和生物組成，先是擋了來自印度洋的水氣，讓中亞地區成為一水難求的戈壁沙漠；同時，喜馬拉雅山的高山地帶，也成為地球繼北極和南極兩個極地之後，第三個冰天雪地的「極地」。

對生物而言，印度板塊就像一艘方舟，乘載著許多來自岡瓦納大陸的生物，來到勞拉西亞大陸的南緣。兩個古老板塊像是久別重逢，展開一場兩大陸塊生物的交流與演化，當然也形塑了今日印度半島豐富且多樣的鳥類相（avifauna）。

印度半島目前與中南半島、中國華南以及馬來群島（有時候還有臺灣）有著相似的生物組成，例如鵯鶯、文鳥、王鶲、鶇、擬啄木、山椒鳥等，生物地理學家稱這塊區域為「東洋區」（The Oriental Region）。

這樣的板塊運動，也會影響生物的空間分布。舉例來說，鸚鵡是源自於南半球勞拉西亞大陸的生物，分布在絕大部分的南半球陸塊；然而，有些鸚鵡當年也搭乘著印度半島這艘船來到北半球，和岡瓦納大陸相遇——因此，印度半島上豐富且多樣的鸚鵡，也提醒了大家牠的故鄉在南半球的勞拉西亞大陸。

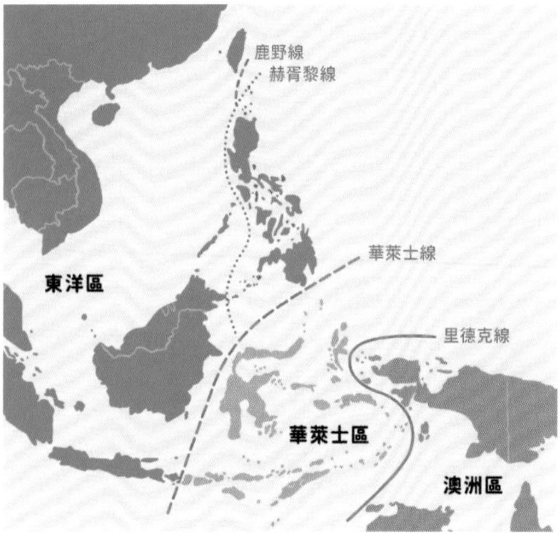

印度半島南部與北部的地理環境各有特色，鳥類的種類和數量也不盡相同。北部地區主要為喜馬拉雅山脈，以及印度河與恆河所沖積而成的印度河—恆河平原，也是首都新德里所在的區域。喜馬拉雅山脈是全世界鳥種豐富度極高的地區，屬於重要鳥類的物種多樣性熱點[38]。

南部地區以德干高原為主體，東西兩側幾乎被山脈所包圍，西南方為西高止山山脈（Western Ghats），東南方則為東高止山山脈（Eastern Ghats）。山脈阻擋來自季風的水氣，在迎風面山麓形成熱帶和亞熱帶溼林，位在背風面的德干高原則顯得較為乾燥。

同時，越是到印度半島的南邊，生物也會越特別，就像島嶼一樣，只是隔離和累積特色的效果沒有島嶼那麼強，這樣的現象稱為「半島效應」（peninsula effects）。不僅如此，再加上海拔梯度的影響，使這裡特有種鳥類的種類相當多，屬於重要的特有鳥類區域（Endemic Bird Area, EBA）。

---

38 Orme, C. D. L., Davies, R. G., Burgess, M., Eigenbrod, F., Pickup, N., Olson, V. A., ... & Owens, I. P. (2005). Global hotspots of species richness are not congruent with endemism or threat. Nature, 436(7053), 1016-1019.

12.2 印度小鳥的都市大冒險

我曾經拜訪過印度兩次，一次在印度南部，一次在印度北部。第一次是二〇一二年八月出席印度南部邦加羅爾（Bengalore）保育生物學會的亞洲區會議，另一次是二〇一四年受邀出席於新德里的衛星城市諾伊達（Noida）舉辦的保育性農業（conservation agriculture）工作坊。

一早醒來，除了從窗戶迎接一日之始的朝陽，還有車水馬龍的喧囂和灰撲撲的空氣。此時正是繁忙的通勤時間，人口眾多的印度讓三車道的馬路必須當六個車道使用，雖然交通紊亂但不失秩序，每個人也彷彿相當習慣以這個場景展開新的一天。

城裡坐落著高矮參差不齊的樓房與廟宇，以及各種五顏六色的裝飾，任何角落都有可能傳來寶萊塢的熱鬧音樂。這裡是印度南部最大的城市，卡納塔克邦（Karnataka State）的邦加羅爾，位於德干高原的中部。

一般來說，都市裡面的鳥種類並不多，但是族群量相當大[39]。在邦加羅爾隨處可見大量的黑鳶在城市天際線盤旋，不時在城市的角落翻找人類垃圾，作為

39 Gil, D., & Brumm, H. (Eds.). (2013). Avian urban ecology. OUP Oxford.

食物資源和築巢的材料。城市近郊的垃圾場，常常可見數百至上千隻的黑鳶在附近活動，鐵塔和電塔等建築物都是牠們築巢的地點。印度的人口已經超過十二億人，即便在人口數如此龐大的國家，四處仍可見家烏鴉、野鴿和噪鵑在街角活動，牠們似乎早已對這樣的城市光景習以為常。

邦加羅爾街道。

版權來源 Challiyan, CC BY-SA 4.0, via Wikimedia Commons

噪鵑 Asian Koel, *Eudynamys scolopaceus*

分布於印度半島、中南半島、中國、菲律賓和臺灣，數量普遍，是典型的東方區鳥類。鳴叫聲為其英文名「KO—EL—」。

eBird

鳥音

旅館附近有個面積不大的小公園，大約只有兩個籃球場大，裡面種了許多粗大的鳳凰木（*Delonix regia*）和長葉暗羅（*Polyalthia longifolia*），以及準備出栽的樹苗苗圃，門口告示牌說明這裡是生物多樣性的保育公園。公園雖然不大，卻可以見到不少種鳥，除了上述四種鳥，公園中可見普通縫葉鶯、白頰擬啄木、紫太陽鳥和紅耳鵯在樹叢間穿梭、覓食，可說是鳥種豐富度相當高的小公園。

市區外的小公園。

版權來源 Rehman Abubakr, CC BY-SA 4.0, via Wikimedia Commons

白頰擬啄木 White-cheeked Barbet

Psilopogon viridis

分布於印度半島西南部，為此區特有種鳥類。有樹的地方幾乎都可見到，包括都市公園、郊區樹林和山區森林等。

eBird　鳥音

版權來源 J.M.Garg, CC BY-SA 3.0 , via Wikimedia Commons

紫太陽鳥 Purple Sunbird *Cinnyris asiaticus*

分布於印度半島及中南半島，是典型的東方區分布。紫太陽鳥的體型嬌小，只有雄鳥才是全身羽衣帶有紫色金屬光澤，而雌鳥則是背部淡褐色、腹部淡黃色。

eBird　鳥音

版權來源 Uploader1234567890, CC0, via Wikimedia Commons

紅耳鵯 Red-whiskered Bulbul *Pycnonotus jocosus*

分布於印度半島及中南半島，是典型的東方區分布，但有外來族群擴張至中國其他地區、臺灣、海南島和阿拉伯半島，澳洲東部也有外來族群。

eBird　鳥音

邦加羅爾市區有一座小有名氣的拉巴格植物園（Lalbagh Botanical Garden），面積近百公頃，腹地相當廣大，其中三分之一是人工生態湖，以及一座三十億年古老巨岩的保留地，兼具遊憩、史蹟文物保存與種原保存的功能。

在植物園中，可見到都市裡不易目擊的鳥種，例如赤胸擬啄木和紅領綠鸚鵡在巢洞附近活動，鸚鵡的存在，暗示了這片土地曾經屬於岡瓦納大陸。樹冠層可見一些小型鳥種，例如淡嘴啄花鳥和灰腹綠繡眼，我們幸運目擊了一隻罕見的尼爾基里啄花鳥。

植物園內保留的巨岩。

版權來源 Shantanu Kuveskar, CC BY-SA 4.0, via Wikimedia Commons

赤胸擬啄木

Coppersmith Barbet, *Psilopogon haemacephalus*

分布於印度半島、中南半島、菲律賓群島、蘇門答臘和爪哇島，是一種小型的擬啄木，胸前和頭頂的紅色及黃色羽毛特別吸引人。為數普遍，時常在樹冠中取食野果。

eBird　鳥音

紅領綠鸚鵡

Rose-ringed Parakeet, *Psittacula krameri*

分布於印度半島、斯里蘭卡，以及撒哈拉沙漠南緣的沙漠交界帶。是相當能適應人類生活環境的鸚鵡，在都市和公園都容易見到，但也因而容易成為外來入侵種。入侵範圍廣大，包括歐洲、阿拉伯半島、北美洲、夏威夷、日本、泰國及紐澳。

eBird　鳥音

版權來源 J.M.Garg, CC BY-SA 3.0, via Wikimedia Commons

淡嘴啄花鳥 Pale-billed Flowerpecker *Dicaeum erythrorhynchos*

分布於印度半島、斯里蘭卡及中南半島西部，是小型的啄花鳥，體長僅約 8 公分，體重只有 4 至 8 公克。特別偏好取食桑寄生的花蜜，也會捕捉小型節肢動物。

eBird　鳥音

版權來源 Charles J. Sharp, CC BY-SA 4.0, via Wikimedia Commons

灰腹綠繡眼 Indian White-eye *Zosterops palpebrosus*

分布於印度及中南半島，是偏大型的繡眼科鳥類。腹部灰白色，背部和頭部較偏黃色，綠色的成分較少。喜歡取食花蜜，也是西高止山重要的花粉傳播者。

eBird　鳥音

生態湖的水位深淺不一，部分湖面浮出或大或小的陸塊，有許多鸕鷀和黑頸鸕鷀在上面停棲、曬翅，栗鳶則在湖附近的樹上休息。生態湖的另外一側是乾涸的荷花池和大片凋零的荷花，其中可見紫鷺、黑背紫水雞和印度池鷺，這三種鳥的組合，分別像是臺灣生態池中的蒼鷺、紅冠水雞和夜鷺，有著類似的生態棲位（ecological niche）且歸屬於差不多的生態同功群（ecological guild）。黑背紫水雞是行合作生殖（cooperative breeding）的鳥種，三、四隻成鳥帶著十來隻幼鳥在乾掉的荷花池中覓食，拔取荷花的嫩莖。

尼爾基里啄花鳥 Nilgiri Flowerpecker

Dicaeum concolor

僅分布於印度西南部的西高止山山區，是該地區的特有種鳥類。過去曾認為是綠啄花（Plain Flowerpecker *Dicaeum minullum*）的亞種之一，現已分家。雖然分布範圍局限，但數量繁多。

eBird　　鳥音

版權來源 JJ Harrison (https://www.jjharrison.com.au/), CC BY 3.0, via Wikimedia Commons

黑頸鸕鷀 Little Cormorant *Microcarbo niger*

分布於印度半島、中南半島和爪哇島，部分族群會在分布範圍內局部遷徙。是一種小型鸕鷀，在東方區內相當普遍，各種水域環境都有機會見到。

eBird　　鳥音

栗鳶 Brahminy Kite Haliastur indus

分布範圍自印度半島往東延伸至中南半島、中國東部、馬來群島、新幾內亞及澳洲，臺灣不在其自然分布範圍內，但曾有觀察紀錄。栗鳶特別偏好在水域附近活動。

eBird　　鳥音

版權來源 Mahmadanesh, CC BY 4.0, via Wikimedia Commons

紫鷺 Purple Heron *Ardea purpurea*

分布於歐亞非三洲，是分布相當廣泛的鳥種。雖然臺灣偶而會有紀錄，甚至有零星個體繁殖，但臺灣並不在其主要分布範圍內。有時候會出現與蒼鷺雜交的個體。

eBird　鳥音

灰頭紫水雞 Grey-headed Swamphen *Porphyrio poliocephalus*

分布於印度半島、中南半島和華南地區，金門所見的紫水雞就屬於這一種。因此，想要看灰頭紫水雞的話，不用大老遠跑到印度，在金門就有得看了；只是金門的常常不在家，印度的滿地都是。

eBird　鳥音

有趣的是，在邦加羅爾，啄花鳥、太陽鳥和綠繡眼等體型較小的鳥類幾乎都只出現在植被覆蓋度高的地方，例如公園、大學校園和植物園；在人來人往的鬧區，只能看見黑鳶、野鴿、家烏鴉這些中型鳥。我猜想，以垃圾作為食物資源所獲得的能量和生物量（biomass）可能與野外的食物資源不同？不同生物量的鳥類適應不同的環境，是否與食物資源或其他因素有關？或許可以嘗試研究。

此外，也有研究發現，在污染較高的都市環境中，羽色偏黑的野鴿較能夠代謝重金屬。因此，鳥類適應環境的機制，也可能和羽毛的顏色有關。

人類也是一種動物，是生物多樣性的一分子，這麼說來，「都市」毫無疑問是人類的「重要棲地」；不同的是，人類為存活而打造出自己的生存環境，而不是找到一個自然環境過日子。隨著全世界人口數不斷快速增加，都市的面積和規模也隨之擴大，二〇〇九年，全世界居住於都市內的人口數大約是三十四億兩千萬人[40]，而居住於鄉村郊區的人口大約是三十四億一千萬人，這是歷史上首次都市人口數超過鄉間人口數。在地球遍地開花的都市化現象，毫無疑問傳達了一個重要的消息：我們的生活越來越依賴都市。

---

40 https://ourworldindata.org/grapher/urban-and-rural-population

由於都市裡缺少原生的植物，再加上大部分的範圍都被建築物和道路鋪面等「不透水層」給覆蓋，對野生動植物來說，能獲得的生存資源有限，因此，能在這裡生存的生物種類並不多，尤其原生的野生動植物特別少；有趣的是，還是有些生物能夠在這裡活得很好，而且數量眾多。這樣的現象，導致都市的生物多樣性特色是「種類少、數量多」。

打造生物多樣性友善的都市

隨著我們對於都市環境與生態的瞭解越多，有些都市設計的概念或許有機會改良。以往，人類在發展都市時的都市設計，幾乎都是以人類生活便利、安全等層面來考量；然而，除了這樣「以人為本」的都市設計概念，我們也可以多為野生動植物和自然環境考量，才不會讓都市對大自然的衝擊那麼龐大。

都市環境還有許多保育措施可以嘗試，例如都市裡的樹木。一般來說，都市裡的樹木大多是人為種植的外來樹種，可能只有少數具有歷史和文化意義的老樹會被留下來。雖然只要有種樹就能讓市區看起來綠綠的、環境很好，但是，栽植不同的樹種，也會有不同的影響。

舉例來說，原生於印度半島的黑板樹（*Alstonia scholaris*），因生長快速、栽培容易、景觀綠化快速等優點而廣泛栽植於校園、公園和作為行道樹；但是，也因為生長太快，而且木質部不具有膠質纖維、木材結構較為鬆脆，颱風後折枝、斷幹和傾倒的機率仍然相當高，傷人事件頻傳。此外，根系也常常破壞路面和硬體設施，使黑板樹成為具爭議的行道樹。

相較之下，可以選擇原生於臺灣平地環境的樹種，例如樟樹（*Cinnamomum camphora*）、榕樹（*Ficus microcarpa*）、茄苳（*Bischofia javanica*）和臺灣欒樹（*Koelreuteria elegans*）。雖然不代表採用原生樹種不會有任何問題，但選用原生的植物，也能讓原生的野生動物有更多機會接觸到牠們熟悉的自然資源。

要打造生物多樣性友善的都市，光靠生態學家的能力還不夠，因為設計都市涵蓋的層面很廣，原先設計都市的規劃師、交通運輸專家和建築師等，都需要一起參與合作。不僅如此，也需要地方首長和地方主管機關的支持，必須和在地住戶溝通說明，才有機會實現這樣新概念的都市。

然而，更重要的是，各方都需要認知到，無論是人類、動物和植物都是這座都市裡的居民，彼此有自己的生存空間。雖然就像我們和鄰居之間、甚至家人之間難免會有摩擦，但每個都市居民的生活方式不同，總需要互相理解、各退一步。

都市這個人類創造的新環境，不是只有人類居住其中，還有許多大小生物，牠們會逐漸適應都市，我們也會習慣與牠們保持適當的社交距離。

12.3 印度的郊區與農業

離邦加羅爾西方不遠的沙凡杜加山丘（Savandurga Hill）是由許多高聳裸岩形成的山丘地，在山丘頂上能俯瞰廣大的德干高原，地景樣貌為裸岩與樹林交錯棋布，夏季長時間曝曬在烈日之下，感覺這些巨大的裸岩隨時都會炸裂開來。這裡是當地居民重要的祭祀場所，每到假日，便有許多參拜者帶著各種顏色的飾品與多樣的農產品到山上祭祀。

沙凡杜加山丘。

對鳥類觀察者而言，沙凡杜加山丘是觀察印度兀鷲和埃及兀鷲的絕佳場所，也是最有機會目擊稀有且特有鳥種黃喉鶉的地點。南亞的兀鷲曾經歷過一場浩劫（尤其是白背兀鷲，在一九八〇年代族群量超過八千萬隻，但現今僅存數千隻），追查原因之後，發現是一種獸醫用的抗炎性藥物雙氯芬酸鈉（Diclofenac）所致。

雙氯芬酸鈉是一種苯乙酸類的非類固醇消炎止痛藥，可用於家畜的骨節炎、骨膜炎、骨骼肌炎、關節炎、痛風和風溼等症狀。然而，食腐性的兀鷲誤食內含有雙氯芬酸鈉的家畜屍體而中毒致死，後來規定改以美洛昔康（Meloxicam）取代雙氯芬酸鈉。

印度兀鷲 Indian Vulture *Gyps indicus*

分布於印度西部，為南亞特有種鳥類。棲息於都市、農村、農地、河口等各種環境，近年因家畜用藥中毒導致其數量大幅下降，目前受脅程度為「嚴重瀕危級」（CR）。

eBird　鳥音

埃及兀鷲 Egyptian Vulture *Neophron percnopterus*

分布於南印度半島以西之歐亞非三洲，包括地中海周邊、撒哈拉沙漠、阿拉伯半島及中亞地區，部分族群會在分布範圍內遷徙。近年因家畜用藥中毒導致其數量大幅下降，目前受脅程度為「瀕危級」（EN）。

eBird　　鳥音

版權來源 Photograph by Clement Francis M.

黃喉鵯 Yellow-throated Bulbul *Pycnonotus xantholaemus*

印度特有種，且僅分布於印度半島南部地區，棲息於中低海拔丘陵地的落葉森林裡。因棲地流失而導致其族群銳減，目前受脅程度為「易危級」（VU）。

eBird　　鳥音

版權來源 Shantanu Kuveskar, CC BY-SA 4.0, via Wikimedia Commons

白背兀鷲 White-rumped Vulture *Gyps bengalensis*

分布於印度半島和中南半島北部，棲息於鄉村農田等開闊環境。近年因家畜用藥中毒導致其數量大幅下降，目前受脅程度為「嚴重瀕危級」（CR）。

eBird　　鳥音

沙凡杜加山丘的高聳裸岩壁上，可見十來隻印度兀鷲和埃及兀鷲停棲，遊隼也會在岩壁上築巢。我們嘗試尋找歐亞鵰鴞的巢洞，可惜最後並無所獲。沙凡杜加山丘雖然是值得一訪的自然觀察地，但仍需提防失足墜落、遠離高度將近兩公尺的蟻穴，以及隨時可能出現的眼鏡蛇。很幸運的，在這裡共目擊包含黃喉鶇在內的六種鶇科鳥類、兩種兀鷲、稀有的長嘴鷚、遊隼的紅胸亞種和令我印象深刻的藍臉地鵑，可說是大有斬獲。

沙凡杜加山丘。

版權來源 Kamil.Corrections: Piotr_J, CC BY-SA 3.0, via Wikimedia Commons

歐亞鵰鴞 Eurasian Eagle-Owl *Bubo bubo*

分布範圍橫跨整個歐亞大陸溫帶地區，從歐洲伊比利半島到俄羅斯遠東地區都有其族群。是非常大型的夜行性猛禽，翼展長可達 190 公分。

eBird　鳥音

長嘴鷚 Long-billed Pipit *Anthus similis*

分布於印度半島西北部、阿拉伯半島及非洲東部，是一種體型相對較大的鷚，且嘴喙較長。偏好棲息於農田和河口等開闊環境，雖然不容易見到，但是族群狀況暫無威脅。

eBird　　鳥音

藍臉地鵑 Blue-faced Malkoha *Phaenicophaeus viridirostris*

南亞特有種，分布於印度半島南部及斯里蘭卡，地鵑是一群有趣的杜鵑科鳥類，臺灣沒有紀錄。偏好在茂密的灌木叢中活動覓食，時常鬼鬼祟祟的活動。

eBird　　鳥音

接著，我們前往邦加羅爾西南方約一百四十公里的衛星城市邁索爾（Mysore），因著名古蹟邁索爾皇宮（Mysore Palace）而成名。不過，跟鳥類比起來，我們對皇宮興趣缺缺，反倒是前往近郊的河灘地群找一些溼地鳥類。

邁索爾不遠處有一個千年的湖泊，許多斑嘴鵜鶘在該地繁殖，但是這一年因為乾季過長而導致湖泊乾涸。適逢乾季，河寬不寬，廣大的河灘地上停棲大量斑嘴鵜鶘、鉗嘴鸛、黑頭白䴉和黑䴉；河濱的樹上吊掛著許多黃胸織巢鳥和紋胸織巢鳥的鳥巢；靠近水域時需提防沼澤鱷（*Crocodylus palustris*）的攻擊。

堤防的另一側是農耕地，是由農田、小型聚落、林地和低矮灌叢組成的自然景觀，大多數的田地已經收成休耕。可見褐翅鴉鵑、戴勝和一些雲雀及鳩鴿鳥類在田間覓食，棕頭幽鶥和叢林鶇鶥在灌叢中竄動，樹梢則可見成群的小山椒鳥。

印度邁索爾周邊農地。

農地周邊放牧的羊群。

斑嘴鵜鶘 Spot-billed Pelican *Pelecanus philippensis*

分布於印度半島，冬天遷徙至東南亞度冬。時常十餘隻結群活動，一同在溼地覓食。因農地擴張而導致其數量下降，目前受脅程度為「近危級」（NT）。

版權來源 Lip Kee Yap from Singapore, Republic of Singapore, CC BY-SA 2.0, via Wikimedia Commons

eBird　　鳥音

鉗嘴鸛 Asian Openbill *Anastomus oscitans*

分布於印度半島、斯里蘭卡及中南半島。最大的特徵在於其上下嘴喙合起時不會密合，以福壽螺為主食，這樣的特徵可能有助於取食螺貝類。常與斑嘴鵜鶘一起活動覓食。

版權來源 Mvshreeram, CC BY-SA 4.0, via Wikimedia Commons

eBird　　鳥音

版權來源 Hari Krishnan, CC BY-SA 4.0, via Wikimedia Commons

黑頭白䴉 Black-headed Ibis *Threskiornis melanocephalus*

分布於印度半島、中南半島、華南地區和呂宋島，在中國東北有一區繁殖地，臺灣並非其主要分布地，但偶而有零星紀錄。

eBird　鳥音

版權來源 Shantanu Kuveskar, CC BY-SA 4.0, via Wikimedia Commons

黑䴉 Red-naped Ibis *Pseudibis papillosa*

分布於印度半島北部和南部，全身羽衣黑褐色帶有金屬光澤，頭頂有鮮紅色裸皮。偏好於開闊處活動，以小型脊椎動物和無脊椎動物為主食。

eBird　鳥音

版權來源 Shantanu Kuveskar, CC BY-SA 4.0, via Wikimedia Commons

黃胸織巢鳥 Baya Weaver *Ploceus philippinus*

分布於印度半島、中南半島、蘇門答臘及爪哇島，大多數織巢鳥分布於非洲，黃胸織巢鳥是少數分布於亞洲的織巢鳥。偏好在河岸邊的樹上以草葉築巢。

eBird　鳥音

版權來源 Pkspks, CC BY-SA 4.0, via Wikimedia Commons

紋胸織巢鳥 Streaked Weaver *Ploceus manyar*

分布於印度半島、爪哇島及中南半島，也是少數分布於亞洲的織巢鳥。數量眾多，偏好在開闊環境活動，包括農墾地及開闊溼地，會取食穀類農作物。

eBird　鳥音

版權來源 JJ Harrison (https://www.jjharrison.com.au/), CC BY-SA 3.0, via Wikimedia Commons

棕頭幽鶥 Puff-throated Babbler
Pellorneum ruficeps

分布於喜馬拉雅山山區、印度半島及中南半島，通常在茂密的樹灌叢中或其地面活動，生性隱蔽但移動時仍有機會發現。

eBird　鳥音

叢林鶇鶥 Jungle Babbler *Argya striata*

分布於整個印度半島，大多集中於印度中北部及西高止山，在人類活動環境如農墾地、果園等也能見到，時常在灌叢之間快速穿梭。

版權來源 Shantanu Kuveskar, CC BY-SA 4.0, via Wikimedia Commons

eBird　鳥音

版權來源 Vivekpuliyeri, CC BY-SA 3.0, via Wikimedia Commons

小山椒鳥 Small Minivet *Pericrocotus cinnamomeus*

分布於印度半島、斯里蘭卡、爪哇島及中南半島，體型嬌小，全長僅有 16 公分。雄鳥的羽色帶橘紅色，雌鳥則帶黃色，不過色塊範圍比臺灣鳥友熟悉的灰喉山椒鳥小很多。

eBird　　鳥音

印度是重要的農業大國，但現代農業也面臨極大的轉型挑戰。農業用地是重要的「人類生產地景」[41]，近幾十年來，農業擴張和集約化已成為生物多樣性的嚴重威脅。至少在短期內，農業擴張對受威脅物種的影響比氣候變遷還要劇烈，許多生物已經受到集約化農業的負面影響，包括鳥類、節肢動物、昆蟲、被子植物和土壤微生物。此外，由於棲地流失和農藥使用所致的生物多樣性流失，可能進一步影響生態系統功能和提供服務，包括作物生產，病蟲害防治和授粉。

與自然共生的保育性農業

我第二次拜訪印度時，學到了「保育性農業」這個概念。保育性農業所談的不只是生物多樣性的保育，還包括審慎、節約使用各種農業所需的資源（例如水源和土壤）。其精神為有限度的運用自然資源，使農業生產的成效達到最高，並契合永續發展。這個概念也與「里山倡議」不謀而合，主張兼顧生活、生產與生態的農業文化模式，建立人與自然的和諧共生。

41 Kremen, C., & Merenlender, A. M. (2018). Landscapes that work for biodiversity and people. Science, 362(6412), eaau6020.

農業是兼具多元價值的載體，無論在糧食生產、生物多樣性保育、休憩娛樂及傳承傳統知識與文化，都具有無可取代的地位。農業環境不僅是糧食生產的源頭，同時也是許多野生動植物的重要棲地，形成人與自然共生的農業生態系，產生農業生態系獨特的生態系服務。

隨著全球環境變遷，農業的各種價值也必須隨著時勢需求而調適，形塑不同時代的「新農業典範」。人類正同時面臨糧食短缺及生物多樣性流失的雙重衝擊，新時代的農業典範，是能同時減緩兩項巨大衝擊的重要關鍵，在維繫生產的同時，提升農業的生態系服務及生物多樣性保育價值。

換句話說，保育性農業就是以永續利用為原則，妥善運用並保育自然資源的務農方法，將環境衝擊減到最低、不使用化學工具（農藥、除草劑、化學肥料及殺蟲劑）等。然而，自二〇〇六年推出至今，多數國家目前都還在嘗試階段，依照不同的農作物種類、自然環境與各個國家的狀況，也有不同的經營策略；也因此，世界各國應該積極的互相交流、分享，互相擷取值得嘗試的技術與經驗，讓保育性農業的實務應用更加成熟。

保育性農業的保育對象除了生物多樣性之外，還包括其他自然資源和勞力建設等社會資源，農民的經驗與傳統知識也是必須保育的重要無形資產。換句話說，保育性農業也可以說是一種精神，極力減低對環境的衝擊，使土地和作物可以充分輪作，實務上確實能提高產量，並且系統性談論如何保育多樣的有形資源和無形資產。這樣的精神，希望能夠廣泛運用在各個不同環境條件的國家與其生產的作物上。

保育性農業的概念在臺灣並不普及，但是「永續發展」的精神已發展多年，再加上近年活絡起來的「里山倡議」，目標都是達到人與自然的和諧共生。農業是難以取代且有其必要性的產業，保育性農業和里山倡議是分別從不同的角度與尺度看待農業的轉型。保育性農業著重於農業實務操作的手法，里山倡議則是從較大的空間尺度下，看人類、農業用地和周遭自然環境互相配置、相輔相成的狀況。

我們已開始從里山倡議的方式自大的空間尺度著手，那麼不妨也嘗試保育性農業的操作細節，讓農業生產過程的每一個資源都不浪費，維護土壤的結構與微生物相，作為蘊藏農作物所需的養分與水分的重要資產。

印度西高止山山區的水稻田。

12.4 初入西高止山．納加赫爾國家公園

持續往西南方前進大約九十公里，即可抵達納加赫爾國家公園（Nagarhole National Park），面積約六千平方公里。國家公園境內主要由熱帶及亞熱帶的溼暖落葉林所組成，生物多樣性豐富，為許多中大型哺乳動物的重要棲地，例如亞洲象（*Elephas maximus*）、孟加拉虎（*Panthera tigris*）和花豹（*Panthera pardus*）。

由於園區內中、大型哺乳動物甚多，具有一定的危險性，遊客必須駕車進入且禁止隨意下車，出入人員皆須經過管制哨的查驗。行車通過納加赫爾國家公園的管制哨點，我進入西高止山北端的溼暖落葉林，當時正值炎熱潮溼的八月，道路兩側的薔薇木、檀香、銀樺（*Grevillea robusta*）、柚木（*Tectona grandis*）如熱帶森林般蒼翠蓊鬱，難以讓人感受到落葉林的涼爽乾燥。兩側的森林、灌木叢，以及樹梢，隨時都有可能出現令人驚豔的野生動物，諸如白斑鹿（*Axis axis*）、印度長尾葉猴（*Semnopithecus dussumieri*）、印度藍孔雀等。

納加赫爾國家公園。

整個國家公園境內，除了車行道路之外，幾乎沒有其他的人工構造物，盡可能保留了自然的原始樣貌。除了原始的自然環境，沿路能見到各種印度文與英文並列的告示與警語，例如「放慢速度才能看到更多野生動物」、「還有很多野生動物，別急著離開」和「野生動物也可能從車子後方出現」，是相當特別的國家公園。

印度藍孔雀 Indian Peafowl *Pavo cristatus*

分布於印度半島及斯里蘭卡，為南亞特有種。孔雀屬（*Pavo*）的鳥類全世界僅有兩種，另一種是綠孔雀（Green Peafowl, *Pavo muticus*）。印度藍孔雀是常見物種，也馴化為寵物，是世界各地所見的外來種，包括金門。

eBird　　鳥音

續挺進西南方，進入西高止山區，沿路可見零星的聚落，山腰上大多數是種植咖啡的農民，谷地則多是種植水稻的農民。西高止山地區是印度咖啡的重要產地之一，也是著名的農林混植（agroforestry or agro-sylviculture）示範地區，農林混植是指揉合林業與農業技術，使適當的樹種與作物能共同搭配生長，提高生物多樣性、作物產量，並且對環境友善的永續土地利用形式。

咖啡屬於耐陰性植物（shade tolerant plant），可以在鬱閉度不高的森林下層生長，因此適合發展農林混植，沿路皆可見大片的農林混植咖啡園。在西高止山的研究發現，位在保護區周圍的農林混植咖啡園，具有緩衝區和提高棲地連結性的功能。與保護區的距離越近，以及原生植物的種類較多，都是提高咖啡園內哺乳動物多樣性的重要因子。

最後，我們在卡納塔克邦果達古區（Kodagu district，又稱 Coorg）的民宿 The Nest 落腳。民宿位於西高止山迎風面，坐落在溫暖潮溼的森林裡，後方則是種植稻米的小谷地。抵達時已經接近天黑，但還能聽見橙頭地鶇的響亮叫聲。

民宿The Nest。

橙頭地鶇 Orange-headed Thrush

Geokichla citrina

分布於印度半島、中南半島、爪哇島及華南地區，臺灣有零星紀錄。雖然在臺灣難得一見，但是分布範圍內相當普遍，各亞種外觀也不盡相同，是值得仔細觀察的目標鳥種。

eBird　　鳥音

版權來源 JJ Harrison (https://www.jjharrison.com.au/), CC BY-SA 3.0, via Wikimedia Commons

比太陽早起是賞鳥人的重要能力。天微亮時，便可見到銅翅水雉在稻田中覓食、東方蜂鷹飛過谷地這樣的景象，綠油油的稻田離山腰間的闊葉林相當接近，像極了日本所提倡的「里山」：一種兼顧生活、生產與生態，使人與自然揉和共存的永續精神。

因為這一年雨季來得較晚，所以我們到訪這幾天才開始插秧。印度的雨水就是如此令人捉摸不定，通常夏天的雨季從六月開始，但是會降下印度全年四分之三的雨量，有時候像一隻溫馴的小鹿，有時候又像一隻暴跳如雷的大象。

上午在附近的森林裡賞鳥，嚮導除了找鳥，還必須隨時注意是否有亞洲象在附近，以免發生危險。有「綠色子彈」之稱的短尾鸚鵡在樹冠之間快速穿梭，體型小移動又快，相當不容易觀察；羽毛上帶有心形黑斑的心斑啄木在敲擊樹幹，背上一排黑色心狀斑令人印象相當深刻；長喙捕蛛鳥雖然體型嬌小，嘴喙卻非常長，鳴叫聲也相當響亮；林間不時可見印度黃山雀和絨額鳾，突然現身的大金背啄木是更令人眼睛一亮的驚喜。

雖然離農忙中的水稻田和咖啡園不遠，但是鳥種仍然相當豐富，可見農林混植和里山的環境，果然對維持生物多樣性具有一定的幫助。

銅翅水雉 Bronze-winged Jacana

Metopidius indicus

分布於印度半島、中南半島及蘇門答臘，是東方區的水雉科代表鳥種。數量普遍，在都市或郊區的淨水水域就可見到，時常和臺灣也有的雉尾水雉一同覓食。

eBird　　鳥音

短尾鸚鵡 Vernal Hanging-Parrot *Loriculus vernalis*

分布於印度半島及中南半島部分地區，是一種小型鸚鵡，體長不到 15 公分。體型小又飛行速度快，時常在棕櫚樹之間穿梭，不容易觀察。

eBird　鳥音

心斑啄木 Heart-spotted Woodpecker *Hemicircus canente*

分布於印度半島及中南半島部分地區，全身羽衣只有黑色和白色，翼上覆羽上的黑斑碰巧為心形而得名。並不罕見，是相當值得一見的目標鳥種。

eBird　鳥音

版權來源 Jackfrowde, CC BY-SA 4.0, via Wikimedia Commons

長喙捕蛛鳥 Little Spiderhunter

Arachnothera longirostra

分布於印度半島、中南半島、婆羅洲、蘇門答臘及爪哇島，體型嬌小但叫聲非常響亮。

eBird　鳥音

版權來源 Uajith, CC BY-SA 3.0, via Wikimedia Commons

印度黃山雀 Indian Yellow Tit

Machlolophus aplonotus

印度半島特有種，外觀與臺灣的黃山雀相似。原先 *Machlolophus* 屬內只有臺灣黃山雀一種，日後研究將印度黃山雀也納入這個屬內。雌鳥偏淡黃色，雄鳥偏淡灰白色，數量普遍。

eBird　鳥音

版權來源 JJ Harrison, CC BY-SA 3.0, via Wikimedia Commons

絨額鳾 Velvet-fronted Nuthatch *Sitta frontalis*

分布於印度半島、喜馬拉雅山、中南半島、蘇門答臘、爪哇及婆羅洲。絨額鳾的背部羽衣鮮藍色、嘴喙鮮紅色、虹膜黃色，整體配色相當鮮豔。數量普遍，不難找到，在印度及東南亞是值得一見的鳥種。

eBird　　鳥音

在西高止山觀賞了三天，最後一天沿路賞鳥一路返回邦加羅爾，沿途我們嘗試尋找不曾觀察過的棲地類型，才有機會見到一些尚未目擊的鳥種；最後，我們來到一處乾燥的荒地，沒有幾棵樹，其餘是零星分布的大灌木和高草叢，星羅棋布在乾燥的土地上。如果在臺灣，我想我不會太期待這裡出現特別的鳥種，不過在印度可就不一樣了……

大金背啄木 Greater Flameback *Chrysocolaptes guttacristatus*

分布於喜馬拉雅山、印度半島東部山區、中南半島及馬來半島。背部羽衣金黃色，帶有巨大的鮮紅色羽冠，是相當特別的大型啄木鳥。雌鳥的羽冠黑色帶有白點。

eBird

鳥音

首先，我們嘗試去找一種很害羞的鶴鶉「叢林鶉」（*Perdicula asiatica*）。這種鳥體型不大，和臺灣的棕三趾鶉（*Turnix suscitator*）差不多，但是生性相當隱密，隱藏在灌叢中且不容易發現，除非正巧鳥從灌叢中飛出，否則難有一面之緣。除了叢林鶉，這樣的環境還能見到戴勝、椋鳥、百靈和畫眉。

正準備要離開之際，突然發現非常稀有的白腹山椒鳥（*Pericrocotus erythropygius*）的雄鳥，連嚮導都沒有看過的鳥！黑白分明的體羽，再加上胸前一塊磚紅色的絨羽，是相當令人驚艷的鳥種。在最後一天能有幸目擊這種難得一見的鳥種，讓人感到不虛此行。

相似卻有新鮮變化的鳥種

從十九世紀華萊士（Alfred Russel Wallace）的觀察，直到二〇一二年的親緣分析結果，印度半島、中南半島和臺灣都同樣歸屬於東方區。有個看法認為，臺灣的鳥類來源中有一部分是來自於喜馬拉雅山脈，一路擴張到臺灣，這些鳥種大多分布於中海拔山區。譬如說，從青背山雀的分布圖來看，主要分布沿著喜馬拉雅山的山麓直到四川盆地，以及分布於臺灣的特有族群。

我第一次出國賞鳥是在美國的西雅圖郊區，那裡的鳥類與臺灣天差地遠，一早醒來窗外百鳥爭鳴，但只會辨識雞啼。這一次在印度賞鳥的經驗，不會令我感到太陌生，因為印度的鳥種幾乎都是和家鄉鳥種相同或相似的種類，例如畫眉、椋鳥、山雀、王鶲和鶺鴒等；雖然屬於不同物種，但是鳴唱聲與外觀並沒有太大的差異，反倒帶給我一股與家鄉相似的熟悉感。雖然相仿，但又不失變化。

印度雖然人口眾多，但是西高止山地區卻不會讓人感到吵雜擁擠，和都市相比，多了一股自然專屬的寧靜與躁動。西高止山是南亞地區重要的特有種鳥類熱點，十分幸運能有機會在此地享受獨特的生物多樣性。

目前為止，已經有許多研究成果疾呼，應該立即加強西高止山的生物多樣性保育，也提出農業與生態揉和的經營管理策略。在人與自然和諧共生的里山精神之下，西高止山的居民將會創造出獨有的里山生活，蒸出來的米飯與沖出來的咖啡，就像山裡的特有鳥類一樣，都會帶有無可取代的土地故事與芬芳。

13 北美洲：歡迎來到新世界

13.1 美國國鐵大冒險

二〇〇八年，我還在森林系讀碩士班，先前提到，我在大三的時候就有出國留學的打算，但我也承認當時只是眼高手低的年輕人，說得容易，真的要做還真困難——更不要說當時一點想法也沒有，也不知道該做什麼，只知道好像要去補習考個美國大學的研究生入學考試（Graduate Record Examinations, GRE）。

雖然沒什麼頭緒，但碩士論文的研究也按部就班的進行，利用過往留下來的鳥類調查紀錄和梅峰的土地覆蓋類型，探討在破碎的森林環境中，小鳥喜歡去哪些地方活動。研究的進展和狀況很不錯，在碩一升碩二的暑假之前，我大致完成了第二章和第三章的分析。

我的碩士論文第二章，是在看梅峰農場裡的各種土地覆蓋類型，包括人工林、天然林、果園、耕地、建築物和水體之間，哪裡的小鳥種類比較多、哪裡的小鳥種類比較少；第三章則是同樣的問題，只是換成分析每一種小鳥較喜歡去哪一種環境。這樣的研究主題稱為「野生動物與棲地關係」（wildlife-habitat relationships），而我探討的是鳥類的棲地偏好（habitat preference）。

研究方法和概念很簡單，我們會拿著地圖在梅峰農場走來走去，把每一隻看到的小鳥都記錄在地圖上，紀錄點越多也越集中的地方，就是那一種小鳥越喜歡去的環境——也就是說，那裡有牠需要、喜歡的生存資源，可能是食物，也可能是很好的築巢環境。

分析結果發現，森林裡面的小鳥種類和數量最多，這並不令人意外，但令人訝異的是，天然林和人工林裡的小鳥組成，並沒有太大的差異；這樣的結果暗示，天然林和人工林對小鳥來說，本質上是一樣的，這和過去的認知有很大的差異。因為，人工林的目的是生產木材，為了讓樹木長得又粗又直，必須清除周邊其他的雜木、雜草、藤蔓等會干擾大樹成長的其他植物——如此一來，人工林也就變得單調無趣，雖然綠綠的，但少了許多會開花結果的植物，也少了許多昆蟲，小鳥自然不感興趣。

但我的研究結果卻不是這麼一回事！天然林和人工林的小鳥組成其實差不多。為什麼？深入探討之後，原來是因為這裡的人工林早就已經沒有持續管理，也無法生產木材，其他的小草小樹陸續自然生長，導致次冠層（sub-canopy，大約五公尺以下）的植物組成和天然林差不多。

對小鳥來說，森林裡面找得到食物就好，頭頂上的樹冠層（canopy）是天然的還是人工栽種的，一點都不重要。而且在第三章的分析結果中，我們也發現大多數的鳥種喜歡在低矮的樹木和灌叢中活動，這樣的結果告訴我們，臺灣的中海拔破碎森林環境，不一定需要花長時間做森林復育，讓次冠層的植物長回來就能讓小鳥活得很好。這份研究後來發表於 *Ornithological Science*。

分析結果大致底定，指導教授建議我前往美國參加美國生態學年會（The Ecological Society of America, ESA）和美國鳥類學年會（American Ornithological Society, AOU）以發表研究成果，並且在那個時候多認識一些美國學者，物色未來可能參與的大學和研究室。

這對我來說是相當大的挑戰，一來是那時候我的英文並不好，要去美國發表論文肯定還需要大量的學習和練習；二來是沒錢，必須想辦法申請計畫或補助款

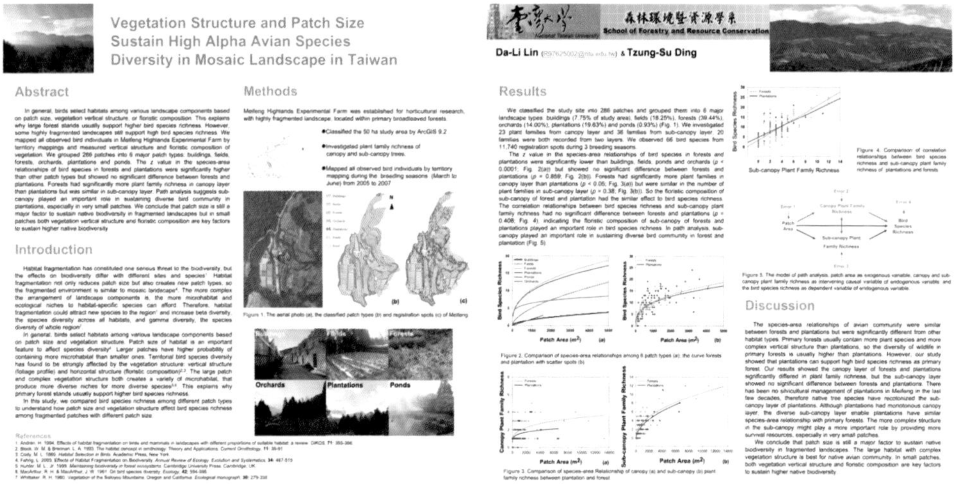

學術生涯第一張國際研討會海報。

才行。英文能力不是一步登天的事情，做多少算多少，但申請資金倒是非常重要的短期工作。一般來說，當時補助研究生出國發表研究成果的管道有兩個，一個是國家科學委員會的「補助國內研究生出席國際學術會議」，另一個是傑出人才發展基金會的「優秀學生出國開會申請補助辦法」。無論是哪一項，都必須要繳交英文論文全文才有機會獲得補助。我花費了不少心力，上演好幾次死線逃生的戲碼，最後獲得傑出人才發展基金會的補助，在暑假啟程。

二〇〇九年七月二十二日是特別的日子，這一天長江流域會出現日全食，這趟美國行日期離日全食的日期太近，只好放棄。反正每年都有兩次，總有一天我會看到啦（結果到了二〇二〇年六月二十一日，才在嘉義東石看到日全食）！

沒有去中國，在臺灣還是能看見非常接近日全食的日偏食（雖然觀察現場有沒有出現百分之百日全食真的差很多）。貝里珠串、鑽石環、起風、水星和金星現身、繞射條紋等等，都是日全食才能觀察到的現象，日偏食則沒有機會見到；不過這一場，也能看到許多別於以往的現象。大概在接近上午九點半，日食要接近最大的時候，天色一整個非常詭異，像陰天那樣陰暗，但陽光卻又在你頭上普照。

真正說來也不像陰天，比較像是有人把太陽給調暗了，就像把電腦螢幕的亮度調暗那樣，很難解釋那種感覺。陽光透射過阿伯勒葉叢，灑在地上的陽光也變成弦月形了，接著，開始吹起陰涼的風，天氣非常詭異，也難怪古人對這個現象感到如此恐懼。

2009年臺北日偏食，穿過樹葉孔隙的陽光也呈現日偏食的狀態。

我很喜歡「認識星空」選修課中，孫維新老師對日食現象的總結：「在我們生活周遭，有許多令我們擔憂、恐懼的自然現象，也許是我們還不夠瞭解，所以才會感到恐懼。例如我們今天看的日食與月食，古人對其戒慎恐懼，而今我們的預測能準確到可以拿來對錶。可見，也許未來的某一天，我們對某些事情清楚瞭解之後，我們就不會再為此感到畏懼了。」

這是我第一次跨越太平洋，也是第一次踏上新大陸。對很多人來說或許不是什麼稀奇的旅程，但是對一個生態研究菜鳥來說，真的是既興奮又期待。希望這一趟能看清楚世界生態研究的浪頭有多高，認清楚自己離那裡還有多遠——就像要去偉大的航道，總是要知道它在哪裡或還有多遠。

完成長途飛行，抵達西雅圖已經入夜了，一到住處便倒頭就睡。隔天上午醒來，窗外一大堆鳥鳴聲，但我啥也聽不出來，這一次出國根本沒時間做賞鳥功課，唯一聽得出來的鳥叫聲是雞。出國賞鳥就是得要做功課，不然下場就是如此痛苦，難得出國一趟，因為自己不努力而錯失很多鳥種，實在是得不償失。在美國待了三個星期，最後卻只看了四十七種鳥類，實在是遜到不行。

北美洲的小鳥等一下再說，這一趟我還做了一件值得嘴一輩子的事情，那就是在美國搭火車。搭火車有什麼了不起？請聽我娓娓道來。

我先是在西雅圖待了三個星期，接著前往新墨西哥州的阿布奎基（Albuquerque），出席在新墨西哥州立大學舉辦的美國生態學年會。會議結束後，要再前往美國東部的費城（Philadelphia），參加在賓州州立大學舉辦的美國鳥類學會議。

阿布奎基火車站。

由於會議之間有些空檔，身為體內有百分之十鐵道迷的我，決定從阿布奎基搭美國國家鐵路 Amtrak 到費城，中途需要在芝加哥和華盛頓特區轉車。旅途約三千兩百公里，搭乘時間約七十小時，無論美國人或臺灣人，聽到這件事的人都說我像神經病！

到了阿布奎基的剪票口，車站人員告訴我，火車會誤點三小時，我還來不及傻眼，排在我後面的先生就說：「那我先去看場電影。」我沒地方去，也不敢亂跑，就留在車站寫稿。三小時後，火車終於來了，找到自己的座位後，車上立刻廣播：「我們現在要換火車頭，會晚一點出發。」這一換又是三個小時。

當火車離開阿布奎基，距離車票上的預定時間已經超過六小時了，但似乎只有我在嘆為觀止，其他乘客都不以為意。這一段漫長的車程要花二十五個小時才能抵達芝加哥，誤點六小時，我根本不可能趕上轉乘的火車。

隨著搖搖擺擺的車廂吃吃睡睡，終於看見遼闊的密西根湖，抵達芝加哥的時間，已經誤點十二小時了！我只能改票搭乘隔天的列車前往華盛頓特區。幸好老美也很乾脆，國鐵公司給我了五十美元的零用錢，以及價值一百美元的四人房住宿，讓我能有個芝加哥一日遊。

隔天順利搭車前往華盛頓特區，再轉往費城，完成七十小時的美國國鐵之旅。下車前，我向鄰座乘客說謝謝，謝謝他成為我長途之旅的最後一位夥伴。

美國國鐵月台。

13.2 新世界與舊世界：生物地理區

在同一個地方觀察生物一段時間之後，總是會感到厭倦，這是人之常情。這時候，通常大腦是在提醒你該到不同的地方走走了！雖然國外的月亮不一定比較大、比較美、比較圓，但是國外的小鳥總是長得不一樣；多看不同的自然風光、社會文化和生物樣貌，都是在累積重要的個人經驗。

生物的分布，往往只能限制在特定的範圍內，這樣的概念稱為「生物地理」（biogeography），也就是生物的空間分布；而探討生物分布的變化和其原因的科學，就稱為「生物地理學」。這個範圍可大可小，小到池塘裡的魚蝦蟹喜歡躲在哪個角落，大到鯨魚在全球各大洋的活動範圍，都是生物地理學討論的話題。

有趣的是，絕大部分的生物都會因為環境條件、生理機制以及和其他生物競爭等限制，很難適應所有的環境。例如你在森林裡找不到麻煩的外來種白尾八哥，而在都市裡也看不到野生的黑長尾雉過馬路，即便是人類這種稱霸世界的物種也很難真的多子多孫、搞得整個地球滿地都是（像是高山、極地、沙漠和海洋就杳無人煙）。不過，還是有些例外，例如黃頭鷺、魚鷹、遊隼都是廣泛分布於至少五大洲的鳥類，這類生物稱為全球種（cosmopolitan species）。

然而，有些時候，在特定的範圍裡面，生物的組成會相當相似。「你家也有麻雀？」「對啊，我家也還有五色鳥。」一般來說，距離越近，通常生物組成就越相似，例如臺灣和香港都能見到麻雀和白頭翁。生物組成相似的地方，生物地理學家會稱之為「生物地理區」（biogeographic realm）。

從全球角度來看，可以簡單分為兩大生物地理區：「舊世界」（the Old World）和「新世界」（the New World），舊世界包含歐洲、亞洲和非洲，新世界則包含北美洲和南美洲。由於人類起源於非洲，人類文明在歐洲大幅提升，因此，習慣把我們的老家歐亞非三洲稱為舊世界，而十五世紀才發現的北美洲和南美洲則為新世界。

不僅太平洋和大西洋將人類社會分為舊世界和新世界兩大區塊，舊世界和新世界的生物組成也截然不同，卻又有某些相似之處。舉例來說，無論在舊世界或新世界，都有一群體型嬌小、飛行快速且技巧高超、體羽艷麗閃爍金屬光澤，而且特別喜歡吸食花蜜的小鳥；在舊世界這群小鳥是太陽鳥，在新世界這群小鳥則是蜂鳥。類似的例子還有很多：舊世界的兀鷲和新世界的美洲鷲、舊世界鷲和新世界鷲、舊世界猴和新世界猴等。不過、並不是所有的生物都會受到大洋阻隔，還是有生物能夠橫跨新舊世界，例如前面提到的全球種，以及從阿拉斯加經過白令海峽，沿著東亞往南遷徙的候鳥。

如果你對新世界和舊世界這兩大地理區有點概念了，那麼我要再把全球地理區分得更細一點，但別擔心，只是分為六大區而已。一八七六年，生物地理學家華萊士發表了「動物地理分布」（The Geographical Distribution of Animals），依據陸域動物的相似程度，認為可以將全球分為六大生物地理區：包括古北區（Palearctic）、東洋區（Oriental）、澳洲區（Australian）、非洲區（Ethiopian）、新北區（Nearctic）與新熱帶區（Neotropical）。雖然這個概念有點年紀了，但是大致上還能適用現今的生物分布，也能在規劃出國賞鳥旅遊的時候派上用場。簡單的說，如果你希望多看幾種沒看過的生涯新種，飛到另一個生物地理區就對了。

後來，到了二〇一三年，丹麥學者霍特（Ben Holt）納入生物親緣關係的概念，將世界區分為十一個生物地理區[42]。

那麼，臺灣屬於哪一區呢？臺灣位在古北區和東洋區的交界，有許多來自兩個生物地理區的鳥類在臺灣集合，因此，要認定臺灣所屬的生物地理區，還真是不容易。但是換個說法，我們大致可以將臺灣的繁殖鳥類分為四個來源，分別

42 Holt, B. G., Lessard, J. P., Borregaard, M. K., Fritz, S. A., Araújo, M. B., Dimitrov, D., ... & Rahbek, C. 2013. An update of Wallace’s zoogeographic regions of the world. Science, 339(6115), 74-78.

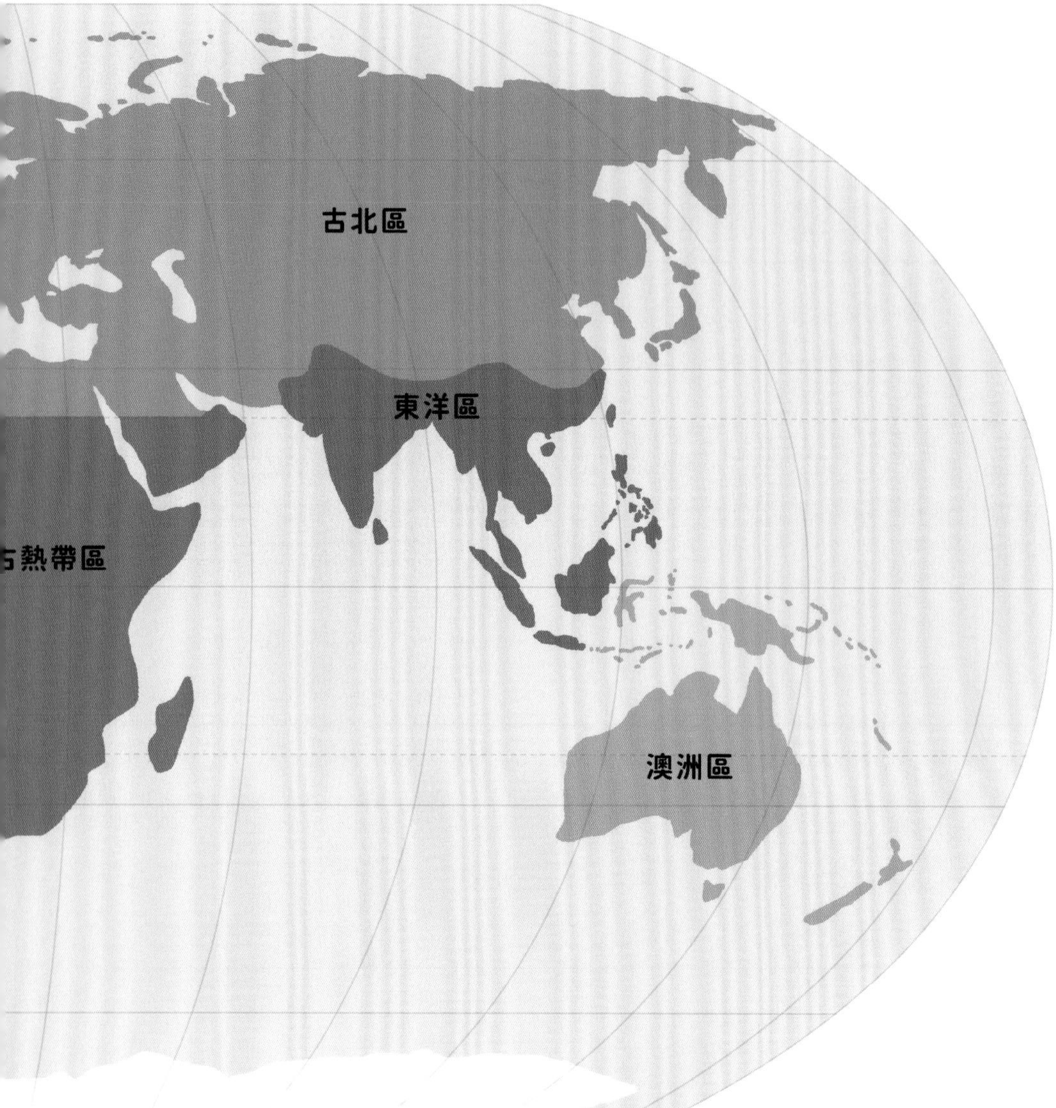
古北區
東洋區
古熱帶區
澳洲區

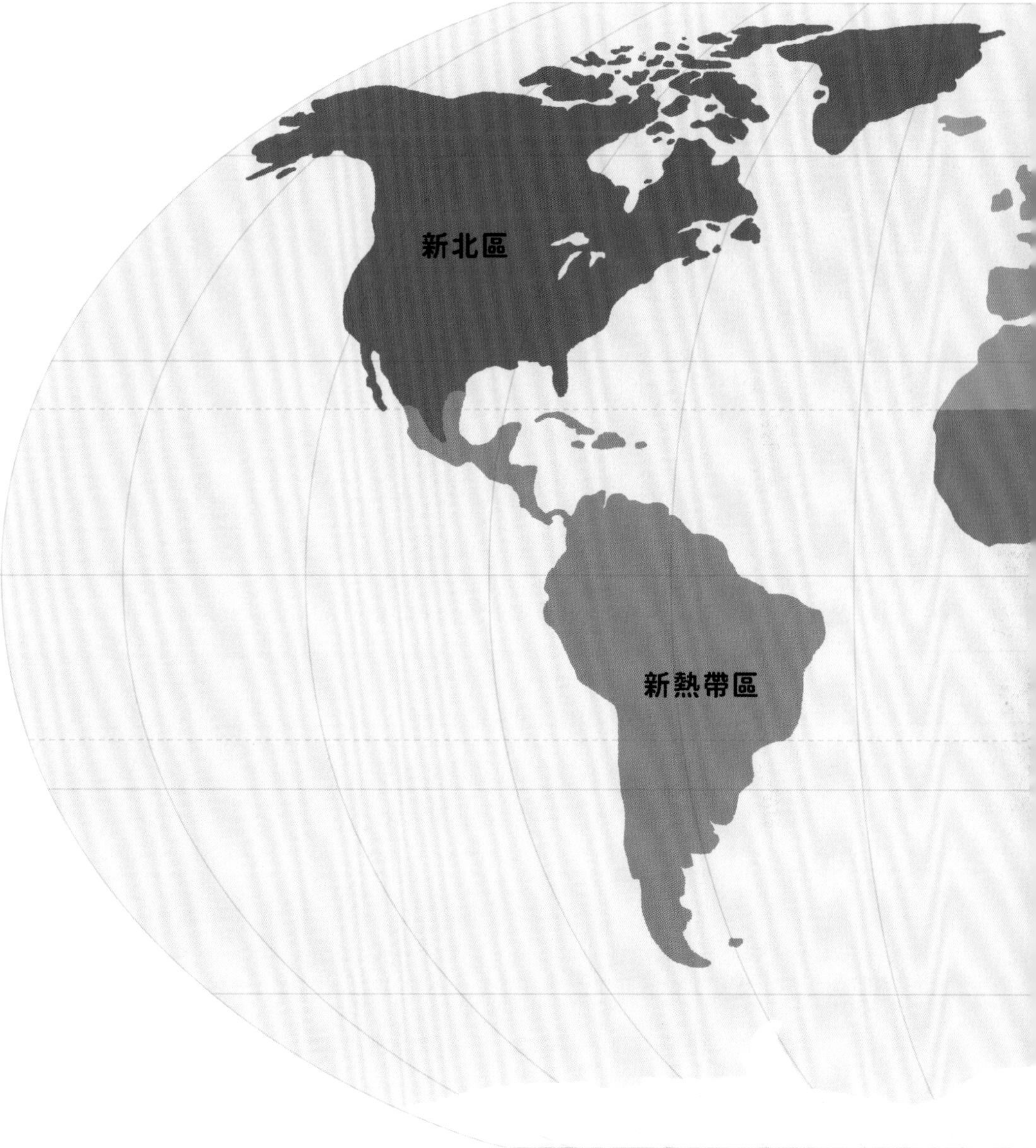

華萊士所主張的生物地理區。

是古北區、喜馬拉雅山脈、中南半島和南洋島嶼。來自古北區的小鳥，大多分布於高海拔山區，如大赤啄木、鷦鶲和煤山雀；來自喜馬拉雅山區的小鳥，大多分布於中海拔山區，如青背山雀；來自中南半島的小鳥，大多分布於低海拔山區，如灰頭鷦鶯和褐頭鷦鶯；而來自菲律賓等南洋島嶼的小鳥，大多分布於蘭嶼和綠島，如長尾鳩。

臺灣藍鵲 Taiwan Blue-Magpie, *Urocissa caerulea*

臺灣特有種，分布於平地及低海拔山區，北部較為常見。繁殖方式為幫手制的合作生殖，時常小群活動，繁殖期間會攻擊路人。

eBird　　鳥音

版權來源 Alnus, CC BY-SA 3.0, via Wikimedia Commons

朱鸝 Maroon Oriole *Oriolus traillii*

分布於喜馬拉雅山、中南半島、海南島及臺灣，臺灣的族群為特有亞種 *Oriolus traillii ardens*。棲息於平地及低海拔山區樹林，東部較容易見到。

eBird　　鳥音

版權來源 AR Ebrahim, CC BY-SA 4.0, via Wikimedia Commons

小啄木 Grey-capped Pygmy Woodpecker *Yungipicus canicapillus*

分布於喜馬拉雅山、中南半島、馬來群島西部、中國東部、朝鮮半島和臺灣。在臺灣分布於平地及低海拔山區，數量普遍，中南部較容易見到，公園或校園就有機會。

eBird　　鳥音

烏頭翁 Styan's Bulbul *Pycnonotus taivanus*

臺灣特有種，僅分布於東部地區，北起蘇澳，南至恆春半島楓港一帶。雖然分布範圍內數量繁多，都市裡即可見到，但分布仍相當局限，受脅程度為「易危級」（VU）。

eBird

鳥音

版權來源 Chris Chafer from Penrith, Australia, CC BY 2.0, via Wikimedia Commons

長尾鳩 Philippine Cuckoo-Dove *Macropygia tenuirostris*

分布於婆羅洲、菲律賓群島、巴丹島及蘭嶼，臺灣本島並非其自然分布範圍，是來自南島地區的物種。數量普遍，生存暫無威脅。

eBird　　鳥音

版權來源 Gideon Ferrer, CC BY-SA 4.0, via Wikimedia Commons

低地繡眼 Lowland White-eye *Zosterops meyeni*

分布於呂宋島及周邊島嶼、巴士海峽的巴丹島，以及臺灣的蘭嶼和綠島，臺灣本島並非其自然分布範圍。在分布範圍內普遍，暫無威脅。

eBird　　鳥音

美洲鴉

American Crow *Corvus brachyrhynchos*

分布於美國及加拿大南部，加拿大的族群冬天會遷徙至美國。數量普遍，常常是抵達機場就先見到的第一種鳥。

eBird 鳥音

版權來源 derivative work: Snowmanradio (talk)Zenaida_macroura_-California-8.jpg: Don DeBold, CC BY-SA 2.0, via Wikimedia Commons

哀鴿 Mourning Dove *Zenaida macroura*

分布於北美洲加拿大以南地區，數量眾多，分布廣泛，是相當普遍的鳩鴿科鳥類。北邊的族群冬天會遷徙至墨西哥南部度冬。

eBird 鳥音

白尾八哥 Javan Myna *Acridotheres javanicus*

爪哇島特有種，2001年起在爪哇島的數量大幅減少，分布範圍縮減，受脅程度認定為「易危級」（VU），但是在馬來群島及臺灣島是數量眾多的外來入侵種，而且數量持續快速增加。

eBird　　鳥音

版權來源 Snowyowls (photographer) / Jako (uploader), CC BY-SA 3.0, via Wikimedia Commons

黑長尾雉 Mikado Pheasant *Syrmaticus mikado*

臺灣特有種，棲息於臺灣中高海拔山區，是相當具代表性的臺灣鳥類。黑長尾雉的模式標本僅有兩根尾羽，也印製於新臺幣 1000 元的鈔票上。

eBird　　鳥音

因此，對自然觀察愛好者來說，跨越大洋抵達另一個「世界」，迎來的是截然不同的生物組成和環境風貌。

這種跨越不同地理環境、進到不同生物組成的感受，不用出遠門，光是在臺灣島內就可以簡單體驗一下。北臺灣不那麼難見到的臺灣藍鵲，在花東可就沒這麼容易找到；東部平地森林就能見到的朱鸝，北部的鳥友還得專程來花東找，更別說縱谷裡滿地都是的烏頭翁；同樣的，中南部的公園裡，樹上就能見到小啄木，北部鳥友還得去烏來山區碰碰運氣。

從這裡可以看出來，每一種生物的分布範圍不盡相同，不是每一種小鳥都制霸全島。因此，像我這樣北部出身的鳥友，常見的賞鳥經歷是從住家附近開始賞鳥，接著到郊山或海岸溼地走走，總會有那麼一天，你將搭上火車到東臺灣，見識一下傳說中的烏頭翁；再繼續下去，就會前往蘭嶼和綠島，見見那些與菲律賓相似的鳥類，包括長尾鳩和低地繡眼；抑或到金門和馬祖，瞧瞧那些來自華南的鳥種，例如栗背短腳鵯和戴勝。

光是在台澎金馬之間，就有這麼多鳥類組成的差異了，更不要說飛行十二個小時，抵達太平洋的另外一端。剛抵達西雅圖國際機場，滿地都是的美洲鴉和哀鴿，都是令我看得津津有味的生涯新種，不過這個津津有味只維持五分鐘。臺灣遍尋不著的歐洲椋鳥，在西雅圖卻是會不小心踩到的外來種。

簡單來說，你的普鳥是我家的稀有鳥，我的普鳥是你家的稀有鳥。出遠門賞鳥，說實在的，通常是去看別人家的普鳥。

賞鳥圈也時常為這類事情鬧過不少笑話。其中一個很有名的是，一批臺灣鳥友前往黑龍江賞鳥，當地鳥導興高采烈告訴他們：「附近出現了連我都還沒看過的超級稀有鳥！極度罕見！」一群人浩浩蕩蕩火速趕往現場，早已有一堆大砲林立拍攝。定睛一看，當事鳥竟是一隻夜鷺——拜託！這在臺灣滿地都是好嗎！

也有一說是黃頭鷺，但這已經不重要了，讓鳥導充分瞭解你的需求才是最重要的。否則，千里迢迢跨越生物地理區，卻跑去找巷口就能見到的小鳥，那可是有點得不償失。

13.3 朝聖班夫國家公園野生動物豪華天橋

二〇〇九年七月第一次拜訪新世界，雖然做了許多不得了的事，但賞鳥戰績可說是慘不忍睹，在美國待了三個星期，卻看不到五十種小鳥。出發前沒做功課，出發後沒請鳥導，第一次出國賞鳥的新手，自然拿下了一張糟糕的成績單。

二〇一五年四月，我抱著知恥雪恥、屢敗屢戰的心情，重新踏上美洲大陸。這一次要從溫哥華出發，一路往東前往班夫國家公園，不過，這一趟是和家人跟團旅遊，我也就跟著團體行程跑，有什麼鳥就看什麼鳥，無法聘請鳥導來陪我全力衝刺。因此，這次也可以說是來「沾醬油」的，不過，和上次來時的月分不同，能看見的鳥種也不盡相同。

四月是北半球季風轉向，白雪開始融化，候鳥陸陸續續北返的季節，有機會可以看見一些遷徙中的過境鳥。不過，後來證實我實在是太天真了，四月的加拿大，除了溫哥華和灰熊鎮（Revelstoke Town），沿著加拿大橫貫公路（Trans-Canada Highway）往東挺進山區沿路，仍舊是白雪皚皚的冰天雪地世界，路易斯湖的湖面也還在結冰狀態，要在這樣的環境下找小鳥，就不是那麼容易了。

雖然冰天雪地，但還是欣賞了許多溫帶和新世界才能見到的小鳥。其中最值得和臺灣人一提的是小水鴨美洲亞種和葡萄胸鴨，因為這兩種小鳥都有近親棲息於臺灣所在的舊世界，分別是小水鴨的指名亞種和赤頸鴨。這兩種雁鴨都是臺灣常見的度冬雁鴨，不過，有時候裡面會混進一隻來自新世界的親戚。

小水鴨的腹側會有一條白線，在臺灣常見的指名亞種身上，這條線是水平線，而在美洲亞種身上，這條線是垂直線，葡萄胸鴨的外觀和赤頸鴨的差別可就大了，尤其是雄鳥眼睛周圍延伸到頸後的綠色金屬光澤綠斑。在臺灣看到葡萄胸鴨像是中大獎一樣，但是在溫哥華，抱歉啦，葡萄胸鴨和小水鴨美洲亞種滿地都是，公園水池就能看到，實在不需要在臺灣苦苦守候，一張機票飛過來，要多少有多少。

葡萄胸鴨 American Wigeon

Mareca americana

於北美洲北部繁殖，冬天遷徙至美國和墨西哥度冬。是屬於新世界的雁鴨，與舊世界的赤頸鴨是近緣種，時常發現兩種鳥雜交的個體。

eBird　　鳥音

版權來源 Donna Dewhurst, USFWS, Public domain, via Wikimedia Commons

沿著加拿大橫貫公路前往班夫的路上，其中最值得朝聖的是班夫國家公園內的「野生動物天橋」（overpass corridor）。道路通車之後，對野生動物而言，最顯而易見的負面影響是車禍，也就是路殺（roadkill）。無論是在車水馬龍的都市、山區的產業道路亦或縱橫交錯的田間小徑，都不難發現野生動物成為車下亡魂。不僅哺乳動物、兩棲類、爬蟲類，連空中飛的鳥類也難以倖免。為了要有效減少路殺的衝擊，野生動物學家與工程人員共同設計相關設施，作為降低衝擊的方案，通稱為「路殺減緩對策」（strategies for roadkill mitigation）

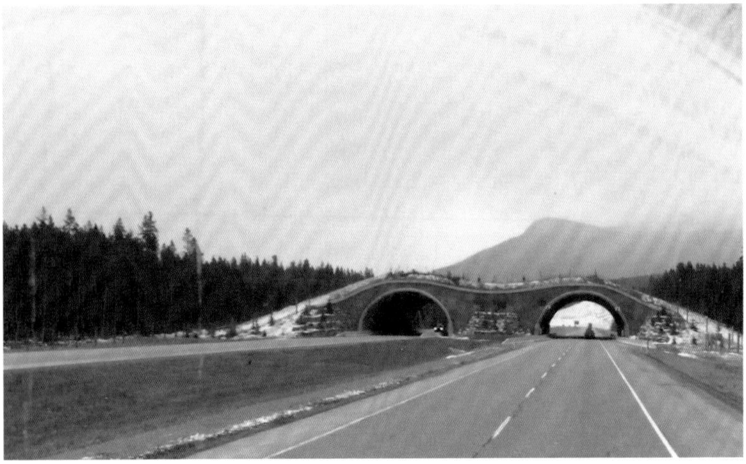

班夫國家公園的野生動物天橋。

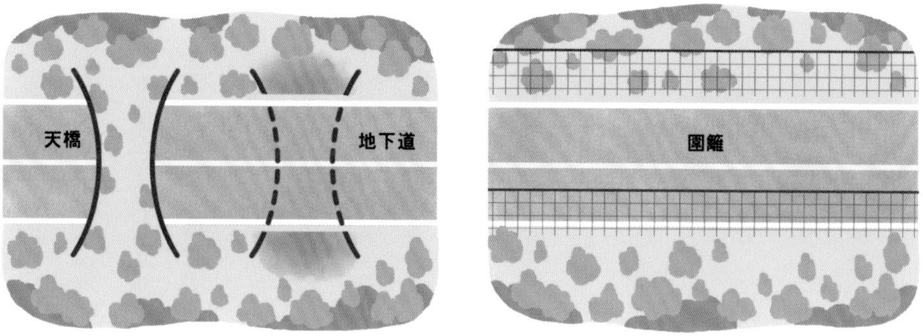

路殺減緩對策：廊道與圍籬。

天橋和地下道是讓野生動物避開道路，安全往來道路兩側棲地的動物通道。依照不同的物種特性，設計上所需考量的細節也有所差異，例如天橋的寬度、涵洞的大小，以及通道出入口的位置。動物通道可能要鋪上土壤並栽種植物，以降低野生動物的排斥性；如果道路兩側是高大的森林，則常採用繩索製的樹冠天橋（canopy crossing），讓松鼠及獼猴等樹棲性的野生動物通過。

沿著道路兩側設立圍籬，能避免小型哺乳動物、兩棲爬行動物及無脊椎動物闖入車道中；圍籬的上緣朝車道外側傾斜，能讓野生動物更不容易翻越圍籬。有些主要在地面活動的野生動物，例如鼠類、部分蛇類、兩棲類等，偏好沿著物體的邊緣移動，圍籬除了防止野生動物闖入車道，也有將野生動物引導至動物通道入口的功能。最有名的成功案例、也是時常登上野生動物保育教科書的案例，就是加拿大班夫國家公園跨越高速公路的巨大天橋，十二年間讓十一種大型哺乳動物使用超過十八萬次。

然而，這些設施在工程上都不是難事，真正的挑戰是野生動物吃不吃這一套？會不會主動使用動物通道？以及減少路殺的成效如何？這些問題讓研究道路生態學（road ecology）的學者傷透了腦筋。不同地點、不同物種的成敗經驗，也不一定能完全有效的套用在自家議題上；有時候是難以適用於目標物種，可能成效不顯著，甚至野生動物就是不賞臉。

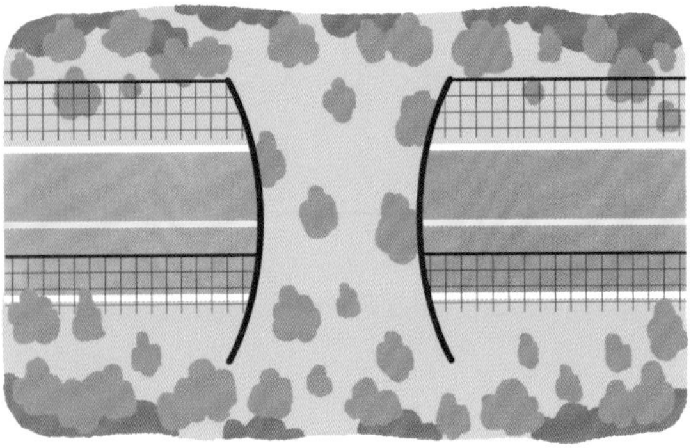

天橋與圍籬搭配使用，可引導動物走向天橋。

工程人員和野生動物學家為了幫助野生動物過馬路，經歷過各種成功與失敗。降低野生動物死於輪下的方法不斷被提出，但千萬別忘了，這些終究只是治標的事後補救手段，道路開發對環境與生物的影響，不只是輾過誤闖虎口的生命，還有許多無法一一述及的負面效應，例如棲地流失（habitat loss）及棲地破碎化（habitat fragmentation）。一條道路的開發只是一場蠶食鯨吞的前奏。

真正的治本之道，在於審慎檢視道路開發的必要性為何？預計解決的問題是什麼？是否有其它更理想的替代方案？絕對不是挖個洞、搭個橋，野生動物就一定會走給我們看。

13.4 大老闆在底下聽啊好緊張

二〇一八年八月，我又來到溫哥華，這次可說是最炎熱的季節，不過對生活在亞熱帶臺灣的我來說，這根本稱不上什麼夏天，秋天還說得過去。此行的目的，是接續在二〇一四年東京池袋之後，第二十七屆的世界鳥類學大會。

會場加拿大會展中心外的加拿大雁。

東京那一次我的心情比較輕鬆，因為只是單純做兩張海報發表，早已得心應手；然而，這一次來溫哥華參加會議，面試的氣氛特別濃厚！因為在前一年，我和理查・富勒博士視訊面談，只要我能夠取得昆士蘭大學的入學許可，以及自行籌備獎學金和生活費，他就很樂意擔任我的指導教授。

到了二〇一八年一月，我順利拿到澳洲教育部的獎學金，也獲得入學許可，便向富勒博士通知這個好消息。由於我們都是賞鳥人，也以鳥類為主要的研究對象，參加四年一度的世界鳥類學大會，是像呼吸一樣自然的例行公事——也就是說，這是我們第一次見面，他會來聽我的口頭發表，也約了一起吃飯，討論一下博士論文的主題和架構。

我這一次在大會發表的內容，綜合了臺灣繁殖鳥類大調查、臺灣新年數鳥嘉年華，以及 eBird Taiwan，說明這些公民科學計畫如何涵蓋臺灣各種遷留型態的鳥類，讓每一隻出現的小鳥，都能夠被這個鳥類公民科學系統記錄下來。那時各個公民科學計畫差不多都穩定運作，是時候和世界各國分享公民科學的臺灣經驗。當時的場次是一個以公民科學為主題的專場，主持人是推廣公民科學聞名的 Jody Allair，以及英國的公民科學專家 David Noble。

聽眾共問了兩個問題令我印象深刻，一個是問後續這些公民科學資料的應用規劃，而這正是我博士論文的核心：用來分析鳥類的數量變化趨勢和建立指標。另一個則是富勒博士問的（對，他坐在底下聽，讓我很有面試感），有沒有什麼策略來補足中央山脈山區等還沒有任何鳥類紀錄的地方，而我們曾經推行的「插旗填空大賽」就是要來解決這個問題。

想不到，這場口頭報告的回應還不錯，雖然會議當下時間有限，不過兩位主持人會後邀請我們所有的講者一起去用餐，一邊聊聊各國鳥類公民科學的進展和後續規劃。會議結束後，也有幾位不同國家的學者前來搭訕，想瞭解籌備和啟動公民科學的眉眉角角。令我記憶猶新的是幾位在開發中國家開疆闢土的研究者，他們很難擁有充足的資源讓國民開始賞鳥，或是學會辨識大部分的鳥類，這一點確實很難突破，但其實也不用急著一步到位。

我告訴他們，可以想想看有沒有大家幾乎都認識的普遍小鳥（以臺灣來說，大概就是麻雀或大笨鳥黑冠麻鷺），只記錄那一種就好；同時範圍不要太大，一個都市或一個鄉鎮也沒關係，因為大家都認得那一種小鳥，操作門檻低、範圍小、培訓也容易，這樣就很容易形成公民科學機制。一種成功之後，再慢慢加入第二種、第三種甚至更多。而且，當大家在觀察第一種的同時，會對其他小鳥感到好奇，參與者的能力也會因而快速提升，屆時再來建立更大規模的監測機制。

該做的事做完了，世界鳥類學大會的特色是：其中一天完全沒有議程，而主辦單位會帶大家去看小鳥。官方網頁上會有許多選擇給大家報名，我選了一個離會場不遠、又能跑不同環境的行程。

市區公園可能會有棕熊出沒。

浣熊可能帶有狂犬病毒，危險程度不輸棕熊。

剛好那幾天有個插曲，搭幾站捷運就能抵達的溫哥華中央公園，出現了一隻橫斑林鴞（這是一種大型的溫帶貓頭鷹，喜歡在針葉林裡面活動），而且一點都不怕人。這個消息很快在研討會會場傳開，畢竟這是全球鳥類學家齊聚一堂的會議嘛！我們在某一天起個大早，先去中央公園尋找這隻貓頭鷹的下落，聽說牠特別喜歡在公園裡抓松鼠吃。

一邊搭捷運，一邊前往 eBird 上的紀錄點，不久後果然順利找到牠。牠也如傳聞般一點都不怕人，不僅可以直接用手機拍照，甚至要和牠自拍合照也完全不是問題。為什麼這一定得來？這麼好的機會擺在眼前，如果還不願意走一遭，那真的只能怪自己懶惰了。

史坦利公園外的溫哥華獅門大橋。

另一個推薦路線，是從溫哥華會展中心沿著港邊散步就能到的史坦利公園（Stanley Park）。除了沿路的行道樹上和港口邊可以看見一些常見的公園鳥類，也隨時都有港口海豹只探出一顆頭在水中游來游去。這也是為什麼前幾年有人在臺灣東北角和旭海海域發現海豹時，我沒有太意外，也沒有立刻衝去現場，因為溫哥華滿地都是嘛！海面上還能看見黑喉潛鳥和斑頭海番鴨這些溫帶水鳥。

史坦利公園則是針葉林林相保存相當完好的公園，裡面還有屬於印地安人的原住民保留地，可以見到一些偏好森林的小鳥。例如暗冠藍鴉就是很值得一見的加拿大代表鳥種。

橫斑林鴞 Barred Owl, *Strix varia*

分布於加拿大及美國東部，分布範圍廣大，棲息於山區、河濱、溼地周邊的森林。溫哥華中央公園的是少數特別適應人類環境的個體。

eBird　　鳥音

港海豹 Harbor Seal, *Phoca vitulina*

分布於北半球寒帶及溫帶海域，在北美洲也會到亞熱帶海域活動。在溫哥華港口時常可以看到港海豹在水中活動，曾有把小孩拖入水中的紀錄，務必要保持距離觀察。

版權來源 John Picken from Chicago, USA, CC BY 2.0, via Wikimedia Commons

黑喉潛鳥 Common Loon, *Gavia immer*

eBird　　鳥音

分布於北美洲、格陵蘭、歐洲北部及西部海域，是廣泛分布的潛鳥。繁殖時在內陸淡水水域築巢，如湖泊和水庫，冬天則多在海域覓食。

版權來源 Chuck Homler, Focus On Wildlife, CC BY-SA 4.0, via Wikimedia Commons

斑頭海番鴨 Surf Scoter, *Melanitta perspicillata*

分布於寒帶海域的雁鴨，繁殖季時在加拿大北部活動，冬天遷徙至北美洲的太平洋和大西洋海域度冬，遷徙途中則會於五大湖短暫休息。雄鳥喙基大黑斑特別醒目，值得一看。

eBird　鳥音

版權來源 Alan D. Wilson, www.naturespicsonline.com, CC BY-SA 3.0, via Wikimedia Commons

暗冠藍鴉 Steller's Jay, *Cyanocitta stelleri*

分布於北美洲西部的洛磯山脈，北起寒帶阿拉斯加州，南至熱帶墨西哥南部，分布範圍相當廣。身體下半部羽衣是鮮艷的藍色，不同亞種之間頭部顏色有藍色至深黑色的變化。

eBird　鳥音

會議結束後幾天，我和鳥友前往另一個有趣的鳥點，是位於溫哥華國際機場北邊的汙水處理廠，那裡有幾個溼地和水池，可以見到一些東太平洋的水鳥，是相當熱門的鳥點。有趣的是，這裡並沒有對外開放，周遭也都用圍籬圍起來，入口處通常會用一個密碼鎖上鎖，但是，網路上的賞鳥社群都查得到開鎖密碼。

這樣是鳥人壞壞偷闖入嗎？好像也說不上。因為管理單位不僅沒把鎖頭扣上，還在入口處放了一本鳥類圖鑑、一本留言簽到簿，以及告示一些注意事項：大概是不要進入建築物內、注意自身安全，還有小心棕熊和浣熊——簡單來說，這裡讓人進來看看小鳥，是個心照不宣的不成文規定，彼此互相配合，不要亂來就好。之所以值得跑一趟，是因為可以見到許多東太平洋的鷸鴴類水鳥，在臺灣難得一見，例如姬濱鷸、西濱鷸、高蹺濱鷸、大黃腳鷸和雙領鴴等。不過，還真的要小心浣熊，我們碰巧遇到浣熊一家子，緊張得要命，畢竟牠兇起來我絕對打不過牠，而且還可能帶有狂犬病毒。幸好，最後我們能以最高的敬意目送浣熊離開。

回到 Airbnb 的住處，出門前房東說他今天要出門釣鮭魚，下午回來分我們一點。我們本來以為是切好的魚肉，結果冰箱裡住了一整條鮭魚！房東說今天釣了六條，直接分你們一條啦，院子裡面有一公尺長的 BBQ machine，可以直接放上去烤，院子裡種的香料也可以自己拔。北美洲的玩法，果然不是我們中秋節在陽台或門前烤肉可以想像的，幸好烤肉機器的操作簡單，設定好之後一切自動完成。可惜回臺灣就吃不到如此在地現殺的鮭魚了。

版權來源 Jonah Weckstein, CC BY-SA 4.0, via Wikimedia Commons

姬濱鷸 Least Sandpiper *Calidris minutilla*

於加拿大北部及阿拉斯加州繁殖，遷徙季時過境北美洲中部，冬天於美國南部、墨西哥及南美洲北部度冬。是典型的新世界鷸科鳥類，臺灣曾有零星迷鳥紀錄。

eBird 鳥音

版權來源 Alan D. Wilson, CC BY-SA 3.0, via Wikimedia Commons

西濱鷸 Western Sandpiper *Calidris mauri*

於阿拉斯加西部的白令海峽海岸地區繁殖，遷徙季時過境北美洲西北部海岸，冬天遷徙至美國南部、墨西哥海岸及南美洲北部海岸度冬。臺灣曾有零星迷鳥紀錄。

eBird 鳥音

高蹺濱鷸 Stilt Sandpiper *Calidris himantopus*

於北美洲北部海域繁殖，遷徙時過境北美洲及墨西哥東部，於中美洲及南美洲度冬。臺灣曾有迷鳥紀錄。

eBird　　鳥音

大黃腳鷸

Greater Yellowlegs *Tringa melanoleuca*

於加拿大及阿拉斯加南部繁殖，遷徙季時過境美國，冬天遷徙至墨西哥及南美洲度冬。臺灣暫無確切紀錄。

eBird　　鳥音

雙領鴴 Killdeer *Charadrius vociferus*

於美國北部及加拿大繁殖，在美國中南部及墨西哥北部為留鳥，候鳥族群會遷徙至中美洲及南美洲北部度冬。臺灣目前無確切紀錄，英文名 Killdeer 取名於其鳴叫聲，並不是因為牠會殺害野鹿。

eBird　　鳥音

14 墨西哥：拉丁美洲的熱帶鳥類風情

14.1 人類在會議室裡都是同一副德性

二〇一六年十二月，我奉派至墨西哥坎昆（Cancun）出席聯合國生物多樣性公約第十三屆締約國大會（Conference of Parties 13, COP13），這是我目前參加過規模最龐大、層級也最高的國際會議。

過去參加的會議，大多是學術研討會，參與者會互相發表和聆聽彼此的研究成果，並且做進一步的交流和討論，例如前面提到的世界鳥類學大會、日本生態學會等。

第13屆生物多樣性公約締約國大會議事廳。

另外一種是各團體之間的邀約，包括非政府組織、政府機關、學術機構等等，就彼此的專長，針對特定議題舉辦工作坊。例如我曾在印度參加的保育性（conservation agriculture）農業工作坊，以及赴泰國參與的亞洲水鳥普查定期會議。

而這一次，我是代表國家出席聯合國層級的會議，也是推動生物多樣性保育工作的全球級會議，不僅主辦國的國家領導人會出席，會議維安也戒備森嚴、滴水不漏。雖然臺灣人必須用國際非政府組織的身分，以觀察員（Obeserver）的名義參加，但是，能出席這樣的會議，還能舉辦周邊會議（side event），我不僅相當興奮，也非常緊張。

「生物多樣性公約」是由聯合國規劃，於一九九二年六月五日，世界各國在巴西里約熱內盧（Rio De Janeiro）的地球高峰會上簽署的國際公約。一九九三年十二月二十九日生效，是聚焦於生物多樣性保育最重要的全球公約，目前共有一百九十六個締約方，由聯合國設置「生物多樣性公約秘書處」來統籌工作。

生物多樣性公約第一條，便清楚律定了公約的三大目標，分別是：①保育生物多樣性，②永續利用自然資源，以及③公平分享生物多樣性所帶來的惠益。締約方每年必須繳交國家報告，說明過去兩年保育工作的進展，尤其是目標的達成情形。

起初，生物多樣性公約每年召開締約方會議，穩定運作後調整為每兩年一次，並且定期出版《全球生物多樣性展望》（*Global Biodiversity Outlook*, GBO），這份報告可說是彙整了所有締約方的國家報告之後，所整理出來的全球報告。

二〇〇一年，秘書處出版《全球生物多樣性展望第二版》（GBO2），強調生物多樣性保育策略的重要七大領域：減緩生物多樣性流失、維護生態系的完整性、消除威脅生物多樣性的因素、促進生物多樣性的永續利用、保護傳統知識、公平分享惠益、支援開發中國家。同時，訂立第一次十年目標「二〇一〇生物多樣性目標」（2010 Biodiversity Targets），要求各締約國於二〇一〇年之前遏止生物多樣性流失的危機。

呵呵，看到這裡，你一定會想說：「二〇一〇年都多久以前的事了，現在有變好嗎？」對，目標失敗了，十年的時間過得非常快，二〇一〇年馬上就到了。當年於名古屋愛知縣召開第十屆締約國大會來檢視各國成效，事情不盡如人意，第一次十年目標宣告失敗。大多數締約方未達成「二〇一〇生物多樣性目標」。

面對國際公約的目標失敗，可以有兩種解讀：①這些傢伙真的很廢，沒有好好實現目標，不知道在搞什麼東西。②一般來說，這類公約的目標通常會把難度訂得比較高，讓這些國家越級打怪，雖然實務上確實不容易在期限內達成，但背後目的是希望各締約方可以更積極、更有野心的往目標前進。

第一次十年目標的失敗，大會的結論認為是「生物多樣性主流化」（biodiversity mainstreaming）未能落實。也就是說，各個國家的國民，大部分不瞭解「生物多樣性」是什麼？為什麼重要？更遑論知道可以做哪些事來落實生物多樣性保育，或減緩生物多樣性流失。

因此，秘書處規劃第二代十年目標「愛知生物多樣性目標」（Aichi Biodiversity Targets）時，便將「生物多樣性主流化：透過將生物多樣性納入政府和社會主流，解決生物多樣性喪失的根本原因」列為首要目標。同時，第一子目標為「至遲於二〇二〇年，所有人都認識到生物多樣性的價值並知道能夠採取哪些措施保育和永續利用生物多樣性」，並特別強調生物多樣性主流化是推動保育政策的首要關鍵。

為了更有效的瞭解二十項子目標的執行狀況，秘書處與六十九個重要聯合國機構及非政府組織，例如國際自然保護聯盟（International Union for Conservation of Nature, IUCN）、全球足跡網絡（Global Footprint Network, GFN）和世界自然基金會（World Wide Fund for Nature, WWF）等，組成「生物多樣性指標夥伴關係」（Biodiversity Indicators Partnership, BIP），主要任務在於彙整計算相關資料，設計一系列的「生物多樣性指標」（biodiversity indicators）作為檢視愛知目標執行進度的重要工具。

愛知目標是預定在二〇一一年至二〇二〇年間完成的十年目標，共包含五大標題目標和二十項子目標。我們前往墨西哥坎昆參加大會時，已經來到二〇一六年年底，換句話說，愛知目標的執行期程已經剩不到一半；然而，前一次在南韓舉辦的第九屆締約方大會，揭露了愛知目標執行的狀況並不理想，可說是期中考不及格。因此，這一次在坎昆的會議，各國也有些戰戰兢兢，不曉得有沒有機會力挽狂瀾。

不過，不要因為這是聯合國，就對這場會議有太高的期待。我這樣講好像有點誇張，但各位要知道，無論層級再高、再正經、再正式的會議，人性就是人性，從班會到聯合國大會，我們在會議室裡就是這副德行，因為我們是人類。這個等一下再說。

開幕交接，右三為前一屆主辦國南韓環境部部長，左三為該屆主辦國墨西哥環境部部長。

生物多樣性指標

「指標」是將各種客觀數據資料經過整合計算後，用來反映複雜現象的訊息載體。舉例來說，身體健康狀況是相當複雜的，當免疫系統發揮作用時，往往會使人的體溫升高，「體溫」便可作為健康狀況的重要指標。國家的經濟狀況也不容易全面瞭解，因而常使用「失業率」或「國民生產毛額」作為呈現國家經濟狀況的指標。

要瞭解生物多樣性也是運用相同的概念，「生物多樣性指標」就是瞭解國家、洲域，甚至全球生物多樣性是否健全的重要工具。生物多樣性指標共歸類為四大類別：壓力（pressures）、狀態（state）、惠益（benefit-sharing）和反應（responses），有些指標具有兩種以上的性質。

「壓力型指標」的監測對象為造成生物多樣性流失的因素，這些因素會使生物多樣性的狀態產生變化。此時，「狀態型指標」便是在瞭解全球生物多樣性的現況，以及受到壓力威脅之後的變化趨勢。

接著，生物多樣性狀態的變化會影響其產生的生態系功能與服務，也就是來自生物多樣性的惠益。「惠益型指標」則是聚焦於我們因生物多樣性而獲得的好處，並且能落實公平分享。

最後，瞭解三種指標的交互作用之後，主管機關與相關的權益關係人（stakeholder）就必須商討應對的策略。針對三種類型所擬定的策略分別

四大類「生物多樣性指標」如何相輔相成

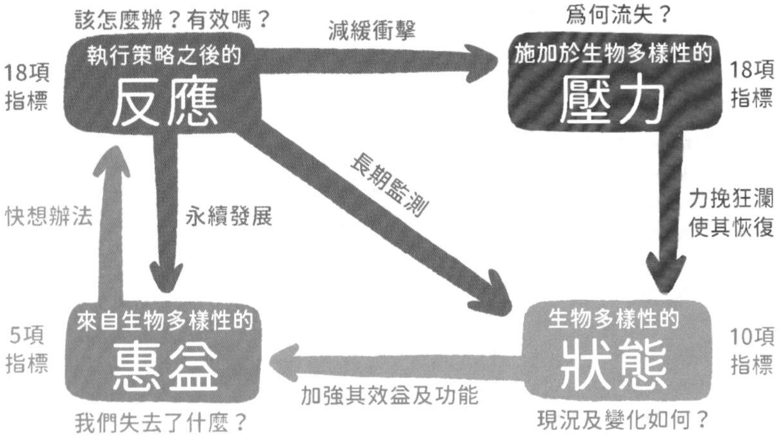

為「消弭或減緩造成生物多樣性流失的壓力」、「長期監測生物多樣性的狀態與變化」和「使來自生物多樣性的惠益能永續發揮」。而想瞭解以上策略的執行成效，就需要觀察「反應型指標」的變化。

14.2 住在溼地旁邊就是爽

坎昆位於猶加敦半島（Yucatan Peninsula）的東岸，緊鄰加勒比海與墨西哥灣，是墨西哥東南部金塔納羅奧州（Qunitana Roo）的最大城市，也是中美洲的熱門度假勝地。坎昆東側的「7字形海岸」（7-coast）是許多大型飯店座落的區域，總長達二十三公里。7字形海岸將猶加敦半島圍繞起來，內部的水域形成尼丘鐵潟湖（Nichupté Lagoon）；熱帶潟湖沿岸布滿溼地、紅樹林與白色沙灘，再加上猶加敦半島的突出地形，使坎昆成為大西洋遷徙線（Atlantic Flyway）上候鳥的重要中繼站與度冬地。

與會期間，我們住在尼丘鐵潟湖的西側，只需要步行十分鐘，就可以走到潟湖岸邊。波拿派克大道（Av. Bonampak）東側與尼丘鐵潟湖之間，是禁止車輛進入的休閒區，面積約十六公頃，內有許多天然草生地、紅樹林、溼地、水道和樹林，最東側為尼丘鐵潟湖的西岸。

這塊地區在 eBird 的熱點名稱為「塔賈馬爾碼頭」（Malecon Tajamar），是橘紅色等級的鳥類熱點，目前共累積七百八十七份賞鳥紀錄，包含兩百九十一種鳥類。除了賞鳥，也有許多散步、慢跑或溜狗的市民，是相當適合戶外活動的場域。我們住的旅館離塔賈馬爾碼頭溼地不遠，因此，每天前往會議會場之前，我會花一個多小時來觀察鳥類，並上傳至 eBird，最後共上傳了十二份紀錄清單，包含六十一種鳥類。

塔賈馬爾碼頭溼地。

從塔賈馬爾碼頭的西南角進入，路口兩側的樹林是小灰頭冠雉的夜棲地，日出時分仍可見到幾隻小灰頭冠雉在樹枝上熟睡。小灰頭冠雉在墨西哥東部是非常普遍的鳥，在坎昆市區的公園甚至行道樹上都很容易見到，說滿地都是也不為過。雖然名中有小，但體型一點也不小，全長也有六十餘公分，像四處亂跑的大雞，也像我們臺灣的大笨鳥黑面麻鷺。

前進數十公尺之後，樹林東邊是一片小型溼地和草生地，水中可見此區最常見的野生雁鴨：藍翅鴨，是廣泛分布於北美洲的小型雁鴨，冬天會到中美洲度冬。附近常有十來隻黑頸高蹺鴴棲息，臺灣常見的高蹺鴴整個頭部為白色，而黑頸高蹺鴴的頭頂、頸後和眼睛周圍，則是由黑色的羽毛覆蓋。

溼地各處的草叢中則隨時可見棕櫚林鶯、普通黃喉地鶯和黃林鶯這些常見的新世界鶯（new world warblers）。運氣好的話，有機會見到從森林中飛出的黑頭美洲咬鵑，十幾天來，我和這種美麗的熱帶鳥類僅有一面之緣。

整個溼地很容易見到巨尾擬椋鳥，在坎昆市區也是，是相當優勢的鳥種。全身帶有黑色金屬光澤、尾羽甚長、體型較大的是雄鳥；羽衣主要為褐色、尾羽較短、體型較小的則是雌鳥或幼鳥。熱帶小嘲鶇和熱帶王霸鶲也相當常見，不時從樹叢中突襲空中任何一處的飛蟲。

小灰頭冠雉

Plain Chachalaca, *Ortalis vetula*

分布於墨西哥東部及猶加敦半島，在分布範圍內相當普遍，在都市中也棲息得很好，常在公園及校園中活動覓食。

eBird　　鳥音

藍翅鴨

Blue-winged Teal, *Spatula discors*

於美國及加拿大繁殖，冬天遷徙至墨西哥及南美洲度冬。飛行時，寶藍色的小覆羽和大覆羽是一大特徵。

eBird　　鳥音

黑頸高蹺鴴 Black-necked Stilt, *Himantopus mexicanus*

分布於北美洲及南美洲各地，北自美國西岸，南至智利阿根廷，部分地區族群有遷徙行為。與臺灣常見的高蹺鴴相似，但是黑白斑塊的分布不同。在分布範圍內數量多，暫無威脅。

eBird　　鳥音

棕櫚林鶯 Palm Warbler, *Setophaga palmarum*

分布於北美洲東部，於加拿大繁殖，遷徙季過境美國，於美國東南部、佛羅里達半島及加勒比海周邊陸域環境度冬。數量普遍，生存暫無威脅。

eBird　　鳥音

版權來源 Rhododendrites, CC BY-SA 4.0, via Wikimedia Commons

普通黃喉地鶯 Common Yellowthroat, *Geothlypis trichas*

廣泛分布於北美洲，於美加地區繁殖，冬天遷徙至墨西哥等中美洲地區度冬，包括西印度群島，是分布最廣泛的新世界鶯。雄鳥具有寬大的黑色眼帶，而雌鳥沒有。

eBird　　鳥音

版權來源 Mdf, CC BY-SA 3.0, via Wikimedia Commons

黃林鶯

Yellow Warbler, *Setophaga petechia*

廣泛分布於北美洲，於加拿大及美國繁殖，冬天遷徙至加勒比海地區及南美洲北部度冬。全身羽衣幾乎為鮮黃色，雄鳥的胸腹部有明顯褐色縱紋，而雌鳥沒有。

eBird　　鳥音

版權來源 James Diedrick, CC BY 2.0, via Wikimedia Commons

黑頭美洲咬鵑 Black-headed Trogon, *Trogon melanocephalus*

中美洲特有種，分布於猶加敦半島及周邊地區，不遷徙。雄鳥背部具藍綠色金屬光澤，頭胸部為深黑色；雌鳥背部則為黑灰色，頭胸部為鼠灰色。

eBird　　鳥音

沿著道路走，北面可見到一棵獨立枯樹，時常有普通黑鵟在樹上休息，偶而也會到溼地的地面上活動。日出不久後，最常見的猛禽紅頭美洲鷲和黑美洲鷲，便會開始在紅樹林或高聳的建築物附近盤旋，同時會有十幾至二十幾隻猛禽出現，場面相當壯觀。偶而可在其中目擊較罕見的小黃頭美洲鷲。

巨尾擬椋鳥 Great-tailed Grackle, *Quiscalus mexicanus*

分布於美國中西部至中美洲及南美洲北部，數量眾多，各種棲地都能適應，有在臺灣見到八哥的感覺。

eBird　　鳥音

熱帶小嘲鶇

Tropical Mockingbird, *Mimus gilvus*

分布於猶加敦半島周邊、南美洲北部及巴西東部沿海地區。偏好於海岸溼地等開闊地的草叢及灌木叢中活動。數量相當多，很容易在適當的環境找到。

eBird　　鳥音

熱帶王霸鶲 Tropical Kingbird, *Tyrannus melancholicus*

廣泛分布於中南美洲，北起墨西哥北部山區、猶加敦半島，延伸至整個南美洲熱帶區域。偏好於破碎森林、森林邊緣等不同地景交雜的環境活動，數量眾多。

eBird　　鳥音

普通黑鵟 Common Black Hawk, *Buteogallus anthracinus*

中美洲特有種，分布於墨西哥東部及西部山區、猶加敦半島及南美洲北部。全身羽衣黑色、尾羽白色、尾羽下方有黑帶，有類似大冠鷲的感覺。

eBird　鳥音

紅頭美洲鷲 Turkey Vulture, *Cathartes aura*

分布於北美洲東部，於加拿大繁殖，遷徙季過境美國，於美國東南部、佛羅里達半島及加勒比海周邊陸域環境度冬。數量普遍，生存暫無威脅。

eBird　鳥音

版權來源 Charles J. Sharp, CC BY-SA 4.0, via Wikimedia Commons

黑美洲鷲 Black Vulture, *Coragyps atratus*

廣泛分布於北美洲南部、中美洲及南美洲，屬於大型猛禽，比紅頭美洲鷲略小，翼展長約170公分。嗅覺靈敏，會取食動物屍體，屬於食腐動物。

eBird　鳥音

版權來源 Charles J. Sharp, CC BY-SA 4.0, via Wikimedia Commons

小黃頭美洲鷲 Lesser Yellow-headed Vulture, *Cathartes burrovianus*

分布於猶加敦半島周邊地區、南美洲亞馬遜雨林部分地區。小黃頭美洲鷲的數量遠不及另外兩種美洲鷲，我僅見到一次，體型也更小，同樣屬於食腐動物。

eBird　鳥音

除了猛禽，天空也是重要的觀察場域，許多小鳥只是快速經過，不會久留。如果有幸見到飛得又急又快、體型小如鳩鴿的猛禽，那可能是一隻蝠隼；棲息於紅樹林樹冠層的鸚鵡：橄綠喉鸚哥和白額亞馬遜鸚哥，也常常成群飛過溼地上空，往另一塊森林飛去。此外，潟湖岸邊的空中常常有麗色軍艦鳥、粉紅琵鷺、美洲白鸛從上空經過，如果沒有時時仰望天空的好習慣，就很容易錯過這些美麗、卻只給你一分鐘不到的小鳥。

面積最大的水域位於東南角，除了面積廣大，水也較深，有許多需要大面積棲地的鳥類棲息。水域較深處會有許多藍翅小水鴨、美洲白冠雞和斑嘴巨鸊鷉聚集覓食，同時也會有許多鷺科鳥類棲息或覓食，光是鷺科鳥類至少有十一種之多，我只見到其中九種。對於喜好佛法僧目鳥類的鳥友來說，綠翠鳥和帶翠鳥也是不能輕易錯過的重要鳥種。

蝠隼 Bat Falcon, *Falco rufigularis*

棲息於中美洲、南美洲中北部和亞馬遜熱帶雨林，是相當小型的猛禽，體長最小可以到 23 公分。

eBird　　鳥音

版權來源 http://www.birdphotos.com, CC BY 3.0, via Wikimedia Commons

橄綠喉鸚哥 Olive-throated Parakeet, *Eupsittula nana*

中美洲特有種，分布於猶加敦半島周邊地區和牙買加島，但是在墨西哥城、多明尼加和波多黎各為外來入侵種。

eBird　　鳥音

版權來源 Christoph Anton Mitterer, CC BY-SA 2.0, via Wikimedia Commons

白額亞馬遜鸚哥 White-fronted Amazon, *Amazona albifrons*

中美洲特有種，分布於墨西哥山區、猶加敦半島及巴拿馬地峽局部地區，但目前在墨西哥都會區、洛杉磯、聖地牙哥、邁阿密及波多黎各為外來入侵種。時常結群活動覓食。

eBird　　鳥音

麗色軍艦鳥 Magnificent Frigatebird, *Fregata magnificens*

分布於中美洲溪岸太平洋海域、加勒比海海域、巴西沿海海域，以及非洲西部外海的維德角群島海域。在分布範圍內數量眾多，鄰近海邊的空中隨處可以見到。

eBird　鳥音

粉紅琵鷺

Roseate Spoonbill, *Platalea ajaja*

分布於熱帶美洲、西印度群島及南美洲，是美洲唯一的琵鷺屬（*Platalea*）鳥類。全身羽衣白色，臉部裸皮、嘴喙及足部為鮮紅色或淡粉紅色。數量普遍，在溼地或空中都有機會出現。

版權來源 User:Mwanner, GFDL, via Wikimedia Commons

eBird　鳥音

美洲白䴉

American White Ibis *Eudocimus albus*

分布於熱帶美洲沿海地區、佛羅里達半島及西印度群島，數量眾多。成鳥全身羽衣白色，臉部裸皮、嘴喙及足部為鮮紅，初級飛羽末端黑色。幼鳥全身羽衣灰褐色，嘴喙和足部的顏色也較黯淡。

eBird　　鳥音

美洲白冠雞 American Coot, *Fulica americana*

廣泛分布於北美洲，分布較北方的族群會遷徙，往南遷徙至熱帶美洲度冬，亞熱帶地區的族群則為不遷徙的留鳥。和亞洲的白冠雞相當相似，唯腳為淡橘色，嘴喙末端有黑點。

eBird　　鳥音

版權來源 Mdf, CC BY-SA 3.0, via Wikimedia Commons

斑嘴巨鸊鷉 Pied-billed Grebe, *Podilymbus podiceps*

廣泛分布於北美洲、中美洲及南美洲北部，另一部分族群分布於南美洲南部，包括阿根廷及智利。數量普遍，在水深夠深的水域都有機會見到，北方的族群會遷徙。

eBird　　鳥音

綠翠鳥 Green Kingfisher, *Chloroceryle americana*

分布於中美洲及南美洲熱帶雨林環境，是熱帶沼澤溼地和各類水域的小型翡翠科鳥類。綠色羽衣帶有綠色金屬光澤，雄鳥胸前有橘色斑塊，雌鳥則為綠色斑點。

eBird　　鳥音

帶翠鳥 Belted Kingfisher, *Megaceryle alcyon*

廣泛分布於北美洲，加拿大及阿拉斯加的族群會遷徙至美國南部、中美洲及西印度群島度冬。屬於北美洲常見且大型的翡翠科鳥類，在各類溼地水域都有機會見到。

eBird　　鳥音

占地約十六公頃的塔賈馬爾碼頭溼地，說大不大、說小不小。在潟湖岸邊往東望去，就是紙醉金迷的7字形海岸和坎昆飯店區，往西邊則是大型商場和電影院；但是在寸土寸金的國際觀光重鎮裡，能夠為生物多樣性留下一塊土地，已經難能可貴。雖然稱不上嚴謹的自然保護區，面積也不夠大，但是由多樣棲地組成的鑲嵌式地景（mosaic landscape）已經滋養相當多鳥類，也讓許多南下的候鳥有駐足空間。

同樣是對土地利用競爭激烈的環境，透過審慎規劃，考量各種土地利用的需求與配置，大都市和原野地可以保持一點距離，但又不會離得太遠。或許生物的需求並不多，能為牠們有多一分的著想，就能對環境有更多一分的改善。

14.3

你們到底是來開會還是來吵架的啊

生物多樣性公約締約國大會的議程大約是十四天。二〇一六年十二月四日是開幕口，先選舉主席團成員、前後兩任大會主席交接（南韓環境部部長及墨西哥環境部部長）、聽取各洲域組和觀察員組織代表的發言。第二天正式進入會議議程，上午是召開全體會議，日本環境省和聯合國一大早就要同時舉辦生物多樣性主流化的會議。日本的聲勢和陣仗大，從第一天就開始積極宣傳，到處發傳單；而這一天，墨西哥總統恩里克先生（Enrique Peña Nieto）要親自出席會議致詞，並聽取各項目專家代表的建言，商定議程進行方式。因此，從前一天開始就有警察和軍隊的高規格維安。

時任墨西哥總統赴會場致詞。

這很正常，聯合國在自己的國家開會，總統總是要來露臉一下。但是，總統遲到了！雖然不意外，但秘書處從會議開始就很明顯的一直在講廢話撐場面，讓幾個國際組織輪流發言介紹自己在做的事，還有宣傳周邊會議。不過，這些都是我們已經知道的事，也沒有做什麼深入討論，一整個就是「總統大人求求您趕快來啊」的氣氛，不然整個議程都在拖台錢，聯合國的面子掛不住啊！

最後，總統從進場到致辭時，已經下午一點了。日本費心準備的會議，也就這樣少了一大半時間（大哭），大家都在主會場等總統，其他周邊會議就空蕩蕩的。墨國帥氣型男總統談了很多墨國在生物多樣性保育的努力，許多愛知目標的內容都提到了，雖然有點官話的感覺，但是墨國在愛知目標的表現也算是中上的國家，對於自然資源的重視不在話下。

隨後自十二月五日下午開始，會議分成兩個工作組（working group）討論。第一工作組的議題包括各國執行成效、財務機制、遺傳資源管理與惠益分享，以及尊重原住民等；第二工作組包括永續農業、林業和漁業，加強海洋生物多樣性保育與外來入侵種管理等。

大會的結構除了主會場的工作組會議，下午一點至三點和晚上六點至八點，會同時有十幾場各國舉辦的小型周邊會議。周邊會議的主辦單位會準備餐點，只有全程參加周邊會議才可以取用，這樣能吸引聽眾，也可以將餐費交給各締約國來分攤（不過還是會有人拿了食物就離開）。

資源爭取各出奇招

我們兵分兩路，分別參加第一工作組和第二工作組的會議。我主要在第一工作組，這個工作組特別刺激也特別熱鬧，因為前三天的議程就要來分配聯合國提供的經費。每個國家各出奇招，爭取聯合國的資源。

多數國家都會說明過去兩年的保育執行狀況和成果，希望聯合國可以繼續投注資源。越南說國內遺傳資源豐富，直接要求秘書處支援，才能在二〇二〇年前達成愛知目標；南蘇丹表示，已訂定國內計畫書、推廣傳統知識、實踐名古屋議定書，需要技術支援；約旦努力實踐目標，但資金和技術不足難以執行，需要加強能力建設；南非一向是模範生，已經執行到第二階段目標，落實不少生物多樣性保育政策，也有立法規劃。

但也是有令人瞠目結舌的發言。例如哥斯大黎加直接向聯合國開價一千億美金，否則其餘免談，直接擺爛自己的熱帶自然資源，也說：「我們對秘書處的資源流動非常失望！」結果，中國代表馬上插嘴：「我們很有錢，需要錢直接來找我們！」會議主席立刻打斷中國代表發言，但中國代表繼續說：「中國的資金流量和提供各國的資金量都在成長，但是中國政府也面臨資金缺口的問題，新增的保護區……」主席敲打議事槌提醒：「請聚焦於決議案草案！」這是主席第二次打斷中國代表發言。

不僅如此，涉及資料分配和會議共享的政策和規矩時，各個國家也有不同的策略。最令人印象深刻的是，非洲南部的幾個國家組成「非洲南方聯盟」，由南非代表發言，要求已開發國家如歐美各國，應該提供更多資金援助和入境採集自然資源的費用；講完之後，聯盟內各個國家依序快速附議來壯大聲勢。聲勢浩大的非洲國家，讓歐盟代表幾乎招架不住，雖然歐盟代表也有發言機會，但是資源回饋不足是事實。

另一頭，安地斯山脈兩側的國家，智利和阿根廷組成「安地斯山脈聯盟」，提出兩國保育計畫，共同守護安地斯山脈針對的自然資源，大家鼓掌通過。非洲與歐盟的爭吵還沒結束，雙方人馬一度聚集在中央走道上吵得不可開交，主席只能議事槌連發，要大家回去坐好。

雖然這些政府官員開起會來跟小學生開班會沒什麼兩樣，但有一個重要的現象，那就是弱勢國家在聯合國的國際會議中，終於有機會可以和歐盟這樣的優勢國家平起平坐談判。草案條文中的每一個動詞、名詞都經過非常仔細的討論，避免不必要的錯誤解讀；一字一句也都牽動著整個草案未來是否能妥善執行。

生物多樣性公約這樣的聯合國會議，絕大部分都是由政府官員出席，科學家的比例比較少，這和學術研討會完全相反。由於這樣的會議涉及各國外交政策，以及是否能取得國際資源，多數國家都不會掉以輕心，以免因為一點環節的疏漏，而錯失拓展外交和彰顯成就的良機。

臺灣雖然是觀察員，但我們也是小心翼翼，幸好有外交部人員隨行，能在外交專業上幫忙。大家也都知道以臺灣的身分出席容易被打壓，不過生物多樣性公約的會議相對開放許多，至少不會被關在門外，或是被關掉麥克風。最重要的是，保育是無國界的工作，生物沒在理會人類的行政邊界，因此，對於人類共同面臨的生物多樣性流失衝擊，唯有國際間攜手合作，才有機會實現人與自然永續共存的地球。

14.4

這就是馬雅金字塔嗎？喔好那我去找鳥囉掰

大會的議程長達兩個星期，但週末還是會放假。身在墨西哥的週休二日，大家各有規劃，有人只在旅館休息和市區走走，也有人一口氣飛到祕魯，多數人則是來個馬雅金字塔奇琴伊察（Chichén Itzá）一日遊。

而我其實比較想去另一個幾乎不會有人想跟的地方，那就是猶加敦半島東方外海不遠處的小離島：科蘇梅爾島（Cozumel）。這個島嶼不怎麼起眼，雖然島上也是有一些觀光景點和遊樂園，但因為和7字形海岸及東北邊的女人島差不多，比較少觀光客會特地前來。

吸引我的原因是有三種科蘇梅爾島上才看得到的特有種鳥種，分別是科蘇梅爾蜂鳥、科蘇梅爾綠鵙和科蘇梅爾嘲鶇，另外還附帶十五種特有亞種。其中，科蘇梅爾嘲鶇分別因為一九八八年和一九九五年的兩次颶風，導致其族群大量消失，雖然近年仍有零

馬雅金字塔奇琴伊察（Chichén Itzá）。

星且無法確認的目擊紀錄，但普遍認為這種蜩鶇已經滅絕。科蘇梅爾島雖特別，但因為語言不通又不適合隻身前往，只好作罷，跟著大家去看金字塔（旁邊的小鳥）。

版權來源 dfaulder, CC BY 2.0, via Wikimedia Commons

科蘇梅爾蜂鳥 Cozumel Emerald *Cynanthus forficatus*

科蘇梅爾島特有種，分布非常局限但在島上數量眾多，全身羽衣綠色帶金屬光澤，嘴喙為鮮紅色。

eBird 鳥音

版權來源 Dario Taraborelli, CC0, via Wikimedia Commons

科蘇梅爾綠鵙 Cozumel Vireo *Vireo bairdi*

科蘇梅爾島特有種，分布非常局限，有滅絕風險，目前受脅程度為「近危級」（NT）。於島上的樹林地和荒廢的農耕地活動。

eBird　　鳥音

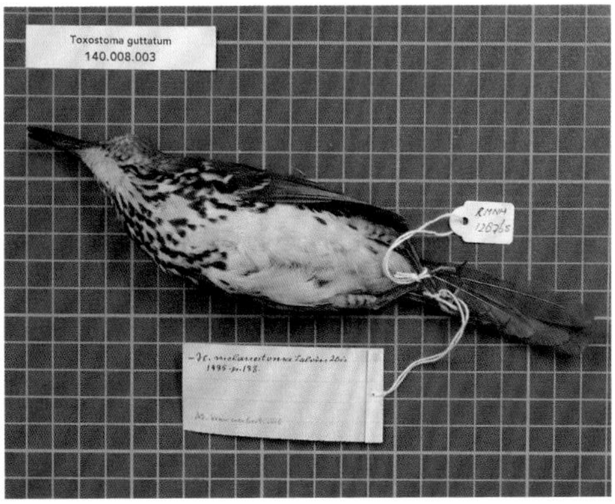

版權來源 Naturalis Biodiversity Center, CC0, via Wikimedia Commons

科蘇梅爾嘲鶇 Cozumel Thrasher *Toxostoma guttatum*

科蘇梅爾島特有種，目前正在宣告滅絕的倒數計時中。eBird 最新的影像紀錄停留在1979年，目前的受脅程度為「嚴重瀕危」（CR）。

eBird　　鳥音

奇琴伊察金字塔距離坎昆約兩百公里，需要約兩小時的車程，大概是臺北到臺中的概念。不過，我們的心思完全不在這些帝國古文明上面（馬雅人對不起），而是在資料庫裡面爬梳，看看金字塔旁邊曾經記錄過哪些熱帶美洲森林裡的鳥類。

半島效應與特有種

島嶼受到海洋的隔離，隔離會累積特色，這是島嶼上通常有許多特有生物的原因；牠們在島上待久了，無法離開島嶼，久而久之，就演化成與大陸上截然不同的物種。然而，不只是島嶼如此，「半島」也會有類似的現象。

在半島上的生物，相較於大陸上的生物，也比較容易演化成為特有種。尤其，越是棲息於半島末端的生物特有性通常愈高，遺傳多樣性和大陸的母族群截然不同，這樣的現象稱為半島效應（peninsula effect）。以猶加敦半島來說，許多特有種的植物都集中在半島末端的沿海地區[43]，換句話說，來到猶加敦半島，什麼馬雅帝國古文明人家沒那麼感興趣啦！我要去找猶加敦特有種了！

43 Ramírez-Díaz, C. J., Ramírez-Morillo, I. M., Cortés-Flores, J., De-Nova, J. A., De Stefano, R. D., & Fernández-Concha, G. C. (2023). Biogeographical History of the Yucatan Peninsula Endemic Flora (Spermatophyta) from a Phylogenetic Perspective1. Harvard Papers in Botany, 28(1), 99-120.

奇琴伊察金字塔坐落在猶加敦半島的熱帶森林中，周邊的森林是許多新熱帶地區鳥類的棲地。不過，國際級的觀光景點不是開玩笑的，千萬不要被旅行社和網美網紅唯美的「照騙」給騙了！這些地方絕對都是人山人海，要找到某個角度拍照而且沒有路人甲入鏡，還真是難上加難。

觀光客人數眾多，我們從售票入口處就一路排隊，緩慢的魚貫而行前往金字塔。沿路的人也沒閒著，四處都是兜售各種紀念品的小販，以及此起彼落的叫賣聲。雖然這樣的光景我已經在印度的泰姬瑪哈陵見識過了，但是人聲鼎沸和車水馬龍，對賞鳥來說絕對是相當麻煩的干擾；而且，屋漏偏逢連夜雨，不久後開始下雨了，雖然雨勢不大，但絕對令人心情鬱悶，小鳥出來活動的意願又更低了。

熱帶雨林本來就容易下雨，想想也就算了。我還是有好好端詳一下奇琴伊察金字塔，以及周邊的小金字塔和古廟，但是我承認自己根本看不懂，只是個來沾醬油的觀光客。當時下著大雨，加上嘈雜的遊客背景音，我對賞鳥已經沒有抱太大的期望，能多一種是一種。

殊不知，在金字塔東方不遠處，戰士神廟（Warriors' Temple）斷垣殘壁的一角，跳出了一隻綠眉翠鴗。這是一種非常漂亮的熱帶美洲鳥類，僅分布於猶加敦半島至哥斯大黎加一帶，是中美洲特有種，可以清楚目擊這種鳥實在是非常幸運！綠松石色（turquoise）的粗寬眉線、翠綠的羽衣，再配上綠松石色的細長尾羽和尾羽末端膨大的羽片，對亞洲人來說是非常特別的鳥種。正當我拿出相機，卻因為下雨加上牠迅速飛離，只留下了一抹模糊的身影。

綠眉翠鴗

Turquoise-browed Motmot *Eumomota superciliosa*

中美洲特有種，僅分布於猶加敦半島及周邊地區，是相當美麗的熱帶美洲鳥類。不同亞種之間外觀不盡相同，有些羽色接近藍色金屬光澤，有些則接近翠綠色金屬光澤。

eBird　　鳥音

看到綠眉翠鴗就覺得功課寫完一半了。我稍微走進森林步道裡，但又不太敢太過深入，一方面避免離同行的夥伴太遠，另一方面是避免遇到些「有的沒的」。到了陌生的自然環境（尤其是在熱帶）千萬要格外小心，必須按照當地人的指示謹慎行動。

還記得在印度的森林裡會遇到大象、豹和鱷魚嗎？在熱帶美洲也是同樣的道理，猛獸毒蛇是一回事，如果真的被不知名的小蟲咬上一口，接著連日發燒、臥病在床已經算是幸運了，也是會有小命不保的風險。出來賞鳥不需要賣命，求一個和小鳥的緣分就好。

我只是來碰碰運氣，小確幸不多，但也幸運看見了特有種猶加敦啄木和一群黑臉蒂泰雀。黑臉蒂泰雀全身白色羽衣，搭配黑色的飛羽和顏面，眼睛周圍鮮紅色裸皮和嘴基，看起來是一種相當古怪的小鳥，十幾隻集合成一群，像是全身包著白色斗篷的森林小精靈。

在森林的一角，出現了一隻阿爾塔米拉擬黃鸝和一隻前來熱帶度冬的黑白苔鶯，黑白條紋相間的新世界鶯，實在令人印象深刻。雖然最後在金字塔附近只看了十四種小鳥，但是作為出訪熱帶美洲森林的暖身，已經令人滿足。

版權來源 DiverDave, CC BY-SA 4.0, via Wikimedia Commons

猶加敦啄木 Yucatan Woodpecker *Melanerpes pygmaeus*

猶加敦半島特有種，雖然暫無威脅，但相關生活史研究不多。雄鳥頭頂羽毛紅色，而雌鳥頭頂羽毛為淡橘色。

eBird　　鳥音

版權來源 seabamirum, CC BY 2.0, via Wikimedia Commons

黑臉蒂泰雀 Masked Tityra *Tityra semifasciata*

分布於中美洲及南美洲熱帶雨林，是外觀相當特別的熱帶美洲鳥類。主要羽衣白色，飛羽為黑色，眼睛周圍裸皮和嘴喙為鮮紅色。會結小群於熱帶雨林樹冠層活動覓食。

eBird　　鳥音

阿爾塔米拉擬黃鸝

Altamira Oriole *Icterus gularis*

中美洲特有種，分布於墨西哥南部、猶加敦半島周邊地區。指名亞種的羽衣為橘黃色，另一亞種 *Icterus gularis flavescens* 則為鮮黃色。

eBird　　鳥音

版權來源 Rhododendrites, CC BY-SA 4.0, via Wikimedia Commons

黑白森鶯 Black-and-white Warbler *Mniotilta varia*

分布於北美洲中部及東部，冬天遷徙至中美洲、南美洲北部及西印度群島度冬。是新世界鶯當中，顏色為黑白條紋相間的鳥種，相當特別，該屬只有一種鳥種。

eBird　　鳥音

15

保育即政治：
醒醒吧，保育議題就是政治議題

15.1 全球生物多樣性綱要

時間快轉一下，來到疫情過後不久。

二〇二二年十二月的蒙特婁，如往常一樣冰天雪地，即便白雪紛飛，街道上依舊車水馬龍。在這平凡的一天，這座冰雪城市的一角，為全球未來發展做下重要決定。這份決定書是《全球生物多樣性綱要》（Global Biodiversity Framework, GBF），宣告世界各國要努力在二〇三〇年之前實現「自然正成長」（Nature Positive），讓大自然與生物多樣性的狀態，恢復到二〇二〇年的水準。接著，在二〇五〇年之前持續往上爬，實現人與自然和諧共存的永續發展目標。

這場會議是聯合國《生物多樣性公約》（Convention of Biological Diversity）的第十五屆締約方大會，也是在全球新冠肺炎疫情後重新啟動的國際會議。然而，為地球環境做出重大決議，對蒙特婁這座城市來說一點也不陌生，畢竟在一九八七年，管制全球排放破壞臭氧層的氟氯碳化物的《蒙特婁議定書》（Montreal Protocol on Substances that Deplete the Ozone Layer）也是在這裡誕生。

1 陸海規劃
2 復育生態系
3 自然保護區 30 by 30
4 降低滅絕風險
5 野生生物貿易
6 管理入侵種
7 汙染防治
8 氣候變遷調適
9 野生生物管理
10 永續農業
11 自然解方Nbs
12 都市藍綠地
13 遺傳資源
14 自然價值入法
15 企業參與
16 永續消費
17 生物安全
18 獎勵措施
19 保育資金
20 能力建設
21 知識資訊推廣
22 保障原住民
23 性別平權

老實說，我有點像個吃瓜群眾看著這群各國代表在會議廳裡面演戲，畢竟，過去幾年，我對聯合國信心幾乎蕩然無存。十年復十年、雷聲大雨點小的生物多樣性目標，最後都是全軍覆沒收場，然後再喊一個新十年目標，我很好奇我們還有多少個十年可以揮霍？

遠在太平洋彼岸，不屬於聯合國會員的臺灣，倒是發生了一些改變。金融監督管理委員會自二〇二三年起，要求實收資本額達二十億元的上市櫃公司，必須編撰永續報告書。永續發展是全人類的共識，也是人類的普世價值，我們的生活也可以感受到些許變化（例如洋芋片罐和奶粉罐上面的塑膠蓋子不見了），這些都是實現永續發展目標的行動，不分個人、群體、國家、國際、全球，要不要為地球環境付出心力，只在一念之間。

讓我們先回到二〇一八年，《自然》（*Nautre*）發表了一篇關於遷徙水鳥保育的文章[44]。在這個生物多樣性快速流失的年代，瞭解全球生物多樣性變化及原因，是近年世界各地投入保育工作的重要任務。然而，要有遍及全球的資料實在不容易，研究團隊使用了國際水鳥普查（International Waterbird Census, IWC）和聖誕節鳥類調查（Christmas Bird Count , CBC）從一九九〇年到二〇一三年的資料，包括四百六十一種水鳥及兩萬五千七百六十九個遍及全球的調查點。

44 Amano, T., Székely, T., Sandel, B., Nagy, S., Mundkur, T., Langendoen, T., ... & Sutherland, W. J. (2018). Successful conservation of global waterbird populations depends on effective governance. Nature, 553(7687), 199-202.

研究結果發現，以全球尺度而言，政府在保育政策上的努力程度，對水鳥族群量有顯著的正面影響。在保育成效較差的地區，例如西亞、中亞、撒哈拉以南、非洲和南美洲，水鳥的族群呈現下降趨勢；然而，在溼地保護區較為完善的地區，水鳥的族群呈現增加的趨勢。

這篇研究的亮點在於：從全球的尺度來看，各國政府在保育上的努力，是最根本的原因。你可能會想問：「咦？之前不是說過東亞水鳥的族群下降是沿海泥灘地流失造成的，中國人工沿海的長度已經超過萬里長城？分析全世界物種紅皮書，有發現過度獵捕和農業擴張分別是物種受脅的兩大主要原因？」對，但是再仔細探討，能夠減緩溼地流失、取締過度獵捕和非法獵捕、管理農業擴張的，也就是各國政府的施政了，直接透過政府公權力來管理這些造成自然資源流失的因素，是最有效且直接的做法。這樣的結果，對保護區系統設立良好的國家而言，是不錯的強心劑，在保護區設置的努力確實有功效。

令人感到憂心的是，政府的保育成效不彰，有時候也不是他們的問題，而是一直難以解決的「貧窮」問題。貧窮是保育工作的頭號大敵，也是最棘手的敵人，全世界都在面對這個考驗——沒辦法，你很難跟肚子餓的人談保育！當然，這件事情在全球的保育工作上也不是毫無轉機。

二〇一六年，我在墨西哥出席生物多樣性公約的締約國大會時，前三天真是血淋淋目睹大家爭取聯合國資源的現實。表現比較好的國家，例如瑞士和南非，很容易憑著過往的保育成績取得聯合國的支持；也有像哥斯大黎加，直接開口說要一千億美金才有辦法做到；然後中國代表就大撒幣說缺錢來跟我們要，下一秒被主席中斷發言。

《生物多樣性公約》從一九九二年以來，第三大目標「公平合理分享惠益」已逐漸可見成效，貧窮的國家已經團結起來，以自己的保育成效和豐富的自然資源，平起平坐的跟歐盟或其他已開發國家談判，把他們逼得不要不要的。表現最好的是以南非為首的非洲南方聯盟，他們一起執行的監測項目有三十幾個，在會議上發言和附議的聲勢，可說是胸有成竹且排山倒海而來，貧窮國家不再成為國際會議上的弱勢。

更重要的是，能做到這樣的研究成果，完全仰賴廣布世界各地的生物時空分布資料。目前能夠有效蒐集這種資料的方法，以公民科學為主流，才能有效率執行長期且大範圍的監測。雖然公民科學資料存在著變異與偏差，但是這些問題已經逐漸獲得改善，也找到校正的方法，更能將不同公民科學的資料相互結合，成為各位所看到的成果。

因此，對每一個人來說，最簡單、最有效的保育貢獻，就是參與公民科學計畫，將自然觀察紀錄開放給全世界。沒有公民科學，這一篇研究也無法誕生。

這份研究也用上了臺灣的資料，這是由臺灣各地鳥會及中華民國野鳥學會資料庫提供給國際水鳥普查的資料。二〇一三年以後，資料來源由「臺灣新年數鳥嘉年華」接手，只要將自然觀察紀錄公開，世界自然會看到我們，這些資料也能派上用場，這就是我們一直推動公民科學和開放資料的原因。

15.2 保護區不是在地圖上畫線圈起來就好

保護區（protected area）覆蓋面積和比例，一直都是許多國際保育公約所聚焦的保育工作，包括過去《生物多樣性公約》的愛知生物多樣性目標，以及《全球生物多樣性綱要》。目前全世界已有百分之十六的陸地和百分之七的海洋位於保護區的範圍內，未來，目標在二〇三〇年，全球保護區的總面積涵蓋百分之三十的地球表面，包括國家公園、自然保留區、野生動物保護區、野生動物重要棲息環境，以及自然保護區等各類型的保護區。

雖然許多研究結果顯示，保護區最大的功效在於阻止棲地流失（尤其是森林環境），但是，完整的保護區並不保證生物族群的續存，目前也相當缺乏學術研究的實證案例。二〇一八年，一篇刊登於學術期刊《科學》（*Science*）的研究報導指出[45]，全球大約有三分之一的保護區（約六百萬平方公里）正受到高強度的人為開發。這些開發形式包括：開闢道路、採礦、工業化伐木、集約農業活動、發展鄉鎮甚至大城市，這都對保護區內的野生動植物造成劇烈的影響，也正是造成生物多樣性流失的主要原因。

驚人的是，將近四分之三的國家，其內部至少一半的保護區受到人為活動的強烈影響，其中以西歐和南亞最為嚴重。舉例來說，肯亞的東察沃國家公園（Tsavo East National Park）和西察沃國家公園（Tsavo West National Park）被鐵路貫穿，那裡是嚴重瀕臨滅絕的東非黑犀牛（*Diceros bicornis michaeli*）和非洲獅（*Panthera leo*）的主要棲地；此外，沿著鐵路正在規劃一條六線道的高速公路。

即便是美國的優勝美地國家公園和黃石國家公園，也受到大量觀光人潮和興

45 Jones KR et al. 2018. One-third of global protected land is under intense human pressure. Science, 360: 788-791. https://www.science.org/doi/10.1126/science.aap9565

建基礎設施的影響。蘇門答臘的南巴里桑山脈國家公園（Taman Nasional Bukit Barisan Selatan），是聯合國教科文組織認定的世界襲產，也是嚴重瀕臨滅絕的蘇門答臘虎（*Panthera tigris sumatrae*）、蘇門答臘紅毛猩猩（*Pongo abelii*）和蘇門答臘犀牛（*Dicerorhinus sumatrensis*）的棲地。然而，該國家公園內目前有超過十萬人非法居住，且開墾的咖啡園佔了國家公園面積的百分之十五。

二〇二二年，學術期刊《自然》刊登了一篇研究[46]，作者探討了全世界兩萬七千零五十五個水鳥族群於一千五百零六個保護區內的族群變化趨勢，同時比較保護區內外的族群現況。研究範圍橫跨六大洲和六十八個國家，其中包括臺灣。

結果顯示，保護區能為百分之二十七的水鳥族群帶來正向保育成效，但卻有百分之二十一的水鳥族群保育效果不僅不如預期，反而每況愈下；此外，有百分之四十八的水鳥族群則是成效不明顯，無法在統計分析中呈現。值得注意的是，約五分之一的水鳥，即便棲息在保護區內，其數量仍舊呈現明顯的減少趨勢。另一方面，面積較大、內部有理想保育行動和經營管理運作的保護區，對水鳥族群有較明顯的正向幫助。

46 Wauchop HS et al. 2022. Protected areas have a mixed impact on waterbirds, but management helps. Nature, 605, pages 103–107. https://www.nature.com/articles/s41586-022-04617-0#Sec6

全球皆疾聲呼籲，在二〇三〇年前，目標讓百分之三十的地球表面受到保護區保護，高喊著口號「30 by 30」，但這一篇研究的結果告訴我們，保護區對生物多樣性的保育功效不如預期中好。隨著世界各國陸續認同《全球生物多樣性綱要》，這些全球保育目標必須更加聚焦於保護區內的保育行動與經營管理，並同步搭配長期監測來追蹤保護區內生物的族群變化趨勢。

這些研究成果不是什麼好消息，但是也將全世界保育的現況據實以告，點醒許多沉浸於劃設保護區的迷思與幻想。如果沒有審慎規劃保護區劃設之後的經營管理狀況，那只不過是紙上談兵，對保育不僅沒有幫助，反而還可能錯過了解決問題的時機。

但是，保護區仍然是保護生物多樣性的重要基礎工具，在妥善的經營管理策略之下，確實能夠有效減緩野生動物受到的威脅。面對這個研究結果，我們應該提醒各國政府，必須嚴肅面對自然保育課題，對保護區現況做確實且完備的評估，才能讓保護區有效發揮功能與價值。

值得一提的是，這份研究的水鳥資料，能看見許多臺灣鳥友的努力，其中包含「臺灣新年數鳥嘉年華」於二〇一三年至二〇二一年間的調查資料。新年數鳥的資料，不僅透過全球生物多樣性資訊機構向全世界開放，每年也將資料提供給國際水鳥普查整理。每一位鳥友投入鳥類觀察和公民科學，不僅能幫助監測在地鳥類族群的動態，也能夠參與全球保護區經營管理的檢討研究。

15.3 中華鳥會遭國際鳥盟除名事件

二〇一九年十二月九日，中華民國野鳥學會接到一封國際信函，來自國際鳥盟（Birdlife International），但是信中的內容既不是要討論鳥類保育相關的國際合作，也不是關於中華鳥會作為鳥盟會員所需的行政通知，反倒像是一封警告信。

這封信的主旨是通知中華鳥會，以「Republic of China」作為國際鳥盟的會員名稱，將會使國際鳥盟的營運產生「風險」，因此來信要求中華鳥會做到以下四點：

1. 中文名稱「中華民國野鳥學會」對國際鳥盟產生營運風險，應予更改。
2. 中華鳥會應簽署一份正式承諾，不再宣傳或主張中華民國（臺灣）的合法性。
3. 國際鳥盟將不再參加或允許其徽標與任何臺灣政府相關活動建立關係。

4. 國際鳥盟將不再允許其名稱或徽標在任何展示臺灣旗幟、符號或象徵的文件中使用。

簽署人是國際鳥盟執行長朱利塔（Patricia Zurita）。

簡單來說，國際鳥盟突然來信說「中華民國野鳥學會」這幾個字，可能會讓全球級的 NGO 組織國際鳥盟活不下去，請中華鳥會改名，並且要簽署一份政治文件，不得有任何中華民國獨立或臺灣獨立的主張（也就是華獨或臺獨都不可以啦）。最後就是——我們國際鳥盟不想再跟臺灣牽扯上任何關係。

此事當然非同小可，中華鳥會秘書處相當謹慎處理，首先回覆了一封信函，說明中華鳥會的存在，是為了在臺灣和國際上致力於鳥類保育工作，國家主權的主張與否，並不是中華鳥會成立的主要宗旨。中華鳥會在聲明稿中提到：「中華鳥會作為一個野鳥保育的非政府組織，從未就任何此類議題表達過立場，我們認為簽署這樣的文件相當不合適，因此拒絕簽署。」

不可否認的，Chinese- 或 China- 這一類的字眼，對外國人來說，是讓他們一頭霧水的詞彙，非常容易與中國混淆，如果沒有釐清中國與臺灣的發展歷史，這本來就不是一個容易快速且清楚說明的議題。為了先在國際上清楚區別臺灣與中國，中華鳥會將組織的英文名稱由 Chinese Wild Bird Federation 改為 Taiwan Wild Bird Federation。

至於「中華民國」一詞，在鳥會成立當時的時代背景規定，只要是全國性的人民團體，都必須冠上「中華民國」的字樣；即便是現在的法規，更改非政府組織的中文名稱都不容易，除了內部會議，還需要經過內政部與相關主管機關的討論與審核，才能夠修改中文名稱——最重要的是，國際鳥盟的無禮指點，絲毫不尊重一個民間組織的自主權。

在往返數封信函之後，二〇二〇年九月七日，國際鳥盟直接宣布開除中華鳥會的會籍。此信一出，各界譁然。中華鳥會先後發了兩篇聲明[47]，並且將所有往來信函全部公開[48]。

---

47 CWBF Secretariat (15 September 2020). "Statement on the Removal of the Chinese Wild Bird Federation from BirdLife International". Chinese Wild Bird Federation. Retrieved 21 September 2020. https://www.bird.org.tw/news/585

48 TWBF Secretariat (19 September 2020). "Statement on Taiwan Wild Bird Federation Name Change and Clarifications on Removal from BirdLife International". Taiwan Wild Bird Federation. Retrieved 25 September 2020. https://www.bird.org.tw/news/602

中華鳥會從不認為我們的組織對於國際鳥盟是一個風險。中華鳥會在亞洲地區長年以來是一個強而有力的合作夥伴，我們在鳥類保育上一直都有良好的紀錄，其中野鳥棲地及黑面琵鷺的保育就證明了這點。將重要的成員從夥伴關係中除名，對於保育工作，特別是亞洲地區的野鳥保育蒙上一層陰影。而這似乎也成為了政治妨礙良好保育工作的例子。

對鳥類來說世上並沒有國界的區隔，因此保育工作需要全球的網絡合作來實踐。中華鳥會在這方面自始至終都是真正的合作夥伴，儘管本會遭解除夥伴關係對於鳥類保育是一個令人傷痛的時刻，我們仍會持續努力進行鳥類與全球生物多樣性的保育工作。其中包括了黑嘴端鳳頭燕鷗的保育研究工作，以及引領亞洲推動鳥類的公民科學運動如 eBird Taiwan、臺灣新年數鳥嘉年華等。

除了以上聲明，也做出以下四點澄清。

1. 國際鳥盟保育貢獻不可抹滅，爭議始於少數方。
2. 中華鳥會非政治推手，我方被迫政治表態。
3. 支持棲地保育，持續推動重要野鳥棲地。
4. 鳥類無國界，保育須通力合作。

同時，臺灣外交部也發布聲明，對國際鳥盟開除中華鳥會的決定深表遺憾與不滿，訓令駐英國代表處正式表達我國的嚴正關切與抗議。

事實上，並非國際鳥盟會員一致認同開除中華鳥會的會員資格，許多國家的野鳥保育團體，也是看了中華鳥會的聲明之後才知道這件事。對於許多追求民主和自由的國家團體來說，根本不可能接受這樣的決定，因此，當時也有許多國外的野鳥保育團體聲援臺灣，甚至有團體直接終止對國際鳥盟的捐款。

話雖然此，臺灣在國際鳥類保育的處境，仍舊因政治因素而處處受限。以東亞澳遷徙線的候鳥保育來說，臺灣是候鳥非常重要的休息站和交流道，但是，對於參加保育東亞澳遷徙線候鳥的國際組織「東亞澳遷徙線夥伴關係」依然不得其門而入。我曾經嘗試按照程序申請，想讓臺灣成為其夥伴團體的一員，但在組織內工作的國際夥伴私下跟我說，還是盡早放棄吧！內部的運作氛圍根本不可能通過臺灣的申請。

15.4 保育生物學的本質

「保育」這個字的英文是 conservation，擁有相同字首的字是形容詞 conservative，意指「保守的」、「審慎的」。意思是說，保育的基本原則就是保守、審慎的取用自然資源，不能揮霍無度、毫無節制的浪費；而「政治」是「治理眾人之事」，也包括如何將國家擁有的資源公平合理的分給國民。

然而，自然資源的分配，不僅只分配給人，也包括分給大自然。聽起來有點抽象，但意思是，生活在地球上的每一個生命，都需要森林、河川、土地、海洋等自然資源，才有辦法活下去，如何有效分配這些資源，便成為各國政府的重要課題。完整保留給大自然的，可以劃入自然保護區；該維持的森林環境，列為保安林地；負責生產糧食的土地，便設計為農耕地。從國土利用規劃的角度來看，就能感受到「保育即政治」的意味——是的，就是要記得留一口飯、一塊地給這些野生動植物，甚至還包括那些我們看不到的微生物。

回頭想想，我們過去所經歷的環境議題：光電和風機設置、藻礁公投、國光石化、河溪汙染與整治，不外乎都是在討論，這些土地與環境應該要交給人類利用，還是要留給大自然？以候鳥來說，近年遇到最大的環境議題，是太陽能光電板的設置和風力發電機組等綠色能源設備，要設置在哪裡才不會毀掉那些候鳥的棲息環境。

在臺南市將軍區馬沙溝，有幾塊廢棄鹽田所留下來的溼地，雖然看似荒蕪不起眼、寸草不生，但又不時能看到有人拿著望遠鏡在附近走來走去、東張西望，甚至還有外國人在做類似的事情。

其實，在這幾塊溼地上，時常能看見幾種國際上密切關注、在東亞澳遷徙線上瀕危的度冬水鳥，其中最危急的是琵嘴鷸和諾氏青足鷸，還有大濱鷸、黑嘴鷗和紅腹濱鷸。尤其琵嘴鷸更是全球鳥類保育的焦點物種，每當臺南將軍出現這些小鳥，便是臺灣和外國鳥友爭相目睹的明星。

版權來源 JJ Harrison, CC BY-SA 3.0, via Wikimedia Commons

諾氏青足鷸

Nordmann's Greenshank *Tringa guttifer*

於庫頁島及遠東地區局部沿海地區繁殖，冬天遷徙至孟加拉灣及馬來半島海域度冬，臺南將軍時常有零星度冬個體。目前生存受脅，等級為「瀕危級」（EN）。

eBird　　鳥音

版權來源 Kim, Hyun-tae, CC BY 4.0, via Wikimedia Commons

黑嘴鷗 Saunders's Gull *Saundersilarus saundersi*

於黃海周邊海岸繁殖，冬天遷徙至華南、南韓、九州及臺灣沿海溼地度冬。因外來植物擴張而使其繁殖棲地流失，導致其數量下降，受脅程度為「易危級」（VU）。

eBird　　鳥音

版權來源 Chuck Homler d/b/a Focus On Wildlife, CC BY-SA 4.0, via Wikimedia Commons

紅腹濱鷸 Red Knot *Calidris canutus*

繁殖地分布於北半球寒帶地區，多數位於北極圈內，冬天遷徙至全球熱帶及亞熱帶海域度冬。目前因泥灘地流失導致其生存受脅，受脅程度為「近危級」（NT）。

eBird　　鳥音

然而，這裡曾經規劃為太陽能光電板的預定地，鋪天蓋地的光電板，對這些受威脅遷徙水鳥的生存無疑是雪上加霜、落井下石。不過，我們先別急著否定光電板的一切，在其他的光電場域，也曾經看到太陽能板上有許多鷺鷥站立，光電板上蓋滿了鳥糞。也就是說，設置光電板的團隊，沒事也不想把光電板放在小鳥多的地方，不僅會降低發電效率，使光電板壽命縮短、成本增加，還得面對環境議題的爭議。

換句話說，這個議題還是可以找到商量的空間。在各地野鳥學會和相關主管機關的討論之下，光電板決定從將軍馬沙溝退場，另覓更適合設置的場域，並且將這片溼地交給鳥會代為管理，也才讓溼地和候鳥都能夠保留下來。

臺灣島內如此，國際上亦然。保育議題也升級為國際政治議題，在國際上推行起來更是難上加難，因為繁殖地、度冬地、休息站各處缺一不可；鳥類不在乎人類的政治版圖，但人類的保育策略勢必會受到政治版圖的影響。例如，在東亞澳遷徙線的候鳥保育，就受到臺灣與中國兩岸關係的影響，在世界各地的保育上，更是如此。

亞馬遜大火風波

回到疫情前的例子。二〇一九年八月，南美洲亞馬遜雨林的大火特別嚴重，導致大面積雨林燒毀。在李奧納多（Leonardo DiCaprio）和艾倫（Ellen DeGeneres）於 Twitter（後更名為 X）分享之下，Amazon Fires、Praying for the Amazon 成為八月下旬的熱門 hashtag。

受到全球大眾如此注目之後，七個亞馬遜雨林國家，包括波利維亞、巴西、哥倫比亞、厄瓜多爾、圭亞納、秘魯和蘇利南，於九月六日簽署《萊蒂西亞協議》（the Leticia Pact），期望能以更有效的合作方式保護亞馬遜雨林。

比起單打獨鬥，國際合作更有經濟上、政治上和環境管理上的優勢，也能降低保育所需的成本。然而，就目前的協議內容，我們在科學期刊《科學》撰寫一篇文章[49]，建議保育行動應該要名列更具體的目標，以及能客觀評估成果：

1. 設定減緩雨林流失的共同目標，維持百分之八十的雨林覆蓋度，避免成為生態危機的引爆點。

---

49 Prist, F. R., Levin, N., Metzger, J. P., de Mello, K., de Paula Costa, M. D., Castagnino, R., ... & Kark, S. (2019). Collaboration across boundaries in the Amazon. Science, 366(6466), 699-700.

2. 促成有助於環境永續的市場，例如設立必要生態系服務的給付機制，以及有助於各國在地居民與原生森林的跨國倡議行動。
3. 建立聯合的雨林管理計畫，合力監管與復育跨國保護區。
4. 促進跨國的環境、衛生和教育組織的宣導與行動。
5. 籌備跨國境的相關學術研究。
6. 推動保障跨國境原住民部落權益的措施。

亞馬遜雨林橫跨許多南美洲國家，容納全球一半的雨林和四分之一的陸域野生動植物。雨林的大火不僅跨國界衝擊生態環境和野生動植物，也會加速人畜共通傳染病的散播，對永續農業、生態旅遊產業都有負面影響，也會影響淡水水質。這些都是跨國界、區域性甚至全球性的衝擊，各國不能等閒視之。

當時，中美貿易戰升溫，以及中國對牛肉的需求量大增，讓中國轉往南美洲進口牛肉。依據中商產業數據庫，二〇一七年，中國牛肉一半的進口來自南美洲，主要是巴西和烏拉圭，大約五十二萬公噸。然而，這些生產黃豆與牛肉的土地，往往是用雨林換來的，再加上巴西總統波索納洛各種衝擊環境的極端政策，讓許多開發行為變本加厲。

在歐洲國家因為巴西反對《巴黎協定》而紛紛抵制巴西政府時，巴西政府也會變得更加仰賴中國對牛肉的需求。以上這些都是當年亞馬遜大火特別嚴重的潛在及重要原因。

巴西是境內具有得天獨厚熱帶雨林和生物多樣性的國家。在二〇〇六年至二〇一六年間，巴西的科學研究經費大增，不僅讓當地的科學研究團隊有充分的資金得以運用，也強化了國際合作，讓巴西的學術成就名列前茅。當時，巴西在環境保育上，堪稱是全世界的領袖國。然而，巴西總統雅伊爾．波索納洛（Jair Bolsonaro）自二〇一九年一月一日上任後，凍結了百分之四十二的科學研究和高等教育預算，達到十四年以來的新低[50]，此舉導致相關單位的經費在二〇一九年七月時幾乎捉襟見肘。在環境保護的資源崩解後，大地主和大企業更容易取得環境開發許可證、獲准使用對環境有害的殺蟲劑，甚至在保護區內開發。巴西在前幾年保育上的情勢幾乎完全逆轉，也引起國際關注。

目前，許多衝擊環境的法案跟修憲案正在巴西國會討論當中，包括放寬或取消環境開發許可證的發放條件（PL #3729/2004）、放寬使用和販售化學農藥的限制（PL #6299/2002）、開放獵捕野生動物（PL #6268/2016, PL #436/2014），以及放寬原住民保留地和保護區境內的水資源開發（#215/2000）。

50 Angelo C. (2019). Brazil’s government freezes nearly half of its science spending. Nature 568, 155-156.

巴西總統認為，環境開發許可證不應該成為經濟及基礎建設發展的阻礙。巴西在一九九二年時是領導全球環境保護的重要國家，毀林的速度也在二〇一二年達到歷史新低（每年四千五百一十七平方公里），然而，二〇一七年八月至二〇一八年八月間，毀林面積快速增加到七千九百平方公里[51]。

巴西總統非常快的推展上述法案，過程中幾乎沒有和當地社區與科學社群有任何討論。不僅如此，巴西總統還宣稱要加強開發亞馬遜，也表明他對氣候變遷的懷疑，這暗示巴西總統有可能想脫離《巴黎協定》，而且巴西政府也放棄二〇一九年聯合國氣候變遷大會的參與資格。

如果上述政策都實施，將會劇烈影響巴西的生物多樣性、生態系服務和傳統文化，同時也會造成經濟損失、危害公共衛生並降低生活品質。

巴西總統波索納洛甚至說是環保團體放火燒了森林，記者追問他是哪個團體放火，他說沒有書面紀錄，只是他的感覺[52]。

51 Abessa, D., Famá, A., & Buruaem, L. (2019). The systematic dismantling of Brazilian environmental laws risks losses on all fronts. Nature ecology & evolution, 3(4), 510-511.

52 https://www.abc.net.au/news/2019-08-22/bolsonaro-blames-ngos-for-amazon-fires-igniting-global-outrage/11437626?utm_campaign=abc_news_web&utm_content=link&utm_medium=content_shared&utm_source=abc_news_web

保育即政治

從光電、遷徙線、亞馬遜大火都能清楚理解到，保育根本不可能與政治切割乾淨，「保育歸保育、政治歸政治」的可能性近乎為零，即使說「保育議題就是政治議題」其實也不為過。不僅如此，也可以很清楚的看到，決策者、執政團隊和主管機關幾乎扮演了非常關鍵的角色——這也是為什麼許多保育相關的論文和研討會，時常密切討論如何與決策者溝通，或是提出可行性高、決策者容易接受的保育策略和政策。

科學是人類追求真理的系統性活動，也是認識世界的方法；只可惜，科學的能力是有限的，目前人類所知的僅占極微小的部分，從細胞到宇宙之間仍然充滿未知。科學雖然盡可能客觀，但無法解決世界上所有遇到的難題。

以自然保育來說，保育生物學是科學，但保育生物學只是保育議題的一部分，而且是極其微小的一部分，還有許多範疇難以僅依賴保育生物學的研究結果解決。科學在其中扮演的角色是有幾分證據說幾分話，證據到哪裡，話就說到哪裡，超過便是誇人甚至罪惡。因此，不是科學家要保守，老是把「不清楚」、「不知道」、「大概」、「或許」、「可能」掛在嘴邊，是因為資訊和證據有限，講到紅線之前是合理的推測，講到紅線以外就是腦補了。

無論如何，「在良好的環境生活」理當是全人類的共識，否則，無論再怎麼有錢有權，也無法躲過惡劣環境所帶來的傷害，還是會吸到受汙染的空氣、住在暖化的地球。這也是為什麼近年來更加強調各行各業都必須落實「永續發展目標」，快速成為所有現代人都必須瞭解的新課題，在各種場合和商品上，也不難看到各項SDGs的標誌。

目前全人類的短期目標，是在二〇三〇年之前，將大自然恢復到二〇二〇年的狀態，也就是自然正成長；在二〇五〇年之前，創造出人與自然和諧共存的地球。這是難度非常高的挑戰，經歷了疫情的衝擊，再加上時光飛逝，距離二〇三〇年只剩下大約五、六年的時間——至少，我很高興光是在臺灣，就已經看到許多企業做出改變，減少塑料、降低碳排、環境營造、支持公民科學和友善農業等等。

我們已經沒有太多十年可以揮霍，現在這個當下是否做出改變，將會決定未來的發展。這些改變其實也沒有那麼困難，即便是老調重彈的垃圾減量、資源回收、節約能源，都是人人能幫上忙的舉手之勞，只看自己願不願意做而已；如果更心有餘力，參與公民科學、加入自然觀察的行列，也是對保育最好的貢獻。二十幾年前的我不過只是如此，卻也一路走到今天；目標很困難、議題很複雜，但付出行動很簡單，這也算是保育工作的本質與特色了。

後記：臺灣鳥類保育的未來發展

自然觀察是我的工作，也是我的休閒活動。看一隻小鳥在枝頭上鑽洞，或是看一隻濱鷸在泥灘地上探索，有時候會意外激發出一些有趣的科學或保育議題。當然，通常是什麼事也沒發生，我看我的自然世界，牠們忙牠們的自然生存。

我們這些看小鳥的人，其實很在乎一件事情，就是哪裡可以一次看到最多種類的小鳥，這樣我們就可以用最低的成本蒐集到最多的生涯新鳥種（雖然常常事與願違）。不過，與此同時，我們也時常思考「哪裡的小鳥多？」「哪裡的小鳥少？」「為何而多？」「為何而少？」這些多多少少、增加減少的問題，也正是保育生物學所關注的問題。

十年前，臺灣的保育機構和 NGO 組織，陸續推出各式各樣的公民科學，讓自然觀察愛好者可以參與調查和資料蒐集工作。不僅如此，資料蒐集的方法日新月異，涉及的生物類群也愈來愈多，彷彿成為一股世界潮流。

這十年來，我想要特別感謝投入公民科學的每一位自然觀察愛好者，有各位的參與，臺灣的鳥類保育、甚至生物多樣性保育才能走到一個新的里程碑。各位所蒐集的資料，早已超過兩千萬筆紀錄，而我的博士論文便是將各位付出心力所蒐集的資料，做成反映臺灣生物多樣性現況的指標，並且依據指標的變化，調整後續的保育策略。

二〇二〇年，歐洲的鳥類指標蓬勃發展，但亞洲卻敬陪末座，完全沒有任何國家發展相關指標；於是我們決定來做這件事，可惜最後慢印度一步，成為亞洲第二。

二〇二三年，我們運用「臺灣繁殖鳥類大調查」在SCI期刊論文發表了「臺灣森林鳥類指標」、「臺灣農地鳥類指標」、「臺灣外來鳥類指標」等三項指標，呈現二〇一一年至二〇一九年間，一百零七種臺灣繁殖鳥類的數量變化趨勢；這些工具是透過鳥類的數量增減，來評估臺灣森林及農業環境的健全狀態。同一年，我們依據「臺灣新年數鳥嘉年華」的資料，發布了三十一種度冬水鳥於二〇一四年至二〇二一年間的數量變化趨勢，並且確認蘭陽平原的水稻田面積減少，正是導致宜蘭水鳥減少的原因。

這些研究成果，除了呈現臺灣鳥類和環境的現況之外，更重要的是確立公民科學的長期監測及保育策略預警和檢討機制。公民科學持續蒐集資料，每年運用新進資料更新數量變化趨勢和指標，接著評估趨勢和指標所隱含的訊息，最後依此檢討或修正保育策略和政策。

當然，這樣還不夠，臺灣的生物不是只有小鳥而已，小鳥活得下去的環境，對其他生物來說可不一定。因此，將這一套方法陸續應用在兩棲類、爬行類、蝶類，甚至海洋生物等不同的生物類群，也會是未來的重要工作。當各類生物都能定期更新趨勢和指標，就表示我們有充足的材料和工具，隨時掌握臺灣的生物和環境現況是否健全；同時，這些趨勢和指標，也是在二〇三〇年檢視臺灣的生物多樣性是否實現「自然正成長」的重要工具。

十年說長不長、說短不短。對許多早已展開長期監測的國家來說，十年很短，期刊論文審查的時候，也被說過十年的期間太短。但事實上，十年是一個重要的里程碑，因為世界上還有許多國家尚未建立指標，即使用最快的速度完成，在二〇三〇年的時候，絕大部分的指標也幾乎都會短於十年。臺灣走到這一步，是一個成就，也是一個考驗，考驗著我們的公民科學是否能繼續十年、百年的走下去。

即便是遠大如聯合國從事的全球保育工作，一切的依據來源還是拿起望遠鏡觀察小鳥、拿起手機記錄的各位！與鳥為伍二十多年，最重要的工作一如二十多年前，那個第一次拿起望遠鏡的自己。

仰望

從臺灣飛向世界，
串連文化與自然、時間與空間的鳥之宇宙

作　　者｜林大利　內頁繪者｜陳湘靜　封面繪者｜張季雅　手寫書名｜王韻鈴
美術設計｜天晴設計　責任編輯｜王斯韻　編輯協力｜彭秋芬　書籍行銷｜黃禹馨

社　　長｜張淑貞
總 編 輯｜許貝羚
副總編輯｜王斯韻

發 行 人｜何飛鵬
事業群總經理｜李淑霞
出　　版｜城邦文化事業股份有限公司　麥浩斯出版
地　　址｜115台北市南港區昆陽街16號7樓
電　　話｜02-2500-7578
傳　　真｜02-2500-1915
購書專線｜0800-020-299

發　　行｜英屬蓋曼群島商家庭傳媒股份有限公司城邦分公司
地　　址｜115台北市南港區昆陽街16號5樓
電　　話｜02-2500-0888
讀者服務電話｜0800-020-299（9：30 AM～12:00 PM；01：30 PM～05：00 PM）
讀者服務傳真｜02-2517-0999
讀者服務信箱｜csc@cite.com.tw
劃撥帳號｜19833516
戶　　名｜英屬蓋曼群島商家庭傳媒股份有限公司城邦分公司

香港發行｜城邦〈香港〉出版集團有限公司
地　　址｜香港九龍土瓜灣土瓜灣道86號順聯工業大廈6樓A室
電　　話｜852-2508-6231
傳　　真｜852-2578-9337
Email｜hkcite@biznetvigator.com

馬新發行｜城邦（馬新）出版集團 Cite (M) Sdn Bhd
地　　址｜41, Jalan Radin Anum, Bandar Baru Sri Petaling, 57000 Kuala Lumpur, Malaysia.
電　　話｜603-9056-3833
傳真｜603-9057-6622
Email｜services@cite.my
製版印刷｜凱林彩印股份有限公司
總 經 銷｜聯合發行股份有限公司
地　　址｜新北市新店區寶橋路235巷6弄6號2樓
電　　話｜02-2917-8022
傳　　真｜02-2915-6275
版　　次｜初版一刷2024年12月
定　　價｜新臺幣680元

Printed in Taiwan

國家圖書館出版品預行編目(CIP)資料

仰望 從臺灣飛向世界，串連文化與自然、時間與空間的鳥之宇宙 / 林大利著. -- 初版. -- 臺北市：城邦文化事業股份有限公司麥浩斯出版：英屬蓋曼群島商家庭傳媒股份有限公司城邦分公司發行, 2024.12
504面；17×23公分

ISBN 978-626-7401-80-4(平裝)

1.CST: 鳥類 2.CST: 鳥類遷徙 3.CST: 生態文學

388.8　113009022

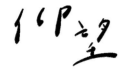